建筑工程施工
技术与工程项目管理

赵 伟 姚文辉 著

吉林科学技术出版社

图书在版编目（CIP）数据

建筑工程施工技术与工程项目管理 / 赵伟，姚文辉
著 . -- 长春：吉林科学技术出版社，2021.8（2023.4重印）
ISBN 978-7-5578-8687-5

Ⅰ . ①建… Ⅱ . ①赵… ②姚… Ⅲ . ①建筑施工－项
目管理－高等学校－教材 Ⅳ . ① TU712.1

中国版本图书馆 CIP 数据核字（2021）第 175255 号

建筑工程施工技术与工程项目管理

JIANZHU GONGCHENG SHIGONG JISHU YU GONGCHENG XIANGMU GUANLI

著　　者	赵　伟　姚文辉	
出 版 人	宛　霞	
责任编辑	穆思蒙	
封面设计	李　宝	
制　　版	宝莲洪图	
幅面尺寸	185mm×260mm	
开　　本	16	
字　　数	330 千字	
印　　张	14.75	
版　　次	2021 年 8 月第 1 版	
印　　次	2023 年 4 月第 2 次印刷	

出　　版　吉林科学技术出版社
发　　行　吉林科学技术出版社
地　　址　长春净月高新区福祉大路 5788 号出版大厦 A 座
邮　　编　130118
发行部电话 / 传真　0431—81629529　　81629530　　81629531
　　　　　　　　　　81629532　　81629533　　81629534
储运部电话　0431—86059116
编辑部电话　0431—81629520
印　　刷　北京宝莲鸿图科技有限公司
书　　号　ISBN 978-7-5578-8687-5
定　　价　60.00 元

编者及工作单位

主　编

赵　伟　陕西建工第七建设集团有限公司

姚文辉　陕西建工第七建设集团有限公司

前　言

　　建筑工程技术贯穿于企业工程项目的全部过程中，是施工企业最不可或缺的部分。提高建筑企业的工程施工技术管理水平能够节约企业成本，有助于提高企业工程的整体施工质量，最终提高建筑企业的整体经济效益。在建筑施工过程中，安全事故也不断发生，不仅影响了施工进度的顺利进行，也影响了施工人员的生命安全，因此加强建筑工程施工的现场管理，是一项很重要的内容和环节，发挥着举足轻重的意义。本文探讨了建筑工程施工现场管理的现状及对策。

　　完善的建筑工程施工操作管控机制，对于推进建筑项目作业工序的全面实施具有关键性的价值。就基本的技术工艺控制而言，施工质量管控机制对建筑项目实施工程中的技术工艺、操作手法及作业品质控制等项内容具备相当程度的规范功能，进而给建筑施工项目的工艺品质的实现赋予了对应的控制基准。而且在此基础上，尚须把建筑项目工艺技术及作业管理中完善的施工手段及优越的施工环境紧密地结合到一起，从而真正实现建筑项目施工品质；建筑施工项目在施工其施工作业开始之前，必然就工程建设的各项内容拟定出相关的实施目标。在具体完成预定目标的具体操作环节中，须强化对建筑项目作业工艺的管控过程，周密编制作业工序，对作业工地既有工程资源实施科学配设，此类管控手段不但有助于增强工程进展速度和品质，给达到工程建设提前预定的目标创建必要的条件，极大地促进建筑项目施工任务的完成。

　　总结来讲，在建筑工程施工建造过程中，对施工现场管理工作的科学合理化布局是保障建筑项目顺利进行的前提条件。现场施工管理工作不仅能够推动工程的施工进度，而且能够对施工建设中的资金投入进行有效的控制。虽然当前我国的现场施工管理工作方面有了很大的进步，但仍不够完善，存在一些弊端。对此，在日后的工作当中还要加强提高，不断发展。

目 录

第一章 地基与基础工程

第一节 浅基础施工

一般而言，基础多埋置于地面以下，但诸如码头桩基础、桥梁基础、半地下室箱形基础等均有一部分在地表之上。通常把位于天然地基上、埋置深度小于 5m 的一般基础（柱基或墙基）以及埋置，深度虽超过 1m，但小于基础宽度的大尺寸基础（如箱形基础），统称为天然地基上的浅基础。在桥梁结构中，对于无冲刷河流，埋置深度是指河底或地面至基础底面的距离；有冲刷河流是指局部冲刷线至基础底面的距离。

如果地基属于软弱土层（通常指承载力低于 100kPa 的土层），或者上部有较厚的软弱土层，不适于做天然地基上的浅基础时，也可将浅基础做在人工地基上。天然地基上的浅基础埋置深度较浅，用料较省，无须复杂的施工设备，在开挖基坑、必要时支护坑壁和排水疏干后对地基不加处理即可修建，工期短、造价低，故设计时宜优先选用天然地基。当这类基础及上部结构难以适应较差的地基条件时才考虑采用大型或复杂的基础形式，如连续基础、桩基础或人工处理地基等。

一、刚性基础

刚性基础通常由砖、毛石、素混凝土和灰土等材料做成，是一种无筋扩展基础。基础埋在土中，经常受潮，容易受侵蚀，而且破坏了也不容易被发现和修复，所以必须保证基础的材料有足够的强度和耐久性，于是对于基础的材料有一定的要求。

在中国的华北和西北地区，气候比较干燥，广泛采用灰土作基础。灰土一般是用石灰和土按三分石灰和七分黏性土（体积比）配制而成，也称为三七灰土。石灰以块状生石灰为宜，经消化 1~2d 后焖成粉末，并过 5~10mm 筛子。土料宜用粉制黏土，不要太湿或太干。简易的判别方法是拌和后的灰土要"捏紧成团，落地开花"。灰土的强度与夯实的程度关系很大。由于灰土在水中硬化慢、早期强度低、抗水性差以及早期的抗冻性差，故灰土作为基础材料，一般适用于地下水位以上。在中国南方则用三合土基础，即在灰土中加入适量的水泥，可使强度和抗水性提高。

在桥梁结构中，刚性基础常用的材料有：混凝土、粗石料和片石、砖（砖的特点是可砌成任何形状的砌体，但其抗水腐蚀性（特别是盐碱地区）和抗冻性都比较差，若将基础四周最外层用浸透沥青的砖砌筑，可增加它的抗腐蚀能力）。

二、扩展基础

当刚性基础不能满足力学要求时，可以做成钢筋混凝土基础，称为扩展基础。

柱下扩展基础和墙下扩展基础一般做成锥形，对于墙下扩展基础，当地基不均匀时，还要考虑墙体纵向弯曲的影响。这种情况下，为了增加基础的整体性和加强基础纵向抗弯能力，墙下扩展基础可采用有助的基础形式。

三、浅基础的结构形式

浅基础按构造类型可分为四种。

1. 单独基础

在房屋建筑中，柱的基础一般为单独基础。这种基础形式常见于装配式单层工业厂房的基础。

2. 条形基础

墙的基础通常连续设置成长条形，称为条形基础。条形基础在普通的砌体结构中应用相当广泛。

3. 筏板基础和箱形基础

当柱子或墙传来的荷载很大，地基土较软，用单独基础或条形基础都不能满足地基承载力要求时，往往需要把整个房屋底面（或地下室部分）做成片连续的钢筋混凝土板，作为房屋的基础，称为筏板基础。为了增加基础板的刚度，以减小不均匀沉降，高层建筑往往把地下室的底板、顶板、侧墙及一定数量的内隔墙一起构成一个整体刚度很强的钢筋混凝土箱形结构，称为箱形基础。

4. 壳体基础

为了改善基础的受力性能，基础的形式可不做成台阶状，而做成各种形式的壳体，称作壳体基础。这种基础形式对机械设备有良好的减振性能，因此在动力设备的基础有着光明的发展前景。

第二节　桩基础概述

位于地基深处承载力较高的土层上，埋置深度大于 5m 或大于基础宽度的基础，称为深基础，如桩基、地下连续墙、墩基和沉井等。

一、桩基础

（一）桩基础发展历史

桩具有悠久的应用历史。1981 年 1 月美国考古学家在太平洋东南沿岸智利的蒙特维尔德附近的森林里发现一间支撑于木桩上的木屋，经过放射性碳 60 测定，认为其距今至少已有 12000 至 14000 年历史。七、八千年前的新石器时代，人们就在湖上和沼泽地里打下木桩，在上面筑平台建所谓"湖上住所"以防止敌人和猛兽侵袭。中国于 1973~1978 年在浙江余姚河姆渡村发掘了新石器时代的文化遗址，出土了占地 4 万平方米的大量木结构遗存，其中有木桩数百根，研究认为其距今约七千年。自人工挖孔桩在 100 年前在美国问世以来，灌注桩基础得到了极大的发展，出现很多新桩型，单桩承载力可达数千千牛，最大的灌注桩直径可达数米以上，深度已超过 100m。高 88 层、420m 的上海金茂大厦桩入土深度达到 80m 以上。预应力管桩、钢管桩、空心混凝土桩、肢盘桩、在桩中心插入型钢或小直径预制混凝土桩的劲性水泥土搅拌桩等新老桩型也在大量采用。特别是近年来，考虑桩和土共同承担荷载的复合桩基设计理论在多层建筑中得到了较为广泛地应用。这些成果，使传统桩基础的概念得到了进一步发展。必须指出，一些新桩型是在桩基础施工机械设备取得突破性进展后而取得发展的。

（二）采用桩基础的条件

一般采用天然地基，地基承载力不足或沉降量过大时，宜考虑选择桩基础。像高层建筑、纪念性或永久性建筑、设有大吨位的重级工作制吊车的重型单层工业厂房、高耸建筑物或构筑物（如烟囱、输电铁塔等）、大型精密仪器设备基础都应优先考虑桩基方案。当建筑物或构筑物荷载较大，地基上部软弱而下部不太深处埋藏有坚实地层时，最宜采用桩基。在实际工程中可根据具体情况，依据"经济合理、技术可靠"的原则，由设计人员经分析比较后确定是否采用桩基。

（三）桩的分类

按桩身材料不同，可将桩划分为木桩、混凝土桩、钢筋混凝土桩、钢桩、其他组合材料桩等。按施工方法可分为预制桩、灌注桩两大类。按成桩过程中挤土效应可分为挤土桩、小量挤土桩和非挤土桩。按达到承载力极限状态时的荷载传递主要方式，可分为端承型桩和摩擦型桩两大类。

二、沉井基础

为了满足结构物的要求，适应地基的特点，在土木工程结构的实践中形成了各种类型的深基础。其中沉井基础，尤其是重型沉井、深水浮运钢筋混凝土沉井和钢沉井，在国内外已有广泛地应用和发展。如中国的南京长江大桥、天津永和斜拉桥、美国的 Stlouis 大桥等均采用了沉井基础。目前,在其构造、施工和技术方面中国均已进入世界先进水平,并具有自己独特的特点。

(一)沉井基础的特点

沉井是一种四周有壁、下部无底、上部无盖、侧壁下部有刃脚的简形结构物。通常用钢筋混凝土制成。它通过从孔内挖土,借助自身重量克服井壁摩阻力下沉至设计标高,再经混凝土封底并填塞井孔,便可成为桥梁墩台或其他结构物的基础。

沉井既是基础,又是施工时的挡土和挡水围堰结构物,施工工艺也不复杂。沉井基础的特点是埋置深度可以很大、整体性强、稳定性好,能够承受较大的垂直荷载和水平荷载。沉井基础的缺点是:施工期较长;对细砂及粉砂类土在井内抽水易发生流沙现象,造成沉井倾斜;沉井下沉过程中遇到的大孤石、树干或井底岩层表面倾斜过大,均会给施工带来一定困难。当上部荷载较大,结构对基础的变位敏感,而表层地基土的允许承载力不足,做基础开挖工作量大且支撑困难,但在一定深度下有好的持力层时,一般采用沉井基础。还有在山区河流中,虽然浅层土质较好,但冲刷大,或河中有较大卵石不便桩基础施工的情况下会考虑采用沉井基础方案。总的来说,通常根据经济合理和施工可行的原则,考虑是否采用沉井基础。

(二)沉井基础的类型

沉井按不同的下沉方式分为就地制造下沉的沉井与浮运沉井。就地制造下沉的沉井是在基础设计的位置上制造,然后挖土靠沉井自重下沉。如基础位置在水中,需先在水中筑岛,再在岛上筑井下沉。在深水地区,筑岛有困难或不经济,或有碍通航,或河流流速大,可在岸边制筑沉井拖运到设计位置下沉,这类沉井称为浮运沉井。

沉井按外观形状分类,在平面上可分为单孔或多孔的圆形、矩形、圆端沉井及网格形,圆形沉井受力好,适用于河水主流方向易变的河流。矩形沉井制作方便,但四角处的土不易挖除,河流水流也不顺。圆端形沉井兼有两者的优点也在一定程度上兼有两者的缺点,是土木工程中常用的基础类型。

沉井竖直剖面外形主要有竖直式、倾斜式及阶梯式等。采用哪种形式主要视沉井需要通过的土层性质和下沉深度而定。

三、沉箱基础

沉箱基础又称为气压沉箱基础,它是以气压沉箱来修筑的桥梁墩台或其他构筑物的基础。

沉箱形似有顶盖的沉井。在水下修筑大桥时,若用沉井基础施工有困难,则改用气压沉箱施工,并用沉箱作基础。它是一种较好的施工方法和基础形式。它的工作原理是:当沉箱在水下就位后,将压缩空气压入沉箱室内部,排出其中的水,这样施工人员就能在箱内进行挖土施工,并通过升降筒和气闸,把弃土外运,从而使沉箱在自重和顶面压重作用下逐步下沉至设计标高，最后用混凝土填实工作室，即成为沉箱基础。因施工过程中通入压缩空气，使其气压保持或接近刃脚处的静水压力，故称为气压沉箱。

沉箱和沉井一样，可以就地建造下沉，也可以在岸边建造，然后浮运至桥基位置穿过深水定位。当下沉处是很深的软弱层或者受冲刷的河底时，应采用浮运式。

中国在深水急流中修建了不少桥梁，已经积累了丰富的深水基础工程设计和施工技术。如采用大型管柱基础来取代气压沉箱的施工方法，管柱直径从 1.5m 发展到 5.8m，水下深度达 64m。在沉井施工方面，成功地开发了先进的触变泥浆套下沉技术，大幅度地减少了圬工数量，并使下沉速度加快 3~11 倍。刚竣工的江阴长江大桥，其支承悬索的北岸锚锭的沉井的平面尺寸达 69m×51m，埋深 58m，是世界上平面尺寸最大的沉井基础。大型深水基础成功地采用双壁钢围堰内抽水封底并加管柱钻孔的形式，围堰直径达 30~40m。还广泛地采用和推广了大直径钻孔灌注桩基础，直径 1.5~3.0m，并对更大直径的空心桩研究取得初步成果。如北镇黄河公路桥采用钻孔深度已达到 104m。

深基础还有两种类型：地下连续墙和墩基础，它们也是土木工程中常用的基础工程形式。最近在大型基础上已经开始采用地下连续墙的施工方法，并获得成功。

第三节　钢筋混凝土预制桩的施工

一、桩的制作、运输和堆放

1. 桩的制作

钢筋混凝土预制桩分为方桩和预应力管桩两种。混凝土方桩多数是在施工现场预制，也可在预制厂生产。可做成单根桩或多节桩，截面边长多为 200~550 mm，在现场预制，长度不宜超过 30m；在工厂制作，为便于运输，单节长度不宜超过 12 m。混凝土预应力管桩则均在工厂用离心法生产。管桩直径一般 300~800 mm，常用的为 400~600 mm。

（1）桩的制作方法。为节省场地，现场预制方桩多用叠浇法制作。

桩与桩之间应做好隔离层，桩与邻桩及底模之间的接触面不得粘连；上层桩或邻桩的浇注，必须在下层桩或邻桩的混凝土达到设计强度的 30% 以上时，方可进行；桩的重叠层数不应超过 4 层。

（2）桩的制作要求。

1）场地要求。场地应平整、坚实，不得产生不均匀沉降。

2）制桩模板。宜采用钢模板，模板应具有足够刚度，并应平整，尺寸应准确。

3）钢筋骨架。

①主筋连接。宜采用对焊和电弧焊，当大于 ø20 时，宜采用机械连接。主筋接头在同

一截面内的数量，应符合下列规定。

· 当采用对焊或电弧焊时，对于受拉钢筋，不得超过 50%；

· 相邻两根主筋接头截面的距离应大于 35d(主筋直径)，并不应小于 500mm；

· 必须符合《钢筋焊接及验收规程》(JGJ18-2012)和《钢筋机械连接技术规程》(JGJ107-2010)的规定。

②桩顶桩尖构造。桩顶一定范围内的箍筋应加密，并设置钢筋网片。

3）混凝土。混凝土骨料粒径宜为 5~40 mm；强度等级不宜低于 C30(静压法沉桩时不宜低于 C20)；灌注混凝土时，宜从桩顶开始灌筑，并应防止另一端的砂浆积聚过多。

（3）成品桩验收。混凝土预制桩的表面应平整、密实。

2. 桩的起吊、运输和堆放

（1）桩的吊运。混凝土设计强度达到 70% 及以上方可起吊，达到 100% 方可运输；桩在起吊时，必须保证安全平稳，保护桩身质量；吊点位置应符合设计要求，一般节点的设置。水平运输时，应做到桩身平稳放置，严禁在场地上直接拖拉桩体。

（2）桩的堆放。堆放场地应平整坚实；按不同规格、长度及施工流水顺序分别堆放；当场地条件许可时，宜单层堆放；当叠层堆放时，垫木间距应与吊点位置相同，各层垫木应上下对齐，并位于同一垂直线上，堆放层数不宜超过 4 层。

（3）取桩规定。当桩叠层堆放超过 2 层时，应采用吊机取桩，严禁拖拉取桩；三点支撑自行式打桩机不应拖拉取桩。

二、锤击打桩施工工艺

锤击打桩是利用打桩设备的锤击能量将预制桩沉入土（岩）层的施工方法，它施工速度快，机械化程度高，适用范围广，但施工时有冲撞噪声和对地表层有振动，在城市区和夜间施工有所限制。其施工工艺适用于工业与民用建筑、铁路、公路、港口等陆上预制桩桩基施工，由打入土（岩）层的预制桩和连接于桩顶的承台共同组成桩基础。

1. 施工准备

（1）技术准备

1）熟悉基础施工图纸和工程地质勘查报告，准备有关的技术规范、规程，掌握施工工艺。

2）编制施工组织设计，并对施工人员进行技术交底。

3）准备有关工程技术资料表格。

（2）材料准备

1）预制桩的制作质量符合《建筑桩基技术规范》(JGJ 94-2008)和《混凝土结构工程施工质量验收规范》(GB 50204-2015)。预制桩的混凝土强度达到设计强度的 100% 且混凝土的龄期不得少于 28 d。

2）电焊接桩时，电焊条必须有合格证及质量证明单。

3）打桩缓冲用硬木、麻袋、草垫等弹性衬垫。

（3）施工机具准备

1）打桩设备选择。打桩设备包括桩锤、桩梁和动力装置。

①桩锤。可选用落锤、柴油锤、汽锤和振动锤。其中柴油锤由于其性能较好，故应用较为广泛。柴油锤利用燃油爆炸来推动活塞往返运动进行锤击打桩。

桩锤的选用应根据地质条件、桩型、桩的密集程度、单桩竖向承载力及现有施工条件等因素确定。

②桩架。桩架一般由底盘、导向杆、起吊设备、撑杆等组成。桩架的高度由桩的长度、桩锤高度、桩帽厚度及所用的滑轮组的高度决定。另外，还应留 1~2m 的高度作为桩锤的伸缩余地。

桩架的种类很多，应用较广的为步履式打桩机和履带式打桩机。

③动力装置。打桩动力装置是根据所选桩锤而定的。当采用空气锤时，应配备空气压缩机；当选用蒸汽锤时，则要配备蒸汽锅炉和卷扬机。

2）工具用具。送桩器、电焊机、平板车等。

3）检测设备。经纬仪、水准仪、钢卷尺、塔尺等。

（4）作业条件准备

1）施工现场具备三通一平。

2）预制桩、焊条等材料已进场并验收合格。

3）测量基准已交底，复测、验收完毕。

4）施工人员到位，技术、安全技术交底已完成，机械设备进场完毕。

2.锤击打桩操作要求

（1）桩位放线。

1）在打桩施工区域附近设置水准点，不少于 2 个，其位置以不受打桩影响为原则（距离操作地点 40m 以外），轴线控制桩应设置在距最外桩 5~10m 处，以控制桩基轴线和标高。

2）测量好的桩位用钢钎打孔深度 >200 mm，用白灰灌入孔内，并在其上插入钢筋棍。

3）桩位的放样允许偏差：群桩 20 mm；单排桩 10 mm。

（2）确定打桩顺序。根据桩的密集程度（桩距大小）、桩的规格、设计标高、周边环境、工期要求等综合考虑，合理确定打桩顺序。打桩顺序一般分为逐排打设、自中部向四周打设和由中间向两侧打设三种。

1）当桩的中心距大于 4 倍桩的边长（桩径）时，可采用上述三种打法均可。当采用逐排打设时，会使土体朝一个方向挤压，为了避免土体挤压不均匀，可采用间隔跳打方式。

2）当桩的中心距小于 4 倍桩的边长（桩径）时，应采用自中部向四周打设；若场地狭长由中间向两侧打设。

3）当一侧毗邻建筑物时，由毗邻建筑物处向另一方向施打。

4）根据基础的设计标高，宜先深后浅。

5）根据桩的规格，宜先大后小，先长后短。

（3）桩机就位。根据打桩机桩架下端的角度计初调桩架的垂直度，按打桩顺序将桩机移至桩位上，用线坠由桩帽中心点吊下与地上桩位点初对中。

（4）起吊桩。

1）桩帽。桩帽宜做成圆筒形并设有导向脚与桩架导轨相连，应有足够的强度、刚度和耐打性。桩帽设有桩垫和锤垫，"锤垫"设在桩帽的上部，一般用竖纹硬木或盘圆层叠的钢丝绳制作，厚度宜取 15~20 cm。"桩垫"设在桩帽的下部套筒内，一般用麻袋、硬纸板等材料制作。

2）起吊桩。利用辅助吊车将桩送至打桩机桩架下面，桩机起吊桩并送进桩帽内。

3）对中。桩尖插入桩位中心后，先用桩和桩锤自重将桩插入地下 30 cm 左右，桩身稳定后，调整桩身、桩锤桩帽的中心线重合，使打入方向成一直线。

4）调直。用经纬仪测定桩的垂直度。经纬仪设置在不受打桩影响的位置，保证两台经纬仪与导轨成正交方向进行测定，使插入地面垂直偏差小于 0.5%。

（5）打桩。

1）桩开始打入时采用短距轻击，待桩入土一定深度（1~2 m）稳定以后，再以规定落距施打。

2）正常打桩宜采用重锤低击，柴油锤落距一般不超过 1.5 m，锤重参照表 5-4 选用。

3）停锤标准。

①摩擦桩。以控制桩端设计标高为主，贯入度为辅；摩擦桩桩端位于一般土层。

②端承桩。以贯入度控制为主，桩端设计标高为辅；端承桩桩端达到坚硬、硬塑的黏性土，中密以上粉土、砂土、碎石类土及风化岩。

③贯入度已达到设计要求而桩端标高未达到时，应继续锤击 3 阵，并按每阵 10 击的贯入度不大于设计规定的数值确认，必要时，施工控制贯入度应通过试验确定。

4）打（压）入桩的桩位偏差，必须符合规定。斜桩倾斜度的偏差不得大于倾斜角正切值的 15%(倾斜角是桩的纵向中心线与铅垂线间夹角）。

5）当遇到贯入度剧变，桩身突然发生倾斜、位移或有严重回弹、桩顶或桩身出现严重裂缝、破碎等情况时，应暂停打桩，并分析原因，采取相应措施。

6）打桩施工记录：打桩工程是隐蔽工程，施工中应做好每根桩的观测和记录，这是工程验收的依据。各项观测数据应填写《钢筋混凝土预制桩施工记录》。

（6）接桩。

1）待桩顶距地面 0.5~1 m 时接桩，接桩采用焊接或法兰连接等方法。

2）焊接接桩。

①钢板宜采用低碳钢，焊条宜采用 E43。

②对接前，上下端板表面应采用铁刷子清刷干净，坡口处应刷至露出金属光泽。

③接桩时，上下节桩段应保持顺直，在桩四周对称分层施焊，接层数不少于2层；错位偏差不大于2mm，不得采用大锤横向敲打纠偏。

④焊好后，桩接头应自然冷却后方可继续锤击，自然冷却时间不宜少于8 min，严禁采用水冷却或焊好即施打。

⑤焊接接头的质量检查，对于同一工程探伤抽样检验不得少于3个接头。

（7）送桩。

1）如果桩顶标高低于槽底标高，应采用送桩器送桩。

2）送桩器。宜做成圆筒形，并应有足够的强度、刚度和耐打性。送桩器长度应满足送桩深度的要求，弯曲度不得大于1/1 000。

3）在管桩顶部放置桩垫，厚薄均匀，将送桩器下口套在桩顶上，调整桩锤、送桩器和桩三者的轴线在同一直线上。

4）锤击送桩器将桩送至设计深度，送桩完成后及时将空孔回填密实。

（8）截桩头。打桩完成后，将多余的桩头截断；藏桩头时，宜采用锯桩器截割，不得截断桩体纵向主筋；严禁采用大锤横向敲击截桩或强行扳拉截桩。

4. 锤击打桩质量验收标准

（1）事前控制。施工前应检验成品桩及外观质量。

（2）事中控制。施工过程中应检验接桩质量、锤击及静压的技术指标、垂直度以及桩顶标高等。

（3）事后控制。

1）施工后应检验桩位偏差和承载力。对于地基基础设计等级为甲级或地质条件复杂，应采用静载荷试验的方法对桩基承载力进行检验，检验桩数不应少于总数的1%，且不应少于3根，当总桩数少于50根时，不应少于2根。

2）桩身完整性检测。对混凝土预制桩，检验数量不应少于总桩数的10%，且不得少于10根，每个柱子承台下不得少于1根。

三、混凝土预制桩成品保护措施

1. 现场测量控制网的保护。

2. 已进场的预制桩堆放整齐，注意防止滚落及施工机械碰撞。

3. 送桩后的孔洞应及时回填，以免发生意外伤人事件。

4. 对地下管线及周边建（构）筑物应采取减少震动和挤土影响的措施，并设点观测，必要时采取加固措施；在毗邻边坡打桩时，应随时注意观测打桩对边坡的影响。

第四节　混凝土灌注桩的施工

一、场地准备工作

灌注桩，是指在工程现场通过机械钻孔、钢管挤土或人力挖掘等手段在地基土中形成桩孔，并在其内放置钢筋笼灌注混凝土而做成的桩。依照成孔方法不同，灌注桩又可分为沉管灌注桩钻孔灌注桩和挖孔灌注桩等几类。钻孔灌注桩是按成桩方法分类而定义的一种桩型。特点为：与沉入桩中的锤击法相比，施工噪声和震动要小得多；能建造比预制桩直径大得多的桩；在各种地基上均可使用；施工质量的好坏对桩的承载力影响很大；因混凝土是在泥水中灌注的，因此混凝土质量较难控制。施工前应根据施工地点的水文、工程地质条件及机具、设备、动力、材料、运输等情况，布置施工现场。具体如下。

1.场地为旱地时，应平整场地、清除杂物、换除软土、夯打密实，钻机底座应布置在坚实的填土上。

2.场地为陡坡时，可用木排架或枕木搭设工作平台，平台应牢固可靠，保证施工顺利进行。

3.场地为浅水时，可采用筑岛法，岛顶平面应高出水面 1~2m。

4.场地为深水时，根据水深、流速、水位涨落、水底地层等情况，采用固定式平台或浮动式钻探船。

二、钻孔成桩施工准备

1.钻孔场地应清除杂物、换除软土、平整压实。

2.开钻前按照施工图纸要求在选定位置进行试桩，根据试桩资料验证设计采用的地质参数，并根据试桩结果确定是否调整桩基设计。根据地层岩性等地质条件、技术要求确定钻进方法和选用合适的钻具。

3.对钻机各部位状态进行全面检查，确保其性能良好。

4.浅水基础利用草袋围堰构筑工作平台。

三、钻孔方法

钻孔灌注桩的施工，有泥浆护壁法和全套管施工法两种。

（一）泥浆护壁施工法

冲击钻孔、冲抓钻孔和回转钻削成孔等均可采用泥浆护壁施工法。该施工法的过程是：

平整场地→泥浆制备→埋设护筒→铺设工作平台→安装钻机并定位→钻进成孔→清孔并检查成孔质量→下放钢筋笼→灌注水下混凝土→拔出护筒→检查质量。施工工序如下。

1. 施工准备

施工准备包括：选择钻机、钻具场地布置等。钻机是钻孔灌注桩施工的主要设备，可根据地质情况和各种钻孔机的应用条件来选择。

2. 钻孔机的安装与定位

安装钻孔机的基础如果不稳定，施工中易产生钻孔机倾斜、桩倾斜和桩偏心等不良影响，因此要求安装地基稳固。对地层较软和有坡度的地基，可用推土机推平，再垫上钢板或枕木加固。为防止桩位不准，施工中很重要的是定好中心位置和正确安装钻孔机。对有钻塔的钻孔机，先利用钻机的动力与附近的地笼配合，将钻杆移动大致定位，再用千斤顶将机架顶起，准确定位，使起重滑轮、钻头或固定钻杆的卡孔与护筒中心在一垂线上，以保证钻机的垂直度。钻机位置的偏差不大于 2cm，对准桩位后，用枕木垫平钻机横梁，并在塔顶对称于钻机轴线上拉上缆风绳。

3. 埋设护筒

钻孔成败的关键是防止孔壁坍塌，当钻孔较深时，在地下水位以下的孔壁土在静水压力下会向孔内坍塌，甚至发生流沙现象。钻孔内若能保持孔壁地下水位高的水头，增加孔内静水压力，以防止坍孔。护筒除起到这个作用外，还有隔离地表水、保护孔口地面、固定桩孔位置和钻头导向作用等。制作护筒的材料有木、钢、钢筋混凝土三种。护筒要求坚固耐用，不漏水，其内径应比钻孔直径大（旋转钻约大 20cm，潜水钻、冲击或冲抓锥约大 40cm），每节长度 2~3m，一般常用钢护筒。

4. 泥浆制备

钻孔泥浆由水、黏土（膨润土）和添加剂组成，具有浮悬钻渣冷却钻头、润滑钻具，增大静水压力，并在孔壁形成泥皮，隔断孔内外渗流，防止坍孔的作用。调制的钻孔泥浆及经过循环净化的泥浆，应根据钻孔方法和地层情况来确定泥浆稠度。泥浆稠度应视地层变化或操作要求机动掌握，泥浆太稀，排渣能力小、护壁效果差；泥浆太稠，会削弱钻头冲击功能，降低钻进速度。

5. 钻孔

钻孔是一道关键工序，在施工中必须严格按照操作要求进行，才能保证成孔质量。首先要注意开孔质量，为此必须对好中线及垂直度，并压好护筒。在施工中要注意不断添加泥浆和抽渣（冲击式用），还要随时检查成孔是否有偏斜现象。采用冲击式或冲抓式钻机施工时，附近土层因受到震动而影响邻孔的稳固。因此，钻好的孔应及时清孔，下放钢筋笼和灌注水下混凝土。钻孔的顺序也应事先规划好，既要保证下一个桩孔的施工不影响上一个桩孔，又要使钻机的移动距离不要过远和相互干扰。

6. 清孔

钻孔的深度、直径、位置和孔形直接关系到成桩质量与桩身曲直。为此，除了钻孔过程中密切观测监督外，在钻孔达到设计要求深度后，应对孔深、孔位、孔形、孔径等进行检查。在终孔检查完全符合设计要求时，应立即进行孔底清理，避免隔时过长以致泥浆沉淀，引起钻孔坍塌。对于摩擦桩，当孔壁容易坍塌时，要求在灌注水下混凝土前沉渣厚度不大于30cm；当孔壁不易坍塌时，不大于20cm。

7.灌注水下混凝土

清完孔之后，就可将预制的钢筋笼垂直吊放到孔内，定位后要加以固定，然后用导管灌注混凝土，灌注时混凝土不要中断，否则易出现断桩现象。

（二）全套管施工法

全套管施工法的施工顺序是：平整场地→铺设工作平台→安装钻机→压套管→钻进成孔→安放钢筋笼→放导管→浇注混凝土→拉拔套管→检查成桩质量。全套管施工法的主要施工步骤除不需泥浆及清孔外，其他的与泥浆护壁法类同。压入套管的垂直度，取决于挖掘开始阶段的5~6m深时的垂直度，故应使用水准仪及铅锤校核其垂直度。

四、钻孔故障及处理措施

1.塌孔

预防措施：(1)根据不同地层，控制使用好泥浆指标；(2)在回填土、松软层及流沙层钻进时，严格控制速度；(3)地下水位过高，应升高护筒，加大水头；(4)地下障碍物处理时，一定要将残留的混凝土块处理清除；(5)孔壁坍塌严重时，应探明坍塌位置，用砂和黏土混合回填至坍塌孔段以上1~2m处，捣实后重新钻进。

2.桩孔偏斜

预防措施：(1)保证施工场地平整，钻机安装平稳，机架垂直，并注意在成孔过程中定时检查和校正；(2)钻头、钻杆接头逐个检查调整，不能用弯曲的钻具；(3)在坚硬土层中不强行加压，应吊住钻杆，控制钻进速度，用低速度进尺；(4)对地下障碍物预先处理干净，对已偏斜的钻孔，控制钻速，慢速提升，下降往复扫孔纠偏。

五、钢筋骨架吊放及预防措施

1.钢筋笼安装与设计标高不符

预防措施：(1)钢筋笼制作完成后，注意防止其扭曲变形；(2)钢筋笼人孔安装时要保持垂直；混凝土保护层垫块设置间距不宜过大；(3)吊筋长度精确计算，并在安装时反复核对检查。

2.钢筋笼的上浮

钢筋笼上浮的预防措施：(1)严格控制混凝土质量，坍落度控制在（18±3）cm，混凝土和易性要好；(2)混凝土进入钢筋笼后，混凝土上升不宜过快；(3)导管在混凝土内埋深不宜过大，严格控制在10m以下，提升导管时，不宜过快，防止导管钩将钢筋笼带上等。

六、混凝土的灌注及预防措施

1. 混凝土采用200~300mm钢导管灌注,导管采用吊车分节吊装,丝扣式快速接头连接。灌注前,对导管进行水密、承压试验。

2. 安装储料斗及隔水栓,储料斗的容积要满足首批灌注下去的混凝土埋置导管深度的要求,封底时导管埋入混凝土中的深度不得小于1m;首批混凝土方量是根据桩径和导管埋深及导管内混凝土的方量而定,将混凝土搅拌运输车内的混凝土倒入封底料斗内,由专人统一指挥,待全部准备好后将隔水栓拉起进行封底,同时混凝土搅拌运输车快速反转,加快出料速度。

3. 灌注开始后应紧凑连续地进行,不得中断,并要防止混凝土从漏斗内溢出或从漏斗外掉入孔底;在灌注过程中,技术人员应经常检查孔内混凝土面的位置和混凝土质量,掌握拆除导管时间,严格控制导管埋深,防止导管提漏或埋管过深拔不出而出现断桩;使导管埋入混凝土内的深度始终保持在2~6m,并做灌注记录;测深时采用专用测绳及测锤进行,每测一次用钢尺检查深度,以钢尺测量为准,探测至混凝土面时手感有石子碰撞测锤为准,否则为砂浆或沉渣。

4. 灌注混凝土时,要保持孔内水头,防止出现坍孔。

5. 桩身混凝土灌注顶面高出设计桩顶高程0.8~1.0m,以保证桩头质量。

第五节　地基的处理与加固

一、地基处理

（一）常用的地基处理方法

1. 换填垫层法。挖去地表浅层软弱土层或不均匀土层,回填坚硬、较粗粒径的材料,并夯压密实形成垫层的地基处理方法。如灰土地基、砂和砂石地基等。

2. 强夯置换法。将重锤提到高处使其自由落下形成夯坑,并不断夯击坑内回填的砂石、钢渣等硬料,使其形成密实的教体的地基处理方法。

3. 成孔挤密桩法。采用挤土成孔工艺（沉管、冲击、水冲）或非挤土成孔工艺（洛阳铲、螺旋钻冲击）成孔,再将填充材料挤压入孔中或在孔中夯实形成密实桩体,并与原桩间土组成复合地基的地基处理方法。如土挤密桩、灰土挤密桩、石灰桩、砂石桩、夯实水泥土桩等。

4. 水泥粉煤灰碎石桩法。由水泥、粉煤灰、碎石、石屑或砂等混合料加水拌和形成高黏结强度桩,并由桩、桩间土和褥垫层一起组成复合地基的地基处理方法。此法简称

CFG 桩。

（二）地基处理设计与施工应遵循的规范规程

1.《建筑地基基础设计规范》（GB 50007-2011）；

2.《建筑工程施工质量验收统一标准》（GB 50300-2013）；

3.《建筑地基基础工程施工质量验收规范》（GB 50202）；

4.《建筑地基处理技术规范》（JGJ 79-2012）。

（三）灰土地基施工工艺

1.施工准备

（1）技术准备

1）施工前应根据工程特点、设计要求的压实系数、土料种类、施工条件等进行必要的压实试验，确定土料含水量控制范围、铺灰土的厚度和夯实或碾压遍数等参数。根据现场条件确定施工方法。

2）编制技术交底，并向施工人员进行技术，质量、环保、文明施工交底。

（2）材料准备

灰土体积配合比宜为 2：8 或 3：7。

1）土料。灰土的土料宜用黏土、粉质黏土。使用前应先过筛，其粒径不大于 15 mm。

2）石灰。用新鲜的块灰，使用前 1~2 d 消解并过筛，其颗粒不得大于 5 mm，且不应夹有未熟化的生石灰块粒及其他杂质，也不得含有过多水分。

（3）施工机具准备

1）施工机械。装载机、翻斗车、筛土机、灰土拌和机、压路机、平碾、振动碾、蛙式或柴油打夯机。

2）工具用具。木夯、手推车、筛子（孔径 6~10 mm 与 16~20 mm 两种）、耙子、平头铁锹、胶皮管、小线等。

3）检测设备。水准仪、钢尺、标准斗、靠尺、土工试验设备等。

（4）作业条件准备

1）基坑在铺灰土前应先进行钎探，局部软弱土层或古墓（井）、洞穴等已按设计要求进行处理，并办理完隐蔽验收手续和地基验槽记录。

2）当有地下水时，已采取排水或降低地下水位措施，使地下水位低于灰土垫层底面 0.5 m 以下。

2.操作要求

（1）基层处理

1）清除松散土并打两遍底夯，要求平整、干净。如有积水、淤泥应清除或晾干。

2）局部有软弱土层或古墓（井）、洞穴等，应按设计要求进行处理，并办理隐蔽验收手续和地基验槽记录。

（2）分层铺灰土

1）灰土的配合比应符合设计要求，一般为 2∶8 或 3∶7（石灰∶土，体积比）。

2）垫层应分层铺设，分层夯实或压实，基坑内预先安好 5 m×5 m 网格标桩，控制每层灰土垫层的铺设厚度。每层的灰土铺摊厚度，可采用不同的施工方法。

3）灰土拌和采用人工翻拌时，应通过标准斗计量，严格控制配合比。拌和时土料、石灰边掺边用铁锹翻拌，一般翻拌不少于三遍。采用机械拌和时，应注意灰、土的比例控制。灰土拌和料应拌和均匀，颜色一致。

4）土料最优含水量经击实试验确定，现场以"用手握成团，落地开花"为宜。如土料水分过大或不足时，应晾干或洒水润湿。

（3）夯压密实

1）夯（压）的遍数应根据设计要求的干土质量密度或现场试验确定，一般不少于三遍。人工打夯应一夯压半夯，夯夯相接，行行相接，纵横交叉。

2）碾压机械压实回填时，严格控制行驶速度，平碾和振动碾不宜超过 2 km/h，羊角碾不宜超过 3 km/h。每次碾压，机具应从两侧向中央进行，主轮应重叠 150 mm 以上。碾压不到之处，应用人工夯配合夯实。

3）灰土分段施工时，不得在墙角、柱基及承重窗间墙下接缝。上下两层灰土的接缝距离不得小于 500 mm。接缝处应切成直槎，并夯压密实。

4）当灰土地基标高不同时，基坑底土面应挖成阶梯或斜坡搭接，并按先深后浅的顺序进行垫层施工，搭接处应夯压密实。

5）灰土应随铺填随夯压密实，铺填完的灰土不得隔日夯压，夯实后的灰土，3d 内不得受水浸泡。

（4）分层检验压实系数

灰土垫层的压实系数必须分层检验，符合设计要求后方能铺填下层土。压实系数采用环刀法检验，取样点应位于每层厚度的 2/3 深处。

检验数量：对大基坑每 50~100 m² 应不少于 1 个检验点；对基槽每 10~20 m 应不少于 1 个点；每个独立基础应不少于 1 个点。

（5）修整找平

灰土最后一层完成后，要拉线或用靠尺检查标高和平整度，超高处用铁锹铲平，低洼处应补打灰土。

（四）灰土地基质量验收标准

1. 事前控制

施工前应检查灰土土料、石灰或水泥等材料性能和配合比及灰土的拌和均匀性。

2. 事中控制

施工过程中要检查分层铺设的厚度、分段施工时上下两层的搭接长度、夯实时的加水量、夯压遍数、压实系数。

3. 事后控制

（1）施工结束后，应检验灰土地基的承载力。

检验方法：按《建筑地基处理技术规范》（JGJ 79-2012）的规定，灰土地基施工结束后，宜采用载荷试验检验垫层质量，地基检测单位应具有相应的工程检测资质。

检验数量：每300 m²不应少于1点，超过3 000 m²以上部分每500 m²不应少于1点，每单位工程不应少于3点。

4. 灰土地基冬、雨期施工

（1）雨期施工

1）雨期施工灰土应连续进行，尽快完成，施工中需具备防雨和排水措施。

2）刚夯打完毕或尚未夯实的灰土，如遭雨淋浸泡，应将积水及松软灰土除去并补填夯实。

（2）冬期施工

1）冬期施工灰土应在不冻的状态下进行，土料不得含有冻块，并应覆盖保温。

2）已熟化的石灰应在次日用完，以充分利用石灰熟化时的热量。当日拌和的灰土应当日铺完夯实，夯完的灰土表面应用塑料薄膜和草袋覆盖保温。

（3）灰土地基成品保护措施

1）施工时注意妥善保护定位桩、轴线桩，防止碰撞位移，并应经常复测。

2）夜间施工时，应合理安排施工顺序，要配备有足够的照明设施，防止回填超厚或配合比错误。

3）灰土垫层每层验收后要及时铺填下层，同时禁止车辆碾压通行。

4）灰土垫层施工时要有临时遮盖措施，防止日晒雨淋。特别是对冬期的冻胀和夏季炎热气温下的干裂应有防护措施。

5）灰土垫层竣工验收合格后，要及时进行基础施工与基坑回填。

（4）灰土地基安全环保措施

1）施工区域采用封闭管理，坑、槽边设防护栏。夜间应设红灯标志。

2）每日开工前应观察坑槽壁、边坡土体松动情况，有无松动裂缝，必要时可采取在土体松动、塌方处用钢管、木板、木方支撑等安全支护措施。施工中如发生坍塌，应立即停工，人员撤至安全地点。

3）压路机、夯实机等设备的操作应严格遵守机械操作规程的规定；打夯操作人员必须穿绝缘胶鞋和戴绝缘手套。

4）施工现场的一切电源、电路的安装和拆除应由持证电工操作；电器应严格接地、接零和使用漏电保护器。各段用电应分闸，不得一闸多用。

（5）环保措施

1）现场施工时对扬尘应有控制措施。施工道路应设专人洒水，堆土应覆盖。

2）运土车辆应有人清扫，工地出口应设冲洗池，防止车辆带泥土污染道路，运土车辆应覆盖，防止遗撒。

3）灰土、石灰易飞扬的细颗粒散体材料，应覆盖存放，现场拌和灰土时，应采取措施，防止尘土飞扬。施工现场配备洒水降尘器具，设专人洒水降尘。

4）在城市和居民区施工时应有采用低噪声设备或工具、合理安排作业时间等防噪声措施，并遵守当地关于防噪声的有关规定。

二、砂和砂石地基施工

在地基基础设计与施工中，浅层软弱土的处理常采用换土垫层法。砂和砂石地基也属于换填垫层法。砂和砂石地基是将基础底面下的软弱土层挖去，采用砂或一定比例的砂石混合物，经分层振实作为地基的持力层，以提高地基强度，并通过垫层的压力扩散作用降低对下卧层的压应力，减少变形量，同时能迅速排出垫层中的水分。砂和砂石地基具有取材方便、施工速度快等特点。适用于处理 3.0 m 以内的软弱、透水性强的黏性土地基；不宜用于加固湿陷性黄土地基及渗透系数小的黏性土地基。换填垫层的厚度不宜小于 0.5 m，也不宜大于 3.0 m。

（一）砂和砂石地基施工工艺

1.施工准备

（1）技术准备

1）根据设计要求选用砂或砂石材料，经试验检验材料的颗粒级配、有机质含量、含泥量等，确定混合填料的配合比。

2）施工前应根据工程特点、设计要求的压实系数、填料种类、施工条件等进行必要的压实试验，确定砂石料含水量控制范围、摊铺厚度和夯实或碾压遍数、机械碾压速度等参数。

3）编制技术交底，并向施工人员进行技术、质量、环保、文明施工交底。

（2）材料准备

1）砂。宜用颗粒级配良好、质地坚硬的中砂或粗砂。当用细砂应同时掺入 25%~35% 碎石或卵石。砂中有机质含量不超过 5%，含泥量应小于 5%。

2）砂石。用自然级配的砂、砾石（或碎石）混合物，粒径小于 2 mm 的部分不应超过总重的 45%，应级配良好。砂石的最大粒径不宜大于 50 mm。

（3）施工机具

1）施工机械。平碾压路机、推土机、平板式振捣器或插入式振捣器、翻斗车等。

2）工具用具。平头铁锹、铁耙、喷水用胶管、小线或细钢丝、手推车等。

3）检测设备。水准仪、钢尺、靠尺、土工试验设备等。

（4）作业条件准备

1）基坑在铺灰土前要先进行钎探，局部软弱土层或古墓（井）、洞穴等已按设计要求进行了处理，并办理完隐蔽验收手续和地基验槽记录。

2）当有地下水时，宜采取降低地下水位措施。

2.操作要求

（1）基层处理

砂或砂石地基铺填之前，应将基底表面浮土、淤泥、杂物等清除干净，槽侧壁按设计要求留出坡度。铺设前应经验槽，并做好验槽记录。

（2）抄平设标桩

基坑内预先安好 5 m×5 m 网格标桩（钢筋或木桩），控制每层砂或砂石的铺设厚度。

（3）分层铺填砂石

1）人工级配的砂石混合料拌匀应先将砂和砾石按配合比过斗计量，拌和均匀。如发现砂窝或石子成堆现象，应将该处的砂子或石子挖出，填入级配好的砂石。

2）铺填砂石的每层厚度应根据经试验确定的摊铺厚度进行施工。一般情况下可按 150~200 mm，但不宜超过 300 mm。

3）垫层底面标高不同时，土面应挖成阶梯或斜坡搭接，并按先深后浅的顺序施工，搭接处应夯压密实。分层铺设时，接头应做成斜坡或阶梯形搭接，每层错开 0.5~1.0 m，并注意充分捣实。

（4）分层振实或碾压

砂和砂石垫层首选平振法，施工方法还有夯实法、碾压法、水撼法等。振夯压实要做到交叉重叠 1/3，防止漏振、漏压。夯实、碾压遍数、振实时间应通过试验确定。用细砂作垫层材料时，不宜使用振捣法或水撼法，以免产生液化现象。

（5）分层检验压实系数

砂和砂石垫层的压实系数必须分层检验，符合设计要求后方能铺填下层土。压实系数采用环刀法检验，取样点应位于每层厚度的 2/3 深处。

检验数量：对大基坑每 50~100 m 应不少于 1 个检验点；对基槽每 10~20 m 应不少于 1 个点；每个独立基础应不少于 1 个点。

（6）修整找平

砂和砂石垫层最后一层完成后，拉线检查标高和平整度，超高处用铁锹铲平，低洼处及时补打砂石。

（二）砂石地基质量验收标准

1.事前控制

施工前应检查砂、石等原材料质量和配合比及砂、石混合的均匀性。

2.事中控制

施工过程中应检查分层厚度、分段施工时搭接部分的压实情况、加水量、压实遍数、压实系数。

3. 事后控制

施工结束后，应检查砂及砂石地基的承载力。

检验方法：按《建筑地基处理技术规范》（JGJ 79-2012）的规定，砂石地基施工结束后，宜采用载荷试验检验垫层质量，地基检测单位应具有相应的工程检测资质。

检验数量：每 300 m² 不应少于 1 点，超过 3 000 m² 以上部分每 500 m² 不应少于 1 点，每单位工程不应少于 3 点。

（三）砂石地基冬、雨期施工

1. 冬期施工

冬期施工时，不得采用夹有冰块的砂石和冻结的天然砂石，并要采取措施防止砂石内水分冻结。

2. 雨期施工

雨期施工时，应有防雨排水措施，防止地表水流入槽坑内造成边坡塌方或基土遭到破坏。基坑或管沟砂石回填应连续进行，尽快完成。

三、夯实水泥土桩复合地基施工

夯实水泥土桩复合地基是将水泥和土按设计的比例拌和均匀，在孔内夯实至设计要求的密实度而形成的加固体，并与桩间土组成的复合地基，具有工艺简单、施工方便、工效高、费用低等优点。适于加固地下水位以上的新填土、杂填土、湿陷性黄土以及含水率较大的软弱土地基。处理深度不宜超过 15 m。

（一）夯实水泥土桩的设计与构造

夯实水泥土桩复合地基设计、施工一般由具有专业承包企业资质的地基与基础工程施工单位负责。复合地基处理结束后，经地基承载力检验，以确认夯实水泥土桩复合地基设计、施工质量。

1. 桩的构造要求

（1）确定桩长。当相对硬层的埋藏深度不大时，需按相对硬层埋藏深度确定，桩端进入持力层应不小于 1~2 倍桩径；当相对硬层埋藏深度较大时，需按建筑物地基的变形允许值确定。桩顶设计标高以上的预留覆盖土层厚度不宜小于 0.3 m。桩长最短不宜小于 3.0 m，最长不宜超过 15 m。当采用洛阳铲成孔工艺时，深度不宜超过 6 m。

（2）桩孔直径。桩孔直径宜为 300~600 mm。洛阳铲成孔直径一般为 250~400 mm；长螺旋钻机孔径可达 600 mm。

（3）桩的布置。

1）布桩形式。夯实水泥土桩一般采用正方形、正三角形两种布桩形式，可只在基础范围内布置。

2）面积置换率。夯实水泥土桩面积置换率一般为 5%~15%。

3）桩间距。桩间距宜为桩径的 2~4 倍。根据面积置换率确定桩间距，按下式计算。

正方形：
$$S_d = \sqrt{\frac{A_p}{m}}$$

正三角形：
$$S_d = \sqrt{\frac{A_p}{m \times \sin\theta °}}$$

式中

S_d——桩间距（m）；

A_p——桩体截面积（mm²）；

M——面积置换率。

（4）配合比。水泥土混合料配合比的设计应根据工程对桩体强度的要求、土料性质、水泥品种强度确定，一般取水泥与土的体积比 S=1 : 5~1 : 8。当对地基承载力要求不高时，通常取 S=1 : 7 即可。孔内填料应分层回填夯实，填料的平均压实系数不应低于 0.97，最小值不应低于 0.93。

（5）褥垫层。褥垫层是复合地基的一部分，复合地基的设计思想是建筑荷载由桩和桩间土共同承担，褥垫层是实现这一设想的技术保证。通过改变垫层材料的厚度调整桩与桩间土分担荷载比例，当桩体承担较多荷载时，褥垫层厚度取小值；反之，取大值。因褥垫层的设置，使复合地基中桩传递垂直荷载的特性与桩基础显著不同。

夯实水泥土桩复合地基，必须在桩顶面铺设 100~300mm 厚的褥垫层，褥垫层材料可采用中砂、粗砂、石屑或灰土等。

2. 桩的设计

（1）确定单桩竖向承载力特征值

当初步设计时，单桩竖向承载力特征值可按下式估算。

$$R_a = u_p \sum_{i=1}^{n} q_s l_p + \alpha_p q_p A_p$$

式中

u_p——桩的周长（m）；

q_s——桩周第 i 层土的侧阻力特征值（kPa），可按地区经验确定；

l_p——桩长范围内第 i 层土的厚度（m）；

α_p——桩端阻力发挥系数，应按地区经验确定；

q_p ——桩端阻力特征值（kPa），可按地区经验确定。

（2）计算面积置换率

以 Ra、fs 为已知参数，按下式计算面积置换率 m。

$$f_{spk} = \lambda m \frac{R_\alpha}{A_P} + \beta(1-m)f_k$$

式中

λ ——单桩承载力发挥系数，可按地区经验取值；

R_α ——单桩竖向承载力特征值（kN）；

A_P ——桩的截面积（m²）；

β ——桩间土承载力发挥系数，可按地区经验取值。

（3）计算桩间距

以面积置换率（m）为已知参数，按"桩的构造要求"中的公式计算出桩间距，完成设计。

（二）夯实水泥土桩复合地基施工工艺

1. 施工准备

（1）技术准备

1）应有建筑场地的岩土工程勘察报告，场地勘察资料及地基土和桩孔填料的土工击实试验报告等。

2）建筑物的平面定位图，桩位布置图并注明桩位编号，以及设计要求。

3）建筑场地的水准控制及建筑物位置控制坐标等资料。

4）编制夯实水泥土桩专项施工方案和技术交底，并对施工人员进行技术交底。

（2）材料准备

水泥土体积配合比应符合设计要求，当对地基承载力要求不高时，通常取水泥：土=1：7即可。

1）土料。水泥土桩的土料宜用黏土、粉质黏土。使用前应先过筛，其粒径不大于15 mm。

2）水泥。水泥一般采用不低于 32.5 级普通硅酸盐水泥或矿渣水泥，并经现场抽样复试合格。

（3）施工机具准备

1）施工机械。常用施工机械有长螺旋钻机、机械洛阳铲、吊锤式夯实机、翻斗车等。

2）工具用具。人工洛阳铲、吊锤（60~100 kg）、钢制三脚支架、手推车、筛土筛子、铁锹、胶皮管等。

3）检测设备。水准仪、钢尺、标准斗、土工试验设备、轻型动力触探器等。

（4）作业条件准备

1）基坑在铺灰土前要先进行钎探，局部软弱土层或古墓（井）、洞穴等按设计要求进行了处理，并办理完隐蔽验收手续和地基验槽记录。

2）现场达到"三通一平"要求。

2. 操作要求

（1）基坑开挖

基坑开挖时，距离基底标高必须预留 300 mm 土层，待截桩头时连同桩间土一并清理。一是防止夯实水泥土桩施工时扰动地基土；二是保证夯实水泥土桩顶部的夯实质量。

（2）测量放线

按设计桩距定位放线，严格布置桩孔，并记录布桩的根数，以防止遗漏。

（3）人工成孔

人工成孔一般用洛阳铲成孔。其特点是工具简单，操作方便，不需要任何能源，无振动、无噪声，可靠近旧建筑物成孔，工作面可以根据工程的需要扩展，特别适合中小型工程成孔。

1）人工洛阳铲可成 4.0 m 以内的孔。如果在洛阳铲铲柄上加长，可以成 6.0 m 以内的孔。

2）成孔时，将洛阳铲刃口切入土中，然后翻动并用力拧转铲柄，将土剪断，拔出洛阳铲，铲内土体被带出；当遇到薄砂层时，可向孔内松填少量黏性土，用洛阳铲反复铲插捣混合后，用洛阳铲将土体带出。

3）洛阳铲成孔直径一般为 250~400 mm，洛阳铲的尺寸可变，对于软土宜用直径较大者，对于素填土及硬土宜用直径较小者。

4）成孔后测量孔径、孔深，并保护好孔口。

（4）机械成孔

机械成孔常用螺旋钻、机械洛阳铲等设备成孔。其特点是能连续出土，效率高，成孔质量好，成孔深度深。

1）成孔设备就位，钻尖与桩心对正，钻杆应保持垂直方向，就位后设备必须平整、稳固。

2）开始钻孔或穿过软硬土层交界处时，应低速慢钻，保持钻杆垂直。

3）钻孔至设计深度后，应在原位深度处空钻清土，提升钻杆孔外卸土。机械洛阳铲时，直接上提至孔外卸土。

4）成孔后测量孔径、孔深，并保护好孔口。

（5）制备水泥土

1）水泥土的配合比应符合设计要求，一般为水泥：土 =1：7（体积比）。

2）水泥土一般采用人工翻拌，通过标准斗计量，严格控制配合比。拌和时土料、水泥边掺边用铁锹翻拌，一般翻拌不少于 3 遍。水泥土应拌和均匀，颜色一致。

3）水泥一般采用不低于 32.5 级普通硅酸盐水泥或矿渣水泥，土料可就地取材，基坑（槽）挖出的黏性土、粉质黏土均可，土料有机物含量不得超过 5%，使用时土料应过筛。

4）水泥土最优含水量经击实试验确定，现场以"用手握成团，落地开花"为宜。如土料水分过大或不足时，应晾干或洒水润湿。

5）拌和好的水泥土要及时用完，放置时间超过2h不宜使用。

（6）分层夯实

1）桩孔填料前，应清底并夯实，桩孔夯填可用机械夯实，也可用人工夯实。

2）夯填时，夯锤的落距和填料厚度应根据现场试验确定，混合料的压实系数不应小于0.93。

3）机械夯实时夯锤质量宜大于100 kg，填料厚度不超过300 mm，夯锤落距不小于700 mm，夯击次数5~6击。

4）人工夯实时夯锤质量一般为60 kg，填料厚度不超过300 mm，夯锤落距不小于700 mm，夯击次数6~8击。

5）桩顶夯填高度应大于设计桩顶标高200~300 mm。

（7）桩体干密度的检验

检验方法：可在24 h内采用取土样测定桩体干密度，压实系数不应小于0.93；也可采用轻型动力触探击数No与现场试验确定的干密度进行对比，以判断桩身质量。轻型动力触探要求成桩1 h后，击数不小于30击。

检验数量：不应少于总桩数的2%。

（8）清理桩间土

夯实水泥土桩施工结束后，即可清理桩间土和截桩头。清土时，不得扰动桩间土；截桩时，将多余桩体凿除，桩顶面应水平，不得造成桩顶标高以下桩身断裂。

（9）褥垫层施工

1）褥垫层材料应符合设计要求，一般可采用中砂、粗砂、级配砂石或灰土等；对较干的砂石材料，虚铺后可适当洒水再夯实。

2）褥垫层厚度由设计确定，宜为100~300 mm。

3）虚铺完成后采用平板振捣器夯实至设计厚度；夯填度不得大于0.9；施工时严禁扰动基底土层。

（三）夯实水泥土桩质量验收标准

1.事前控制

施工前应检查水泥及夯实用土料的质量符合设计要求。

2.事中控制

施工过程中应检查孔位、孔深、孔径、水泥和土的配比、混合料含水量、桩体干密度等。

3.事后控制

（1）施工结束后，应对桩体质量及复合地基承载力做检验，褥垫层应检查其夯填度。

（2）复合地基承载力检验。

检验方法：按《建筑地基处理技术规范》（JGJ 79-2012）的规定，夯实水泥土桩地基竣工验收时，应采用单桩复合地基载荷试验；对重要或大型工程，尚应进行多桩复合地基载荷试验。地基检测单位应具有相应的工程检测资质。

检验数量：检验数量不应少于总桩数的 0.5%，且不应少于 3 点。

四、地基加固

（一）复合地基加固法

复合地基，是指天然地基在地基处理过程中，部分土体得到增强或被置换或在天然地基中设置加筋材料，由基体（天然地基土体）和增强体两部分组成加固区的人工地基。复合地基的本质是桩和桩间土共同直接承担荷载，这也是复合地基与浅基础和桩基础之间的主要区别。

按照竖向增强体材料的不同，复合地基又可以分为砂石桩复合地基、水泥土搅拌桩复合地基、旋喷桩复合地基、土桩、灰土桩复合地基、夯实水泥土桩复合地基、水泥粉煤灰碎石桩复合地基、柱锤冲扩桩复合地基和多桩型复合地基等。

1. 砂石桩复合地基

砂石桩复合地基，是指将碎石、砂或砂石挤压入已成的孔中，形成密实砂石增强体的复合地基。砂石桩复合地基，根据成孔的方式不同可分为振冲法、振动沉管法等。根据桩体材料的不同可分为碎石桩、砂石桩和砂桩。碎石桩、砂桩施工可采用振冲法或沉管法，砂桩施工可采用沉管法。砂石桩复合地基适用于处理松散砂土、粉土、挤密效果好的素填土。杂填土等地基。

2. 水泥土搅拌桩复合地基

水泥土搅拌桩复合地基，是指以水泥作为固化剂的主要材料，通过深层搅拌机械，将固化剂和地基土强制搅拌形成增强体的复合地基。水泥土搅拌桩按照施工工艺可分为浆液搅拌法（简称湿法）和粉体搅拌法（简称干法）。该法适用于处理淤泥、淤泥质土、素填土、软可塑黏性土、松散—中密粉细砂、稍密—中密粉土、松散稍密中粗砂和砾砂、黄土等土层，不适用于含大孤石或障碍物较多且不易清除的杂填土、硬塑及坚硬的黏性土、密实的砂类土以及地下水渗流影响成桩质量的土层。当地基土的天然含水量小于30%（黄土含水量小于25%）或大于70%时不应采用干法。寒冷地区冬季施工时，应考虑负温度对处理效果的影响。

水泥土搅拌法用于处理泥炭土、有机含量较高或 pH 值小于 4 的酸性土、塑性指数大于 25 的黏性土或在腐蚀性环境中以及无工程经验的地区采用水泥土搅拌法时，必须通过现场和室内试验确定其适用性。

3. 旋喷桩复合地基

旋喷桩复合地基，是指将高压水泥浆通过钻杆由水平力向的喷嘴喷出，形成喷射流，以此切制土体并与土拌和形成水泥土增强体的复合地基。高压旋喷桩根据工程需要和土质条件，可分别采用单管法、双管法和三管法。旋喷桩复合地基适用于淤泥、淤泥质土、一般黏性土、粉土、砂土、黄土、素填土等地基中采用高压旋喷注浆形成增强体的地基处理；当土中含有大粒径块石、大量植物根茎或有较高含量的有机质时，以及地下水流速过大或已涌水的工程，应根据现场试验结果确定其适用性。

4. 土桩、灰土桩复合地基

土桩、灰土桩复合地基，是指用素土、灰土填入孔内分层夯实形成增强体的复合地基。土桩、灰土桩复合地基适用于处理地下水位以上的粉土、黏性土、素填土和杂填土等地基，可处理地基的厚度宜为 3~15m。当地基土的含水量大于 24% 且饱和度大于 65% 时，应通过现场试验确定其适用性。

5. 夯实水泥土桩复合地基

夯实水泥土桩复合地基，是指将水泥和土按比例拌和均匀。在孔内分层夯实形成增强体的复合地基。夯实水泥土桩复合地基适用于处理地下水位以上的粉土、黏性土、素填土和杂填土等地基，可处理地基的厚度不宜大于 10m。

6. 水泥粉煤灰碎石桩复合地基

水泥粉煤灰碎石桩复合地基，是指由水泥、粉煤灰、碎石等混合料加水拌和形成增强体的复合地基。水泥粉煤灰碎石桩复合地基适用于处理黏性土、粉土、砂土和自重固结完成的素填土地基。对淤泥和淤泥质土应按地区经验或通过现场试验确定其适用性。

7. 柱锤冲扩桩复合地基

柱锤冲扩桩复合地基，是指反复将柱状重锤提到高处使其自由落下冲击成孔，然后分层填料夯实形成扩大桩体，与桩间土组成复合地基的地基处理方法。柱锤冲扩桩复合地基适用于处理地下水位以上的杂填土、粉土、黏性土、素填土和黄土等地基，对地下水位以下饱和松土层，应通过现场试验确定其适用性。地基处理深度不宜超过 10m，复合地基承载力特征值不宜超过 160kPa。

8. 多桩型复合地基

多桩型复合地基，是指由两种及两种以上不同材料增强体或由同一材料增强体面桩长不同时形成的复合地基，适用于处理存在浅层欠固结土，湿陷性土、液化土等特殊土，或场地土层具有不同深度持力层以及存在软弱下卧层，地基承载力和变形要求较高时的地基处理。

（二）注浆加固

注浆加固是将水泥浆或其他化学浆液注入地基土层中，增强土颗粒间的联结，使土体强度提高、变形减少、渗透性降低的加固方法。注浆加固适用于砂土、粉土、黏性土和人工填土等地基加固。根据加固目的可分别选用水泥浆液、硅化浆液、碱液等固化剂。

（三）微型桩加固

微型桩加固，是指用桩基机械或其他小型设备在土中形成直径不大于 30cm 的桩体加固体。微型桩加固适用于新建建筑物的地基处理，也可用于既有建筑地基加固。微型桩加固后的地基，当桩与承台整体连接时，可按桩基础设计；不与承台整体连接时应按复合地基设计，按复合地基设计时，褥垫层厚度不宜大于 100mm。微型桩加固按桩型施工工艺可分为树根桩法静压桩法、注浆钢管桩法。

1. 树根桩法

树根桩法是一种类似树根呈不同方位或直斜交错分布的钻孔桩群。树根桩法适用于淤泥、淤泥质土、黏性土、粉土、砂土、碎石土及人工填土等地基处理，并可应用于已有建筑物地基的加固改造工程中。

2. 静压桩法

静压桩法是以建筑物所能发挥的自重荷载或其他荷载作为压桩反力，用千斤顶将桩段从压桩孔内逐段压入土层，再将桩与基础连接在一起，从而形成桩式托换加固。静压桩法适用于淤泥、淤泥质土、黏性土、粉土和人工填土等地基处理。

3. 注浆钢管桩法

注浆钢管桩法是在已施工的钢管桩周围进行注浆处理，形成注浆钢管桩的加固地基，该方法适用于桩周软土层较厚、桩侧阻力较小的地基加固处理工程。

第二章　砌筑工程

第一节　脚手架及垂直运输设施

一、脚手架工程

1. 脚手架搭设要求

脚手架是土木工程施工的重要设施，是为保证高处作业安全、顺利进行施工而搭设的工作平台和作业通道。在结构施工、装修施工和设备管道的安装施工中，都需按照操作要求搭设脚手架。

（1）脚手架搭设之前，应根据工程的特点和施工工艺要求确定搭设（包括拆除）施工方案。

（2）施工方案内容主要包括：

1）材料要求。

2）基础要求。

3）荷载计算、计算简图、计算结果、安全系数。

4）立杆横距、立杆纵距、杆件连接、步距、允许搭设高度、连墙杆做法、门洞处理、剪刀撑要求、脚手板、挡脚板、扫地杆等构造要求。

5）脚手架搭设、拆除，安全技术措施及安全管理、维护、保养以及平面图、剖面图、立面图、节点图要反映杆件连接、拉结基础等情况。

6）悬挑式脚手架有关悬挑梁、横梁等的加工节点图，悬挑梁与结构的连接节点，钢梁平面图，悬挑设计节点图。

2. 脚手架的安全设置

（1）脚手架搭设之前，应根据工程的特点和施工工艺要求确定搭设（包括拆除）施工方案。

（2）脚手架地基与基础施工，必须根据脚手架搭设高度、搭设场地土质情况与现行国家标准有关规定进行。当基础下有设备基础、管沟时，在脚手架使用过程中不应开挖，否则必须采取加固措施。

（3）脚手架主节点处必须设置一根横向水平杆，用直角扣件扣接在纵向水平杆上且严禁拆除。主节点处两个直角扣件的中心距不应大于 150 mm 在双排脚手架中，横向水平杆靠墙一端的外伸长度不应大于杆长的 0.4 倍，且不应大于 500 mm。

（4）脚手架必须设置纵、横向扫地杆。纵向扫地杆应采用直角扣件固定在距底座上皮不大于 200 mm 处的立杆上，横向扫地杆也应采用直角扣件固定在紧靠纵向扫地杆下方的立杆上。当立杆基础不在同一高度上时，必须将高处的纵向扫地杆向低处延长两跨与立杆固定，高低差不应大于 1m。靠边坡上方的立杆轴线到边坡的距离不应小于 500 mm。

（5）高度在 24m 以下的单、双排脚手架，均必须在外侧立面的两端各设置一道剪刀撑，并由底至顶连续设置，中间各道剪刀撑之间的净距不应大于 15m。24 m 以上的双排脚手架应在外侧立面整个长度和高度上连续设置剪刀撑。剪刀撑、横向斜撑搭设应随立杆、纵向和横向水平杆等同步搭设，各底层斜杆下端均必须支承在垫块或垫板上。

（6）高度在 24m 以下的单、双排脚手架，宜采用刚性连墙件与建筑物可靠连接，也可采用拉筋和顶撑配合使用的附墙连接方式，严禁使用仅有拉筋的柔性连墙件。24 m 以上的双排脚手架，必须采用刚性连墙件与建筑物可靠连接，连墙件必须采用可承受拉力和压力的构造。50m 以下（含 50m）脚手架连墙件应按三步三跨进行布置，50m 以上的脚手架连墙件应按

两步三跨进行布置。

3. 脚手架的检查与验收

（1）脚手架的检查与验收应由项目经理组织，项目施工、技术、安全、作业班组负责人等有关人员参加，按照技术规范、施工方案、技术交底等有关技术文件，对脚手架进行分段验收，在确认符合要求后，方可投入使用。

（2）脚手架及其地基基础应在下列阶段进行检查和验收：

1）基础完工后及脚手架搭设前。

2）作业层上施加荷载前。

3）每搭设完 6~8m 后。

4）达到设计高度后。

5）遇有六级及以上大风与大雨后。

6）寒冷地区土层开冻后。

7）停用超过一个月的，在重新投入使用之前。

（3）脚手架定期检查的主要项目包括：

1）杆件的设置和连接，连墙件、支撑、门洞桁架等的构造是否符合要求。

2）地基是否有积水，底座是否松动，立杆是否悬空。

3）扣件螺栓是否有松动。

4）高度在 24 m 以上的脚手架，其立杆的沉降与垂直度的偏差是否符合技术规范的要求。

5）架体的安全防护措施是否符合要求。

6）是否有超载使用的现象等。

4. 脚手架拆除的安全技术

（1）脚手架拆除作业应按与搭设相反的程序由上而下逐层进行，严禁上、下同时作业。

（2）每层连墙件的拆除，必须在其上全部可拆杆件均已拆除以后进行，严禁先松开连墙件，再拆除上部杆件。

（3）凡已松开连接的杆件必须及时取出、放下，以免作业人员误扶、误靠，引起危险。

（4）分段拆除时，高差应不大于两步；如高差大于两步，应增设连墙件加固。

（5）拆下的杆件、扣件和脚手板应及时吊运至地面，严禁从架上向架下抛掷。

（6）当有六级及六级以上大风和雾、雨、雪天气时，应停止脚手架拆除作业。

二、垂直运输设施

垂直运输设施，指在建筑施工中担负垂直输送材料和人员上下的机械设备和设施。砌筑工程中的垂直运输量很大，不仅要运输大量的砖（或砌块）、砂浆，而且要运输脚手架、脚手板和各种预制构件，因而如何合理安排垂直运输就直接影响到砌筑工程的施工速度和工程成本。

（一）垂直运输设施的种类

目前，砌筑工程中常用的垂直运输设施有塔式起重机、井架、龙门架、施工电梯、灰浆泵等。

1. 塔式起重机

塔式起重机具有提升、回转、水平运输等功能，不仅是重要的吊装设备，也是重要的垂直运输设备，尤其在吊运长、大、重的物料时有明显的优势，故在可能条件下宜优先选用。

2. 井架、龙门架

井架是施工中最常用的，也是最为简便的垂直运输设施。它的稳定性好、运输量大，除用型钢或钢管加工的定型井架之外，还可用脚手架材料搭设而成。井架多为单孔井架，但也可构成两孔或多孔井架。井架通常带一个起重臂和吊盘。起重臂起重能力为 5~10kN，在其外伸工作范围内也可作小距离的水平运输。吊盘起重量为 10~15kN，其中可放置运料的手推车或其他散装材料。搭设高度可达 40m，需设缆风绳保持井架的稳定。

龙门架是由两根三角形截面或矩形截面的立柱及天轮梁（横梁）组成的门式架。在龙门架上设滑轮、导轨、吊盘、缆风绳等，进行材料、机具和小型预制构件的垂直运输。

龙门架构造简单、制作容易、用材少、装拆方便，但刚度和稳定性较差，一般适用于中小型工程。

3. 施工电梯

多数施工电梯为人货两用，少数为供货用。电梯按其驱动方式可分为齿条驱动和绳轮驱动两种。齿条驱动电梯又有单吊箱（笼）式和双吊箱（笼）式两种，并装有可靠的限速装置，适用于 20 层以上建筑工程使用；绳轮驱动电梯为单吊箱（笼、无限速装置，轻巧便宜），适于 20 层以下建筑工程使用。

4. 灰浆泵

灰浆泵是一种可以在垂直和水平两个方向连续输送灰浆的机械，目前常用的有活塞式和挤压式两种。活塞式灰浆泵按其结构又分为直接作用式和隔膜式两类。

（二）垂直运输设施的设置要求

垂直运输设施的设置一般应根据现场施工条件满足以下一些基本要求。

1. 覆盖面和供应面

塔吊的覆盖面，是指以塔吊的起重幅度为半径的圆形吊运覆盖面积。垂直运输设施的供应面，是指借助于水平运输手段（手推车等）所能达到的供应范围。建筑工程全部的作业面应处于垂直运输设施的覆盖面和供应面的范围之内。

2. 供应能力

塔吊的供应能力等于吊次乘以吊量（每次吊运材料的体积、重量或件数），其他垂直运输设施的供应能力等于运次乘以运量，运次应取垂直运输设施和与其配合的水平运输机具中的低值。另外，还需乘以 0.5-0.75 的折减系数，以考虑由于难以避免的因素对供应能力的影响（如机械设备故障等垂直运输设备的供应能力应能满足高峰工作量的需要）。

3. 提升高度

设备的提升高度能力应比实际需要的升运高度高，其高出程度不少于3m，以确保安全。

4. 水平运输手段

在考虑垂直运输设施时，必须同时考虑与其配合的水平运输手段。

5. 装设条件

垂直运输设施装设的位置应具有相适应的装设条件，如具有可靠的基础、与结构拉结和水平运输通道条件等。

6. 设备效能的发挥

必须同时考虑满足施工需要和充分发挥设备效能的问题。当各施工阶段的垂直运输量相差悬殊时，应分阶段设置和调整垂直运输设备，及时拆除已不需要的设备。

7. 设备拥有的条件和今后利用的问题

充分利用现有设备，必要时添置或加工新的设备。在添置或加工新的设备时应考虑今后利用的前景。

8. 安全保障

安全保障是使用垂直运输设施中的首要问题，必须引起高度重视。所有垂直运输设备都要严格按有关规定操作使用。

第二节　砌体施工的准备工作

一、砂浆的制备

砂浆按组成材料的不同大致可分为水泥砂浆、混合砂浆等两类。

1. 水泥砂浆

用水泥和砂拌和成的水泥砂浆具有较高的强度和耐久性，但和易性差。其多用于高强度和潮湿环境的砌体中。

2. 混合砂浆

在水泥砂浆中掺入一定数量的石灰膏或黏土膏的水泥混合砂浆具有一定的强度和耐久性，且和易性和保水性好。其多用于一般墙体中。

砂浆的配合比应事先通过计算和试配确定。水泥砂浆的最小水泥用量不宜小于 200 kg/m³。砂浆用砂宜采用中砂。砂中的含泥量，对于水泥砂浆和强度等级不小于 M5 的水泥混合砂浆，不宜超过 5%。对于强度等级小于 M5 的水泥混合砂浆，不应超过 10%。用块状生石灰熟化成石灰膏时，其熟化时间不得少于 7d。用黏土或粉质黏土制备黏土膏，应过筛，并用搅拌机加水搅拌。为了改善砂浆在砌筑时的和易性，可掺入适量的有机塑化剂，其掺量一般为水泥用量的（0.5~1）/10 000。

砂浆应采用机械拌和，自投完料算起，水泥砂浆和水泥混合砂浆的拌和时间不得少于 2 min；水泥粉煤灰砂浆和掺用外加剂的砂浆不得少于 3 min；掺用有机塑化剂的砂浆为 3~5 min。拌成后的砂浆，分层度不应大于 30mm；颜色一致。砂浆拌成后应盛入贮灰器中，如砂浆出现泌水现象，应在砌筑前再次拌和。砂浆应随拌随用。水泥砂浆和水泥混合砂浆必须分别在拌成 3h 和 4h 内使用完毕；若施工期间最高气温超过 30℃时，必须分别在拌成后 2h 和 3h 内使用完毕。

砂浆强度等级以标准养护温度为（20+5）℃及正常湿度条件下的室内不通风处养护龄期为 28 d 的试块抗压强度为准。砌筑砂浆强度等级分为 MI5、M10、M7.5、M5、M2.5 五个等级，各强度等级相应的抗压强度值应符合表 3.3 的规定。砂浆试块应在搅拌机出料口随机取样制作。每一检验批且不超过 250m 砌体的各种类型及强度等级的砌筑砂浆，每台搅拌机应至少抽验一次。

二、砖的准备

砖的品种、强度等级必须符合设计要求，并应规格一致。用于清水墙、柱表面的砖，应边角整齐、色泽均匀。在砌砖前应提前 1~2d 将砖堆浇水湿润，以使砂浆和砖能很好地黏结。

　　严禁砌筑前临时浇水，以免因砖表面存有水膜而影响砌体质量。烧结普通砖、多孔砖的含水率宜为 10%~15%，灰砂砖、粉煤灰砖的含水率宜为 8%~12%。检查含水率的最简易方法是现场断砖，砖截面周围融水深度达 15~20 mm 即视为符合要求。

三、施工机具的准备

　　砌筑前，一般应按施工组织设计要求组织垂直和水平运输机械。砂浆搅拌机械进场、安装、调试等工作。垂直运输多采用扣件及钢管搭设的井架，或人货两用施工电梯，或塔式起重机，而水平运输多采用手推车或机动翻斗车。对多高层建筑，可采用灰浆泵输送砂浆。同时，还要准备脚手架、砌筑工具（如皮数杆、托线板）等。

第三节　砌筑工程的类型与施工

一、砌体的一般要求

　　砌体可分为：(1)砖砌体，主要有墙和柱；砌块砌体，多用于定型设计的民用房屋及工业厂房的墙体；(2)石材砌体，多用于带形基础、挡土墙及某些墙体结构；(3)配筋砌体，在砌体水平灰缝中配置钢筋网片或在墙体外部的预留沟槽内设置竖向粗钢筋的组合砌体。

　　砌体除应采用符合质量要求的原材料外，还必须有良好的砌筑质量，以使砌体有良好的整体性、稳定性和良好的受力性能，一般要求灰缝横平竖直，砂浆饱满，厚薄均匀，砌块应上下错缝，内外搭砌，接槎牢固，墙面垂直；要预防不均匀沉降引起开裂；要注意施工中墙、柱的稳定性；冬期施工时还要采取相应的措施。

二、毛石基础与砖基础砌筑

（一）毛石基础

1.毛石基础构造

　　毛石基础是用毛石与水泥砂浆或水泥混合砂浆砌成。所用毛石应质地坚硬、无裂纹，强度等级一般为 MU20 以上，砂浆宜用水泥砂浆，强度等级应不低于 M5。

　　毛石基础可作墙下条形基础或柱下独立基础。按其断面形状有矩形、阶梯形和梯形等。基础顶面宽度比墙基底面宽度要大于 200mm；基础底面宽度依设计计算而定。梯形基础坡角应大于 60°。阶梯形基础每阶高不小于 300 mm，每阶挑出宽度不大于 200mm。

2. 毛石基础施工要点

（1）基础砌筑前，应先行验槽并将表面的浮土和垃圾清除干净。

（2）放出基础轴线及边线，其允许偏差应符合规范规定。

（3）毛石基础砌筑时，第一皮石块应坐浆，并大面向下；料石基础的第一皮石块应丁砌并坐浆。砌体应分皮卧砌，上下错缝，内外搭砌，不得采用先砌外面石块后中间填心的砌筑方法。

（4）石砌体的灰缝厚度：毛料石和粗料石砌体不宜大于 20 mm，细料石砌体不宜大于 5 mm。石块间较大的孔隙应先填塞砂浆后用碎石嵌实，不得采用先放碎石块后灌浆或干填碎石块的方法。

（5）为增加整体性和稳定性，应按规定设置拉结石。

（6）毛石基础的最上一皮及转角处、交接处和洞口处，应选用较大的平毛石砌筑。有高低台的毛石基础，应从低处砌起，并由高台向低台搭接，搭接长度不小于基础高度。

（7）阶梯形毛石基础，上阶的石块应至少压砌下阶石块的 1/2，相邻阶梯毛石应相互错缝搭接。

（8）毛石基础的转角处和交接处应同时砌筑。如不能同时砌筑又必须留槎时，应砌成斜槎。基础每天可砌高度应不超过 1.2 m。

（二）砖基础

1. 砖基础构造

砖基础下部通常扩大，称为大放脚。大放脚有等高式和不等高式两种。等高式大放脚是两皮一收，即每砌两皮砖，两边各收进 1/4 砖长；不等高式大放脚是两皮一收与一皮一收相间隔，即砌两皮砖，收进 1/4 砖长，再砌一皮砖，收进 1/4 砖长，如此往复。在相同底宽的情况下，后者可减小基础高度，但为保证基础的强度，底层需用两皮一收砌筑。

大放脚的底宽应根据计算而定，各层大放脚的宽度应为半砖长的整倍数（包括灰缝）。

2. 砖基础施工要点

（1）砌筑前，应将地基表面的浮土及垃圾清除干净。

（2）基础施工前，应在主要轴线部位设置引桩，以控制基础、墙身的轴线位置，并从中引出墙身轴线，而后向两边放出大放脚的底边线。在地基转角、交接及高低踏步处预先立好基础皮数杆。

（3）砌筑时，可依皮数杆先在转角及交接处砌几皮砖，然后在其间拉准线砌中间部分。内外墙砖基础应同时砌起，如不能同时砌筑时应留置斜槎，斜槎长度不应小于斜槎高度。

（4）基础底标高不同时，应从低处砌起，并由高处向低处搭接。如设计无要求，搭接长度不应小于大放脚的高度。

（5）大放脚部分一般采用一顺一丁砌筑形式。水平灰缝及竖向灰缝的宽度应控制在 10 mm 左右，水平灰缝的砂浆饱满度不得小于 80%，竖缝要错开。需注意丁字及十字接头处砖块的搭接，在这些交接处，纵横墙要隔皮砌通。大放脚的最下一皮及每层的最上一皮应以丁砌为主。

（6）基础砌完验收合格后，应及时回填。回填土要在基础两侧同时进行，并分层夯实。

三、砖墙砌筑

（一）砌筑形式

普通砖墙的砌筑形式主要有 5 种：一顺一丁、三顺一丁、梅花丁、两平一侧和全顺式等。

1. 一顺一丁

一顺一丁是一皮全部顺砖与一皮全部丁砖间隔砌成。上下皮竖缝相互错开 14 砖长。这种砌法效率较高，适用于砌一砖、一砖半及二砖墙。

2. 三顺一丁

三顺一丁是三皮全部顺砖与一皮全部丁砖间隔砌成。上下皮顺砖间竖缝错开 1/2 砖长；上下皮顺砖与丁砖间竖缝错开 1/4 砖长。这种砌法因顺砖较多，效率较高，适用于砌一砖、一砖半墙。

3. 梅花丁

梅花丁是每皮中丁砖与顺砖相隔，上皮丁砖坐中于下皮顺砖，上下皮间竖缝相互错开 1/4 砖长。这种砌法内外竖缝每皮都能避开，故整体性较好，灰缝整齐，比较美观，但砌筑效率较低。适用于砌一砖及一砖半墙。

4. 两平一侧

两平一侧采用两皮平砌砖与一皮侧砌的顺砖相隔砌成。当墙厚为 3/4 砖时，平砌砖均为顺砖，上下皮平砌顺砖间竖缝相互错开 1/2 砖长；上下皮平砌顺砖与侧砌顺砖间竖缝相互 1/2 砖长。当墙厚为 1 砖长时，上下皮平砌顺砖与侧砌顺砖间竖缝相互错开 1/2 砖长；上下皮平砌丁砖与侧砌顺砖间竖缝相互错开 1/4 砖长。这种形式适合于砌筑 3/4 砖墙及 1 砖墙。

5. 全顺式

全顺式是各皮砖均为顺砖，上下皮竖缝相互错开 1/2 砖长。这种形式仅适用于砌半砖墙。

为了使砖墙的转角处各皮间竖缝相互错开，必须在外角处砌七分头砖（3/4 砖长）。当采用一顺一丁组砌时，七分头的顺面方向依次砌顺砖，丁面方向依次砌丁砖。

砖墙的丁字接头处，应分皮相互砌通，内角相交处竖缝应错开 1/4 砖长，并在横墙端头处加砌七分头砖。

（二）砌筑工艺

砖墙的砌筑一般有抄平、放线、摆砖、立皮数杆、盘角、挂线、砌筑、勾缝、清理等工序。

1. 抄平放线

砌墙前先在基础防潮层或楼面上定出各层标高,并用水泥砂浆或 CI0 细石混凝土找平,然后根据龙门板上标志的轴线,弹出墙身轴线、边线及门窗洞口位置。二楼以上墙的轴线可用经纬仪或垂球将轴线引测上去。

2. 摆砖

摆砖,又称摆脚,是指在放线的基面上按选定的组砌方式用干砖试摆。目的是校对所放出的墨线在门窗洞口、附墙垛等处是否符合砖的模数,以尽可能减少砍砖,并使砌体灰缝均匀,组砌得当。一般在房屋纵墙方向摆顺砖,在山墙方向摆丁砖,摆砖由一个大角摆到另一个大角,砖与砖留 10 mm 缝隙。

3. 立皮数杆

皮数杆,是指在其上划有每皮砖和灰缝厚度,以及门窗洞口、过梁、楼板等高度位置的一种木制标杆。砌筑时用来控制墙体竖向尺寸及各部位构件的竖向标高,并保证灰缝厚度的均匀性。

皮数杆一般设置在房屋的四大角以及纵横墙的交接处,如墙面过长时,应每隔 10~15 m 立一根。皮数杆需用水平仪统一竖立,使皮数杆上的 +0.00 与建筑物的 +0.00 相吻合,以后就可以向上接皮数杆。

4. 盘角、挂线

墙角是控制墙面横平竖直的主要依据,所以,一般砌筑时应先砌墙角,墙角砖层高度必须与皮数杆相符合,做到"三皮一吊,五皮一靠"。墙角必须双向垂直。

墙角砌好后,即可挂小线,作为砌筑中间墙体的依据,以保证墙面平整,一般一砖墙、一砖半墙可用单面挂线,一砖半墙以上则应用双面挂线。

5. 砌筑、勾缝

砌筑操作方法各地不一,但应保证砌筑质量要求。通常采用"三一砌砖法",即"一块砖、一铲灰、一揉压",并随手将挤出的砂浆刮去的砌筑方法。这种砌法的优点是灰缝容易饱满、黏结力好、墙面整洁。

勾缝是砌清水墙的最后一道工序,可以用砂浆随砌随勾缝,叫作原浆勾缝;也可砌完墙后再用 1:1.5 水泥砂浆或加色砂浆勾缝,称为加浆勾缝。勾缝具有保护墙面和增加墙面美观的作用,为了确保勾缝质量,勾缝前应清除墙面黏结的砂浆和杂物,并洒水润湿,在砌完墙后,应画出的灰槽、灰缝可勾成凹、平、斜或凸形状。勾缝完后尚应清扫墙面。

(三)施工要点

1. 全部砖墙应平行砌起,砖层必须水平,砖层正确位置用皮数杆控制,基础和每楼层砌完后必须校对一次水平、轴线和标高,在允许偏差范围内,其偏差值应在基础或楼板顶面调整。

2. 砖墙的水平灰缝和竖向灰缝宽度一般为 10mm,但不小于 8mm,也不应大于 12mm。

水平灰缝的砂浆饱满度不得低于80%，竖向灰缝宜采用挤浆或加浆方法，使其砂浆饱满，严禁用水冲浆灌缝。

3. 砖墙的转角处和交接处应同时砌筑。对不能同时砌筑而又必须留槎时，应砌成斜槎，斜槎长度不应小于高度的2/3。非抗震设防及抗震设防烈度为6度、7度地区的临时间断处，当不能留斜槎时，除转角处外，可留直接，但必须做成凸槎，并加设拉结筋。拉结筋的数量为每120mm墙厚放置1φ6拉结钢筋（120mm厚墙放置2根φ6拉结钢筋），间距沿墙高不应超过500mm，埋入长度从留槎处算起每边均不应小于500mm，对抗震设防烈度为6度、7度的地区，不应小于1 000 mm，末端应有90°弯钩。抗震设防地区不得留直槎。

4. 砖墙接槎时，必须将接槎处的表面清理干净，浇水润湿，并填实砂浆，保持灰缝平直。

5. 每层承重墙的最上一皮砖、梁或梁垫的下面及挑檐、腰线等处，应是整砖丁砌。填充墙砌至接近梁、板底时，需留一定空隙，待填充墙砌筑完并应至少间隔7d后，再将其补砌挤紧。

6. 砖墙中留置临时施工洞口时，其侧边离交接处的墙面不应小于500 mm，洞口净宽度不应超过1 m。

7. 砖墙相邻工作段的高度差，不得超过一个楼层的高度，也不宜大于4m。工作段的分段位置应设在伸缩缝、沉降缝、防震缝或门窗洞口处。砖墙临时间断处的高度差，不得超过一步脚手架的高度。砖墙每天砌筑高度以不超过1.8 m为宜。

四、配筋砌体

配筋砌体是由配置钢筋的砌体作为建筑物主要受力构件的结构。配筋砌体有网状配筋砌体柱、水平配筋砌体墙、砖砌体和钢筋混凝土面层或钢筋砂浆面层组合砌体柱（墙）、砖砌体和钢筋混凝土构造柱组合墙和配筋砌块砌体剪力墙。

（一）配筋砌体的构造要求

配筋砌体的基本构造与砖砌体相同，不再赘述；下面主要介绍构造的不同点。

1. 砖柱（墙）网状配筋的构造

砖柱（墙）网状配筋，是在砖柱（墙）的水平灰缝中配有钢筋网片。钢筋上、下保护层厚度不应小于2 mm。所用砖的强度等级不低于MU10，砂浆的强度等级不应低于M7.5，采用钢筋网片时，宜采用焊接网片，钢筋直径宜采用3~4 mm；钢筋网中的钢筋的间距不应大于120 mm，并不应小于30 mm；钢筋网片竖向间距，不应大于五皮砖，并不应大于400 mm。

2. 组合砖砌体的构造

组合砖砌体，是指砖砌体和钢筋混凝土面层或钢筋砂浆面层的组合砌体构件，有组合砖柱、组合砖壁柱和组合砖墙等。

组合砖砌体构件的构造为：面层混凝土强度等级宜采用C20。面层水泥砂浆强度等级不宜低于 M10，砖强度等级不宜低于 MU10，砌筑砂浆的强度等级不宜低于 M7.5。砂浆面层厚度宜采用 30~45 mm，当面层厚度大于 45 mm 时，其面层宜采用混凝土。

3.砖砌体和钢筋混凝土构造柱组合墙

组合墙砌体宜用强度等级不低于 MU7.5 的普通砌墙砖，与强度等级不低于 M5 的砂浆砌筑。

构造柱截面尺寸不宜小于 240 mm×240 mm，其厚度不应小于墙厚。砖砌体与构造柱的连接处应砌成马牙槎。并应沿墙高每隔 500mm 设 2φ6 拉结钢筋，且每边伸入墙内不宜小于 600 mm。柱内竖向受力钢筋，一般采用 HPB235 级钢筋，对于中柱，不宜少于 4φ12；对于边柱不宜少于 4φ14，其箍筋一般采用 φ6@200 mm，楼层上下 500 mm 范围内宜采用 φ6@100mm，构造柱竖向受力钢筋应在基础梁和楼层圈梁中锚固。

组合砖墙的施工程序应先砌墙后浇混凝土构造桩。

4.配筋砌块砌体构造要求

砌块强度等级不应低于 MU10；砌筑砂浆不应低于 M7.5；灌孔混凝土不应低于 C20。配筋砌块砌体柱边长不宜小于 400mm；配筋砌块砌体剪力墙厚度连梁宽度不应小于 190mm。

（二）配筋砌体的施工工艺

配筋砌体施工工艺的弹线、找平、排砖摆底、墙体盘角、选砖、立皮数杆、挂线、留槎等施工工艺与普通砖砌体要求相同，下面主要介绍其不同点：

1.砌砖及放置水平钢筋

砌砖宜采用"三一砌砖法"，即"一块砖、一铲灰、一揉压"，水平灰缝厚度和竖直灰缝宽度一般为 10mm，但不应小于 8mm，也不应大于 12 mm。砖墙（柱）的砌筑应达到上下错缝、内外搭砌、灰缝饱满、横平竖直的要求。皮数杆上要标明钢筋网片、箍筋或拉结筋的位置，钢筋安装完毕，并经隐蔽工程验收后方可砌上层砖，并要保证钢筋上下至少各有 2mm 保护层。

2.砂浆（混凝土）面层施工

组合砖砌体面层施工前，应清除面层底部的杂物，并浇水湿润砖砌体表面。砂浆面层施工从下而上分层施工，一般应两次涂抹，第一次是刮底，使受力钢筋与砖砌体有一定保护层；第二次是抹面，使面层表面平整。混凝土面层施工应支设模板，每次支设高度一般为 50~60cm，并分层浇筑，振捣密实，待混凝土强度达到 30% 以上才能拆除模板。

3.构造柱施工

构造柱竖向受力钢筋，底层锚固在基础梁上，锚固长度不应小于 35d（d 为竖向钢筋直径），并保证位置正确。受力钢筋接长，可采用绑扎接头，搭接长度为 35d，绑扎接头处箍筋间距不应大于 200mm。楼层上下 500mm 范围内箍筋间距宜为 100。砖砌体与构造柱连接处应砌成马牙槎，从每层柱脚开始，先退后进，每一马牙槎沿高度方向的尺寸不宜超过

300mm，并沿墙高每隔 500mm 设 2φ6 拉结钢筋，且每边伸入墙内不宜小于 1m；预留的拉结钢筋应位置正确，施工中不得任意弯折。浇筑构造柱混凝土之前，必须将砖墙和模板浇水湿润（若为钢模板，不浇水，刷隔离剂），并将模板内落地灰、砖渣和其他杂物清理干净。浇筑混凝土可分段施工，每段高度不宜大于 2m，或每个楼层分两次浇灌，应用插入式振动器，分层捣实。

五、砌块砌筑

用砌块代替烧结普通砖做墙体材料，是墙体改革的一个重要途径。近年来，中小型砌块在我国得到了广泛应用。常用的砌块有粉煤灰硅酸盐砌块、混凝土小型空心砌块、煤矸石砌块等。砌块的规格不统一，中型砌块一般高度为 380~940 mm，长度为高度的 1.5~2.5 倍，厚度为 180~300 mm，每块砌块质量 50~200 kg。

（一）砌块排列

由于中小型砌块体积较大、较重，不如砖块可以随意搬动，多用专门设备进行吊装砌筑，且砌筑时必须使用整块，不像普通砖可随意砍凿，故在施工前，需根据工程平面图、立面图及门窗洞口的大小、楼层标高、构造要求等条件，绘制各墙的砌块排列图，以指导吊装砌筑施工。

1. 砌块排列图按每片纵横墙分别绘制

其绘制方法是在立面上用 1：50 或 1：30 的比例绘出纵横墙，然后将过梁、平板、大梁、楼梯、孔洞等在墙面上标出，由纵墙和横墙高度计算皮数，放出水平灰缝线，并保证砌体平面尺寸和高度是块体加灰缝尺寸的倍数，再按砌块错缝搭接的构造要求和竖缝大小进行排列。对砌块进行排列时，注意尽量以主规格砌块为主，辅助规格砌块为辅，减少镶砖。小砌块墙体应对孔错缝横砌，搭接长度不应小于 90 mm。墙体的个别部位不能满足，上述要求时，应在灰缝中设置拉结钢筋或钢筋网片，但竖向通缝仍不得超过两皮小砌块。砌块中水平灰缝厚度一般为 10~20 mm，有配筋的水平灰缝厚度为 20~25 mm；竖缝的宽度为 15-20 mm，当竖缝宽度大于 30 mm 时，应用强度等级不低于 C20 的细石混凝土填实，当竖缝宽度 ≥ 1500mm 或楼层高不是砌块加灰缝的整数倍时，应用普通砖镶砌。

2. 砌块吊装就位

砌块安装通常采用两种方案：一是以轻型塔式起重机进行砌块、砂浆的运输，以及楼板等预制构件的吊装，由台架吊装砌块；二是以井架进行材料的垂直运输、杠杆车进行楼板吊装，所有预制构件及材料的水平运输则用砌块车和劳动车，台架负责砌块的吊装，前者适用于工程量大或两幢房屋对翻流水的情况，后者适用于工程量小的房屋。

砌块的吊装一般按施工段依次进行，其次序为先外后内，先远后近，先下后上，在相邻施工段之间留阶梯形斜槎。吊装时应从转角处或砌块定位处开始，采用摩擦式夹具，按砌块排列图将所需砌块吊装就位。

3. 校正

砌块吊装就位后，用托线板检查砌块的垂直度，拉准线检查水平度，并用撬棍、楔块调整偏差。

4. 灌缝

竖缝可用夹板在墙体内外夹住，然后灌砂浆，用竹片插或铁棒捣，使其密实。当砂浆吸水后用刮缝板把竖缝和水平缝刮齐。灌缝后，一般不应再撬动砌块，以防损坏砂浆黏结力。

5. 镶砖

当砌块间出现较大竖缝或过梁找平时，应镶砖。镶砖砌体的竖直缝和水平缝应控制在 15~30mm 以内。镶砖工作应在砌块校正后即刻进行，镶砖时要注意使砖的竖缝灌密实。

（三）砌块砌体质量检查

砌块砌体质量应符合下列规定。

1. 砌块砌体砌筑的基本要求与砖砌体相同，但搭接长度不应少于 150 mm。

2. 外观检查应达到：墙面清洁，勾缝密实，深浅一致，交接平整。

3. 经试验检查，在每一楼层或 250m3 砌体中，一组试块（每组 3 块）同强度等级的砂浆或细石混凝土的平均强度不得低于设计强度最低值，对砂浆不得低于设计强度的 75%，对于细石混凝土不得低于设计强度的 85%。

4. 预埋件、预留孔洞的位置应符合设计要求。

六、填充墙砌体工程施工

在框架结构的建筑中，墙体一般只起围护与分隔的作用，常用体轻、保温性能好的烧结空心砖或小型空心砌块砌筑，其施工方法与施工工艺与一般砌体施工有所不同，简述如下：砌体和块体材料的品种、规格、强度等级必须符合图纸设计要求，规格尺寸应一致，质量等级必须符合标准要求，并应有出厂合格证明，试验报告单；蒸压加气混凝土砌块和轻骨料混凝土小型砌块砌筑时的产品龄期应超过 28d。蒸压加气混凝土砌块和轻骨料混凝土小型砌块应符合《建筑放射性核素限量》的规定。

填充墙砌体应在主体结构及相关部分已施工完毕，并经有关部门验收合格后进行。砌筑前，需认真熟悉图纸以及相关构造及材料要求，核实门窗洞口位置和尺寸，计算出窗台及过梁圈梁顶部标高。并根据设计图纸及工程实际情况，编制出专项施工方案和施工技术交底。填充墙砌体施工工艺及要求如下所述。

1. 基层清理

在砌筑砌体前应对墙基层进行清理，将基层上的浮浆灰尘清扫干净并浇水湿润。块材的湿润程度应符合规范及施工要求。

2. 施工放线

放出每一楼层的轴线，墙身控制线和门窗洞的位置线。在框架柱上弹出标高控制线以控制门窗上的标高及窗台高度，施工放线完成后，经验收合格后，方能进行墙体施工。

3. 墙体拉结钢筋

（1）墙体拉结钢筋有多种留置方式，目前主要采用预埋钢板再焊接拉结筋、用膨胀螺栓固定先焊在铁板上的预留拉结筋以及采用植筋方式埋设拉结筋等方式。

（2）采用焊接方式连接拉结筋，单面搭接焊的焊缝长度应≥10d，双面搭接焊的焊缝长度应≥5d。焊接不应有边、气孔等质量缺陷，并进行焊接质量检查验收。

（3）采用植筋方式埋设拉结筋，埋设的拉结筋位置较为准确，操作简单不伤结构，但应通过抗拔试验。

4. 构造柱钢筋

在填充墙施工前应先将构造柱钢筋绑扎完毕，构造柱竖向钢筋与原结构上预留插孔的搭接绑扎长度应满足设施要求。

5. 立皮数杆、排砖

（1）在皮数杆上框柱、墙上排出砌块的皮数及灰缝厚度，并标出窗、洞及墙梁等构造标高。

（2）根据要砌筑的墙体长度、高度试排砖，摆出门、窗及孔洞的位置。

（3）外墙壁第一皮砖摺底时，横墙应排丁砖，梁及梁垫的下面一皮砖、窗台等阶水平面上一皮应用 T 砖砌筑。

6. 填充墙砌筑

（1）拌制砂浆

1）砂浆配合比应用重量比，计量精度为：水泥土2%，砂及掺合料土5%，砂应计入其含水量对配料的影响。

2）宜用机械搅拌，投料顺序为砂→水泥→掺合料→水，搅拌时间不少于 2 min。

3）砂浆应随拌随用，水泥或水泥混合砂浆一般在拌和后 3~4h 内用完，气温在 30℃以上时，应在 2~3h 内用完。

（2）砖或砌块应提前 1~2d 浇水湿润；湿润程度以达到水浸润砖体深度 15 mm 为宜，含水率为 10%~15%。不宜在砌筑时临时浇水，严禁干砖上墙，严禁在砌筑后向墙体洒水。蒸压加气混凝土砌块因含水率大于 35%，只能在砌筑时洒水湿润。

（3）砌筑墙体

1）砌筑蒸压加气混凝土砌块和轻骨料混凝土小型空心砌块填充墙时，墙底部应砌200mm 高烧结普通砖、多孔砖或普通混凝土空心砌块或浇筑 200mm 高混凝土坎台，混凝土强度等级宜为 C20。

2）填充墙砌筑必须内外搭接、上下错缝、灰缝平直、砂浆饱满。操作过程中要经常进行自检，如有偏差，应随时纠正，严禁事后采用撞砖纠正。

3）填充墙砌筑时，除构造柱的部位外，墙体的转角处和交接处应同时砌筑，严禁无可靠措施的内外墙分砌施工。

4）填充墙砌体的灰缝厚度和宽度应正确。空心砖、轻骨料混凝土小型空心砌块的砌体灰缝应为8~12mm，蒸压加气混凝土砌块砌体的水平灰缝厚度、竖向灰缝宽度分别为15mm和20mm。

5）墙体一般不留槎，如必须留置临时间断处，应砌成斜槎，斜槎长度不应小于高度的2/3；施工时不能留成斜槎时，除转角处外，可于墙中引出直凸槎（抗震设防地区不得留直槎）。直槎墙体每间隔高度应在灰缝中加设拉结钢筋，拉结筋数量按120mm墙厚放一根φ6的钢筋埋入长度从墙的留槎处算起，两边均不应小于500mm，末端应有90°弯钩；拉结筋不得穿过烟道和通气管。

6）砌体接槎时，必须将接槎处的表面清理干净，浇水湿润，并应填实砂浆，保持灰缝平直。

7）木砖预埋：木砖经防腐处理，木纹应与钉子垂直，埋设数量按洞口高度确定；洞门高度≤2m，每边放2块，高度在2~3m时，每边放3~4块。预埋木砖的部位一般在洞门上下四皮砖处开始，中间均匀分布或按设计预埋。

8）设计墙体上有预埋、预留的构造，应随砌随留、随复核，确保位置正确构造合理。不得在已砌筑好的墙体中打洞；墙体砌筑中，不得搁置脚手架。

9）凡穿过砌块的水管，要严格防止渗水、漏水。在墙体内敷设暗管时，只能垂直埋设，不得水平开槽，敷设应在墙体砂浆达到强度后进行。混凝土空心砌块预埋管要提前专门做有预埋槽的砌块，不得墙上开槽。

1）加气混凝土砌块切锯时应用专用工具，不得用斧子或瓦刀任意砍劈，洞口两侧应选用规则整齐的砌块砌筑。

7. 构造柱、圈梁

（1）有抗震要求的砌体填充墙按设计要求应设置构造柱、圈梁，构造柱的宽度由设计确定，厚度一般与墙壁等厚，圈梁宽度与墙等宽，高度不应小于120mm。圈梁、构造柱的插筋宜优先预埋在结构混凝土构件中或后植筋，预留长度符合设计要求。构造柱施工时按要求应留设马牙槎，马牙槎宜先退后进，进退尺寸不小于60mm，高度不宜超过300mm。

当设计无要求时，构造柱应设置在填充墙的转角处、丁形交接处或端部；当墙长大于5m时，应间隔设置。圈梁宜设在填充墙高度中部。

（2）支设构造柱、圈梁模板时，宜采用对拉栓式夹具，为了防止模板与砖墙接缝处漏浆，宜用双面胶条黏结。构造柱模板根部应留垃圾清扫孔。

（3）在浇灌构造柱、圈梁混凝土前，必须向柱或梁内砌体和模板浇水湿润，并将模板内的落地灰清除干净，先注入适量水泥砂浆，再浇灌混凝土。振捣时，振捣器应避免触碰墙体，严禁通过墙体传振。

第四节　砌筑工程的质量及安全技术

一、砌筑工程的质量要求

1. 砌体施工质量控制等级：砌体施工质量控制等级分为三级。

2. 块材、水泥、钢筋、外加剂等尚应有材料主要性能的进场复验报告。严禁使用国家明令淘汰的材料。

3. 任意一组砂浆试块的强度不得低于设计强度的 75%。

4. 砖砌体应横平竖直，砂浆饱满，上下错缝，内外搭砌，牢固。

5. 砖、小型砌块砌体的允许偏差和外观质量标准应符合规范规定。

6. 配筋砌体的构造柱位置及垂直度的允许偏差应符合规范规定。

7. 填充墙砌体一般尺寸的允许偏差应符合规范规定。

8. 填充墙砌体的砂浆饱满度及检验方法应符合规范规定。

二、砌筑工程的安全与防护措施

在砌筑操作前，必须检查施工现场各项准备工作是否符合安全要求，如道路是否畅通，机具是否完好牢固，安全设施和防护用品是否齐全，经检查符合要求后才可施工。

施工人员进入现场必须戴好安全帽。砌基础时，应检查和注意基坑土质的变化情况。堆放砖石材料应离开坑边 1m 以上。砌墙高度超过地坪 1.2m 以上时，应搭设脚手架。架上堆放材料不得超过规定荷载值，堆砖高度不得超过三皮侧砖，同一块脚手板上的操作人员不应超过 2 人。按规定搭设安全网。

不准站在墙顶上做画线、刮缝及清扫墙面或检查大角垂直等工作。不准用不稳固的工具或物体在脚手板上垫高操作。

砍砖时应面向墙面，工作完毕应将脚手板和砖墙上的碎砖、灰浆清扫干净，防止掉落伤人。正在砌筑的墙上不准走人。不准站在墙上做画线、刮缝、吊线等工作。山墙砌完后，应立即安装桁条或临时支撑，防止倒塌。

雨天或每日下班时，需做好防雨准备，以防雨水冲走砂浆，导致砌体倒塌。冬期施工时，脚手板上如有冰霜、积雪，应先清除后才能上架子进行操作。

砌石墙时不准在墙顶或架上修石材，以免振动墙体影响质量或石片掉下伤人。不准徒手移动上墙的石块，以免压破或擦伤手指。不准勉强在超过胸部的墙上进行砌筑，以免将墙体碰撞倒塌或上石时失手掉下造成安全事故。石块不得往下掷。运石上下时，脚手板要钉装牢固，并钉防滑条及扶手栏杆。

对有部分破裂和脱落危险的砌块，严禁起吊；起吊砌块时，严禁将砌块停留在操作人员的上空或在空中整修；砌块吊装时，不得在下一层楼面上进行其他任何工作；卸下砌块时应避免冲击，砌块堆放应尽量靠近楼板两端，不得超过楼板的承重能力；砌块吊装就位时，应待砌块放稳后，方可松开夹，凡脚手架、井架、门架搭设好后，经专人验收合格后方准使用。

第三章　混凝土结构工程

第一节　模板工程

模板是使混凝土按所要求的几何尺寸成型的模型板。模板基本的作用是使混凝土成型。模板系统包括模板和支撑系统两大部分。

一、模板分类和构造

模板按材料分可分为木、钢木、胶合板、钢竹、钢、塑料、玻璃、铝合金模板；按结构的类型分可分为基础、桩、楼板、梯、墙等模板；按施工方法分可分为有现场装拆式模板、固定式模板和移动式模板等。结构构件的特点不同，模板和支撑系统的构造也各异。目前虽推广组合钢模板，但还有些工程或工程结构的某些部位使用木模板，其他形式的模板从构造上来说也是从木模板演变而来的。木模板一般先加工成基本元件（拼版），然后在现场进行拼装。

一般由板条和拼条组成拼板，板条厚度一般为25~50mm，宽度不宜超过200mm（工具式模板不超过150mm），以保证在干缩时缝隙均匀，浇水后易于密封，受潮后不易翘曲，梁底的拼板因承受较大的荷载要加厚至40~50mm。拼条间距取决于所浇筑混凝土的侧压力和板条厚度，一般为400~500mm。

配制模板前，要熟悉图纸，根据结构情况安排操作程序。一般的现浇结构应先做好标准支杆，复杂构件要放好足尺大样，经检查无误后，再进行正式生产。较重大的或结构复杂的工程，应进行模板设计，拟定模板制作、安装拆除的施工方案，并制定相应的质量、安全措施，以及各工种的配合关系等。模板安装时要与脚手架分开，不能支在脚手架上。

（一）基础模板

基础模板一般高度较小，体积较大。当土质良好时可以不用侧模，原槽灌注。其主要分为阶梯基础模板和条形基础模板。

1. 阶梯基础模板

阶梯基础模板每一台阶模板由四块侧板拼钉而成，其中两块侧板的尺寸与相应的台阶侧面尺寸相等；另两块侧板长度应比相应的台阶侧面长度大150~200mm，高度与其相等。

四块侧板用木档拼成方框。上台阶模板通过轿杠木，支撑在下台阶上，下层台阶模板的四周要设斜撑及平撑。斜撑和平撑一端钉在侧板的木档（排骨档）上；另一端顶紧在木桩上。上台阶模板的四周也要用斜撑和平撑支撑，斜撑和平撑的一端钉在上台阶侧板的木档上；另一端可钉在下台阶侧板的木档顶上。

2. 条形基础模板

条形基础模板一般由侧板、斜撑、平撑组成。侧板可用长条木板加钉竖向木档拼制，也可用短条木板加横向木档拼成。斜撑和平撑钉在木桩（或垫木）与木档之间。

（二）柱模板

柱子的特点是断面尺寸不大而高度较大。因而，柱模主要解决垂直度、柱模在施工时的侧向稳定及抵抗混凝土的侧压力的问题。同时还要考虑方便灌注混凝土、清理垃圾和绑扎钢筋等。

如图 3-1 所示，柱模板是由两块内拼板 1 夹在两块外拼板 2 之间所钉成。为保证模板在混凝土侧压力作用下不变形，拼板外面设木制、钢制或钢木制的柱箍。柱箍的间距与柱子的断面大小、高度及模板厚度有关。愈向下侧压力愈大，柱箍则应愈密。柱模底部应开有清理模板内杂物的清除口，沿高度每隔 2m 开有灌注口（也叫振捣口）。在模板四角为防止柱棱角碰损，可钉三角木条，柱底一般放个木框，用以固定柱子的水平位置。柱模板上端应根据实际情况开有与梁模板连接的缺口。

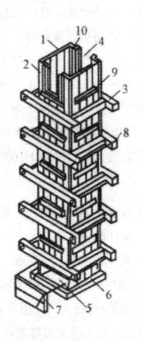

图 3-1　柱模板

1—内拼板；2—外拼板；3—柱箍；4—梁缺口；5—清理孔；6—木框；7—盖板；
8—拉紧螺栓；9—拼条；10—三角木条

安装柱模板前，先绑扎好钢筋，测出模板标高，标在钢筋上。同时，在已灌注的基础顶面上弹出中线或边线。同一柱列应拉同线，按照边线和模板厚度将柱底木框位置固定，再对准边线将柱模板竖起来，用临时支撑固定，然后用垂球校正，使其垂直。检查无误后，将柱箍箍紧，再用支撑钉牢。同在一条直线上的柱，应先校正两头的柱模，在柱模上口拉中心线来校正中间的柱模。柱模之间用斜撑、水平撑及剪刀撑相互撑牢，保证柱子的设计位置准确。

（三）梁模板

梁的特点是跨度大而宽度不大，梁底一般是架空的。因此，混凝土对梁模板既有水平侧压力，又有竖向压力。梁模板及其支架系统应能承受这些荷载而不致发生过大的变形。梁模板主要由底模、侧模及支架系统组成。侧面一般用厚 25mm 的长条板，底模用厚 30~50mm 的长条板加拼条板而成。底模板下每隔一定间距（一般为 80~120 cm）用支柱顶住，用于承担垂直荷载。木制支柱一般用 100mm×100mm 的方木或圆木柱（直径 120mm 以上），斜撑用断面为 50mm×70mm 或 60mm×90mm 的木方：钢制顶撑的支柱由两节钢管套装而成，直径分别是 50mm 及 63mm。钢管上留有销孔或楔孔，用钢销或钢楔插入销孔或楔孔中，以调整支柱的高低。斜撑用直径 12mm 圆钢。为了调整梁模板的标高，在立柱底要加楔子。考虑顶撑传下来的集中荷载能均匀地传给地面，应沿顶撑底在地面或楼板上加铺垫底，垫底可连续亦可断续。

梁模板安装：沿梁模板下方地面上铺垫底，在柱模板缺口处钉衬口档，把底板搁置在衬口档上；立起靠近柱或墙的顶撑，再将梁长度等分，立中间部分顶撑，顶撑底下打入木楔，并检查调整标高；把侧模板放上，两头钉于衬口档上，在侧板底外侧铺钉夹木，再钉上斜撑。有主次梁模板时，要待主梁模板安装并校正后才能进行次梁模板安装。梁模板安装后再拉中线检查、复核各梁模板中心线位置是否正确。

若梁的跨度等于或大于 4m，应使梁底模板中部略起拱，防止因混凝土的重力使跨中下垂。如设计无规定时，起拱高度宜为全跨长度的 1/1000~3/1000。

（四）楼板模板

楼板的特点是面积大而厚度比较薄，侧向压力小。楼板模板及其支架系统主要承受钢筋、混凝土的自重及其施工荷载，保证模板不变形。

楼板模板也可以用拼版铺成，其厚度一般为 25mm，也可采用定型模板，其尺寸不足处用零星木材或钢板补足。模板支撑在楞木上，楞木断面一般为 60mm×120mm，间距不大于 600mm，楞木支撑在梁侧模板的托板上，托板下安短撑，短撑支撑在固定夹板上。如跨度大于 2m 时，楞木中间应增加一至几排支撑排架作为支架系统。

楼板模板的安装顺序是在主次梁模板安装完毕后，按楼板标高往下减去楼板底模板的厚度和楞木的高度，在楞木和固定夹板之间支好短撑。在短撑上安装托板，在托板上安装楞木，在楞木上铺设楼板底模板。铺好后核对楼板标高、预留孔洞及预埋铁件的部位和尺寸。然后对梁的顶撑和楼板中间支承排架进行水平和剪刀撑的连接，以保证楼板支撑系统的稳定。

（五）圈梁模板

圈梁的特点是断面小但很长，一般除门窗洞口及其他个别地方架空外，均搁在墙上。故圈梁模板主要是由侧模板和固定侧模板用的卡具所组成。底模仅在架空部分使用，如架空跨度较大，也需用支柱顶住底模。

二、组合模板和支承件

现浇结构中，模板工程照传统做法既费工又消耗大量木材。要使模板工程达到多快好省，必须改革传统的木模板，使模板定型化，支模工具化。

组合模板也称为定型组合钢模板。组合模板是一种工具式定型模板，由钢模板和配件组成，配件包括连接件和支承件。钢模板通过各种连接件和支承件可组合成多种尺寸、结构和几何形状的模板，以适应各种类型建筑物的梁、柱、板、墙、基础和设备等施工的需要，也可用其拼装成大模板、滑模、隧道模和台模等。施工时可在现场直接组装，亦可预拼装成大块模板或构件模板用起重机吊运安装。

定型组合钢模板组装灵活，通用性强，拆装方便；每套钢模可重复使用 50~100 次；加工精度高，浇筑混凝土的质量好，成型后的混凝土尺寸准确，棱角整齐，表面光滑，可以节省装修用工。

（一）钢模板

钢模板包括平面模板、阴角模板、阳角模板和连接角模。钢模板采用模数制设计，宽度模数以 50mm 进级（共有 100mm、150mm、200mm、250mm、300mm、350mm、400mm、450mm、500mm、550mm、600mm 十一种规格），长度为 150mm 进级（共有 450mm、600mm、750mm、900mm、1200mm、1500mm 六种规格），可以适应横竖拼装成以 50mm 进级的任何尺寸的模板。

1. 平面模板

平面模板用于基础、墙体、梁、板、柱等各种结构的平面部位，它由面板和肋组成，肋上设有 U 形卡孔和插销孔，利用 U 形卡和 L 形插销等拼装成大块板。

2. 阳角模板

阳角模板主要用于混凝土构件阳角。

3. 阴角模板

阴角模板用于混凝土构件阴角，如内墙角、水池内角及梁板交接处阴角等。

4. 连接角模

角模用于平模板作垂直连接构成阳角。

金属模板应涂防锈漆，与混凝土直接接触的表面应涂隔离剂。此外，还要注意回收连接零件，安装时对缝准确，拆时轻拆轻放，防止发生永久变形，拆下来的钢模板应注意及时修复、清洁、防锈。

（二）连接件

定型组合钢模板的连接件包括 U 形卡、L 形插销、钩头螺栓、对拉螺栓、紧固螺栓和扣件等。

1.U 形卡。U 形卡是模板的主要连接件，用于相邻模板的拼装。

2.L 形插销。L 形插销用于插入两块模板纵向连接处的插销孔内，以增强模板纵向接头处的刚度。

3. 钩头螺栓。钩头螺栓是连接模板与支撑系统的连接件。

4. 紧固螺栓。紧固螺栓用于内、外钢楞之间的连接件。

5. 对拉螺栓。对拉螺栓又称穿墙螺栓，用于连接墙壁两侧模板，保持墙壁厚度，承受混凝土侧压力及水平荷载，使模板不致变形。

6. 扣件。扣件用于钢楞之间或钢楞与模板之间的扣紧，按钢楞的不同形状，分别采用蝶形扣件和"3"形扣件。

（三）支承件

定型组合钢模板的支承件包括钢楞、柱箍、钢支架、斜撑及钢桁架等。

1. 钢楞

钢楞，即模板的横档和竖档，分内钢楞与外钢楞。内钢楞配置方向一般应与钢模板垂直，直接承受钢模板传来的荷载，其间距一般为 700~900mm。钢楞一般用圆钢管、矩形钢管、槽钢或内卷边槽钢，而以钢管用得较多。

2. 柱箍

柱模板四角设角钢柱箍。角钢柱箍由两根互相焊成直角的角钢组成，用弯角螺栓及螺母拉紧。

3. 钢支架

常用钢管支架，它由内外两节钢管制成，其调节距模数为 100mm ；支架底部除垫板外，均用木楔调整标高，以利于拆卸。另一种钢管支架本身装有调节螺杆，能调节一个孔距的高度，使用方便，但成本略高。

当荷载较大、单根支架承载力不足时，可用组合钢支架或钢管井架，还可用扣件式钢管脚手架、门型脚手架作支架。

4. 斜撑

由组合钢模板拼成的整片墙模或柱模，在吊装就位后，应由斜撑调整和固定其垂直位置。

5. 钢桁架

钢桁架两端可支承在钢筋托具、墙、梁侧模板的横档以及柱顶梁底横档上，以支承梁或板的模板。如跨度较小，荷载较轻，可以用钢筋焊成整榀式桁架支承。当荷载较大时，可以用角钢、扁铁或钢管焊成两个半榀桁架或多榀桁架，再组合成一榀桁架。

桁架的高度约为最大跨度的 1/10，使用时，一般两榀一组，如荷载再大，可以多榀成组排放，但要注意将下弦在水平方向加剪刀撑或专用的卡子，使桁架不发生失稳现象。当结构跨度超过桁架的最大跨度时，可以连续安装桁架，中间增加支柱或排架的方法来解决。

6. 梁卡具

梁卡具又称梁托架，用于固定矩形梁、圈梁等模板的侧模板，可节约斜撑等材料，也可用于侧模板上口的卡固定位。

（四）组合模板的配板设计

模板的配板设计的主要内容包括以下几方面。

1. 画出各构件的模板展开图。

2. 根据模板展开图绘制模板配板图，选用最适合的各种规格的钢模板布置在模板展开图上。

3. 确定支模方案，进行支撑工具布置。根据结构类型及空间位置、荷载大小等确定支模方案，根据配板图布置支撑。

第二节　钢筋工程

一、钢筋的分类

钢筋的种类很多，建筑工程中常用的钢筋可按轧制外形分类、按生产加工工艺分类和按化学成分分类。

（一）按轧制外形分类

钢筋按轧制外形分类可分为光圆钢筋、带肋钢筋和钢丝及钢绞线等。

1. 光圆钢筋。HPB235 级钢筋（Q235 级钢筋），均轧制为光面圆形截面，用符号 φ 表示。供应形式有盘圆，直径不大于 10mm。直条长为 6~12m。

2. 带肋钢筋。一般为螺旋形、月牙形、人字形，如 HRB335 级；RRB400 级，为热处理钢筋。H、R、B 分别为热轧（Hotolled）、带肋（Ribbed）、钢筋（Bars）三个词的英文首位字母。热轧带肋钢筋分为 HRB335、HRB400、HRB500 三个牌号。细晶粒热轧钢筋其牌号在热轧带肋钢筋的英文缩写后加"细"的英文（Fine）首位字母。如：HRBF335、HRBF400、HRBF500。有较高要求的抗震结构使用牌号为：在已有牌号后加 E（例如 HRB400E、HRBF400E）。

3. 钢丝及钢绞线。预应力钢丝系指现行国家标准《预应力混凝土用钢丝》（GB/T5223）

中的光面、螺旋肋和三面刻痕的消除应力的钢丝。钢绞线系指现行国家标准《预应力混凝土用钢绞线》（GB/T5224）。

（二）按生产加工工艺分类

钢筋按生产加工工艺可分为热轧钢筋 φ、冷拉钢筋中 φ1、冷拔低碳钢丝中 φb、热处理钢筋、冷轧扭钢筋、精轧螺旋钢筋、刻痕钢丝 φk 及钢绞线 Dj 等。

（三）按化学成分分类

钢筋按化学成分分为碳素钢钢筋和普通低合金钢两种。

1. 碳素钢钢筋：低碳钢，含碳量少于 0.25%，如 HPB235 级；中碳钢，含碳量为 0.25%~0.7%；高碳钢，含碳量为 0.7%~1.4%，如碳素钢丝。

2. 普通低合金钢：在碳素钢中加入少量合金元素，如 HRB335（20MnSi）、HRB400（20MnSiV、20MnSiNb、20Mnti）。

碳素钢中的含碳量直接影响它的强度等性能，例如高碳钢的强度高，但塑性和韧性就很差，因其破坏时无明显信号而突然断裂，人们来不及撤离而造成伤亡，故高碳钢不适合用于建筑工程中。普通低合金钢的含碳量虽高，但由于掺某些合金元素而改善了钢材的性能，使其不仅强度较高，而且其他性能也好。低碳钢钢筋强度虽较低，但塑性及韧性均较好，故在建筑工程中被广泛应用。

二、钢筋的验收、存放及选用

（一）钢筋的验收

钢筋的验收主要按以下步骤进行。

1. 钢筋进场时，应按现行国家标准《钢筋混凝土用热轧带肋钢筋》（GB 1499-2007）等的规定抽取试件做力学性能检验，其质量必须符合有关标准的规定。

2. 验收内容：查对标牌，检查外观，并按有关标准的规定抽取试样进行力学性能试验。

3. 钢筋的外观检查包括：钢筋应平直、无损伤，表面不得有裂纹、油污、颗粒状或片状锈蚀。钢筋表面凸块不允许超过螺纹的高度；钢筋的外形尺寸应符合有关规定。

4. 力学性能试验时，从每批中任意抽出两根钢筋，每根钢筋上取两个试样分别进行拉力试验（测定其屈服点、抗拉强度、伸长率）和冷弯试验。

（二）钢筋的存放

钢筋的存放必须遵循以下原则。

1. 钢筋运至现场后，必须严格按批分等级、牌号、直径、长度等挂牌存放，并注明数量，不得混淆。

2. 应堆放整齐，避免锈蚀和污染，堆放钢筋的下面要加垫木，离地一定距离；有条件时，尽量堆入仓库或料棚内。

（三）钢筋的选用

钢筋混凝土结构的钢筋应按下列规定选用。

普通钢筋宜采用 HRB400 级和 HRB335 级，也可采用 HPB235 级和 RRB400 级钢筋。

第三节 混凝土工程

混凝土工程包括混凝土的制备、运输、浇筑捣实和养护等施工过程。各个施工过程，既相互联系又相互影响，在混凝土施工过程中除按有关规定控制混凝土原材料质量外，任一施工过程处理不当都会影响混凝土的最终质量。

一、混凝土制备

混凝土制备质量要求：保证设计强度等级、特殊要求（如抗冻、抗渗等）和施工和易性要求，并节约水泥，减轻劳动强度，以及遵循经济性等原则。

（一）混凝土施工配合比

在实验室根据混凝土的配制强度经过试配和调整而确定的，称为实验室配合比。确定实验室配合比所用的骨料—砂、石都是干燥的。施工现场使用的砂、石都具有一定的含水率，含水率大小随季节、气候不断变化。如果不考虑现场砂、石含水率，还按实验室配合比投料，其结果是改变了实际砂石用量和用水量，但造成各种原材料用量的实际比例不符合原来的配合比的要求。

（二）混凝土施工配料

为保证混凝土的质量，施工中应按砂、石实际含水率对原配合比进行修正。根据现场砂、石含水率调整后的配合比称为施工配合比。

设实验室配合比为：水泥：砂：石 $=1:x:y$，水灰比 W/C，现场砂、石含水率分别为 Wx、Wy，则施工配合比为：水泥：砂：石 $=1:x(1+Wx):y(1+Wy)$，水灰比 W/C 不变，但加水量应扣除砂、石中的含水量。

施工配料是确定每拌一次需用的各种原材料量，它根据施工配合比和搅拌机的出料容量计算。

二、混凝土搅拌

混凝土的搅拌分为人工搅拌和机械搅拌两种。人工搅拌一般是在钢板上，用铁锹把混凝土组成材料砂、石、水泥拌制均匀，然后再加入水，用铁锹翻至均匀。人工搅拌，因劳动强度大、均匀性差、水泥用量偏大，因此，只有在混凝土用量较少或没有搅拌机的情况下采用。

（一）混凝土搅拌机类型

混凝土搅拌机按其工作原理分为自落式搅拌机和强制式搅拌机两大类。

1. 自落式搅拌机

自落式搅拌机搅拌筒内壁装有叶片，搅拌筒旋转，叶片将物料提升一定的高度后自由下落，各物料颗粒分散拌和，拌和成均匀的混合物。这种搅拌机体现的是重力和原理。自落式混凝土搅拌机按其搅拌筒的形状不同分为鼓筒式、锥形反转出料式和双锥形倾翻出料式三种类型。

鼓形搅拌机是一种最早使用的传统形式的自落式搅拌机。这种搅拌机具有结构紧凑、运转平稳、机动性好、使用方便、耐用可靠等优点，在相当长一段时间内广泛使用于施工现场。它适于搅拌塑性混凝土，但由于该机种存在着拌和出料困难、卸料时间长、搅拌筒利用率低、水泥耗量大等缺点，现属淘汰机型。常见型号有 JG150、JG250 等。

锥形反转式出料搅拌机的搅拌筒呈双锥形，筒内装有搅拌叶片和出料叶片，正转搅拌，反转出料。因此，它具有搅拌质量好、生产效率高、运转平稳、操作简单、出料干净迅速和不易发生粘筒等优点，正逐步取代鼓筒形搅拌机。锥形反转出料搅拌机适于施工现场搅拌塑性、半干硬性混凝土。常用型号有 JZI50，JZ250 等。

2. 强制式搅拌机

强制式搅拌机的轴上装有叶片，通过叶片强制搅拌装在搅拌筒中的物料，使物料沿环向、径向和竖向运动，拌和成均匀的混合物。这种搅拌机体现的是剪切拌和原理。强制式搅拌机和自落式搅拌机相比，搅拌作用强烈、均匀，搅拌时间短，生产效率高，质量好而且出料干净。它适于搅拌低流动性混凝土、干硬性混凝土和轻骨料混凝土。强制式搅拌机按其构造特征分为立轴式和卧轴式两类。常用机型有 JD250、JW250、JW500、JD500 等。

（二）搅拌机的工艺参数

搅拌机每次（盘）可搅拌出的混凝土体积称为搅拌机的出料容量。每次可装入干料的体积称为进料容量。搅拌筒内部体积称为搅拌机的几何容量。为使搅拌筒内装料后仍有足够的搅拌空间，一般进料容量与几何容量的比值为 0.22~0.50，称为搅拌间的利用系数。出料容量与进料容量的比值称为出料系数，一般为 0.60~0.70。在计算出料量时，可取出料系数 0.65。

（三）搅拌机的维护与保养

四支撑脚应同时支撑在地面上，机架应调至水平，底盘与地面之间应用枕木垫牢，使其稳固可靠，进料斗落位处应铺垫草袋，避免进料斗下落撞击地面而损坏。使用前应检查各部分润滑情况及油嘴是否畅通，并加注润滑油脂。水泵内应加足引水，供电系统线头应牢固安全，并应接地。开机前应检查传动系统运转是否正常，制动器、离合器性能应良好，钢丝绳如有松散或严重断丝应及时收紧或更换。停机前，应倒入一定量的石子和清水，利用搅拌筒的旋转，将筒内清洗干净，并放出石子和水。停机后，机具各部分应清扫干净，进料斗平放地面，操作手柄置于脱开位置。如遇冰冻气候（日平均气温在5℃以下）时，应将配水系统的水放尽。下班离开搅拌机时要切断电源，并将开关箱锁上。

（四）搅拌机的搅拌制度

1. 搅拌时间

从砂、石、水泥和水等全部材料装入搅拌筒至开始卸料为止，所经历的时间称为混凝土的搅拌时间。混凝土搅拌时间是影响混凝土的质量和搅拌机生产率的一个主要因素。如果搅拌时间短，混凝土搅拌得不均匀，将直接影响混凝土的强度，如适当延长搅拌时间，可增加混凝土强度；而搅拌时间过长，混凝土的匀质性并不能显著增加，相反会使混凝土和易性降低且影响混凝土搅拌机的生产率，不坚硬的骨料会发生掉角甚至破碎，反而降低了混凝土的强度。混凝土搅拌的最短时间与搅拌机的类型和容量、骨料的品种、对混凝土流动性的要求等因素有关。

2. 装料顺序

混凝土的装料顺序分为以下两种。

（1）一次投料法。搅拌时加料顺序普遍采用一次投料法，将砂、石、水泥和水一起加入搅拌筒内进行搅拌。搅拌混凝土前，先在料斗中装入石子，再装水泥及砂，这样可使水泥夹在石子和砂中间，有效避免上料时所发生的水泥飞扬现象，也可使水泥及砂子不致粘住斗底。料斗将砂、石、水泥倾入搅拌机的同时加水搅拌。

（2）二次投料法。又分为预拌水泥砂浆法、预拌水泥净浆法和水泥裹砂石法（又称SEC法）三种。国内外试验资料表明，二次投料法搅拌的混凝土与一次投料法相比较，混凝土强度可提高约15%，在强度相同的情况下，可节约水泥约15%~20%。

预拌水泥砂浆法是先将水泥、砂和水加入搅拌筒内进行充分搅拌，成为均匀的水泥砂浆后，再投入石子搅拌成均匀的混凝土。预拌水泥净浆法是先将水泥和水充分搅拌成均匀的水泥净浆后，再加入砂和石搅拌成混凝土。

水泥裹砂石法是先将全部砂、石和70%的水倒入搅拌机，搅拌10~20s，将砂和石表面湿润，再倒入水泥进行造壳搅拌20s，最后加剩余水，进行糊化搅拌80 s。水泥裹砂石法能提高强度是因为改变投料和搅拌次序后，使水泥和砂石的接触面增大，水泥的潜力得到充分发挥。为保证搅拌质量，目前有专用的裹砂石混凝土搅拌机。

（五）混凝土搅拌站

混凝土拌合物在搅拌站集中拌制，可以做到自动上料、自动称量、自动出料和集中操作控制，机械化、自动化程度较高，劳动强度大大降低，同时混凝土的质量得到改善，可以取得较好的技术经济效果。施工现场可根据工程任务的大小、现场的具体条件、机具设备的情况，因地制宜地选用，如采用移动式混凝土搅拌站等。

一些城市已经建立了混凝土集中搅拌站，搅拌站的机械化及自动化水平一般较高，用自卸汽车直接供应搅拌好的混凝土，然后直接浇筑入模。这种供应"商品混凝土"的生产方式，在改进混凝土的供应，提高混凝土的质量以及节约水泥、骨料等方面，有很多优点。

三、混凝土的运输

混凝土由拌制地点运至浇筑地点的运输分为水平运输（地面水平运输和楼面水平运输）和垂直运输等。

常用的水平运输设备有：手推车、机动翻斗车、混凝土搅拌运输车、自卸汽车等。常用的垂直运输设备有：龙门架、井架、塔式起重机、混凝土泵等。混凝土运输设备的选择应根据建筑物的结构特点、运输的距离、运输量、地形及道路条件、现有设备情况等因素综合考虑确定。

（一）混凝土的运输要求

混凝土的运输过程中必须遵循以下要求。

1. 应保持混凝土的均匀性，避免产生分层离析现象，混凝土运至浇筑地点，需符合浇筑时所规定的坍落度。

2. 混凝土应以最少的中转次数，最短的时间，从搅拌地点运至浇筑地点，保证混凝土从搅拌机卸出后到浇筑完毕的延续时间不超过规定。

3. 运输工作应保证混凝土的浇筑工作连续进行。

4. 运送混凝土的容器应严密，其内壁应平整光洁，不吸水，不漏浆，黏附的混凝土残渣应经常清除，并应防止暴晒、雨淋和冻结。

混凝土从搅拌机中卸出运至浇筑地点必须在混凝土初凝之前浇捣完毕。运输工作应保证混凝土的浇筑工作连续进行。运送的容器应严密，其内壁应平整光洁，不吸水，不漏浆，黏附的混凝土残渣应经常清除。

（二）混凝土运输方式

混凝土运输方式分为地面运输、垂直运输和楼面运输三种情况。

1. 地面运输。如运距较远时，可采用自卸汽车或混凝土搅拌运输车；机动翻斗车，近距离亦可采用双轮手推车。

2. 混凝土的垂直运输。混凝土的垂直运输目前多用塔式起重机、井架，也可采用混凝土泵。塔式起重机运输的优点是地面运输、垂直运输和楼面运输都可以采用。混凝土在地面由水平运输工具或搅拌机直接卸入吊斗吊起运至浇筑部位进行浇筑。混凝土的垂直运送，除采用塔式起重机外，还可使用井架。混凝土在地面用双轮手推车运至井架的升降平台上，然后井架将双轮手推车提升到数层上，再将手推车沿铺在楼面上的跳板推到浇筑地点。另外，井架可以兼运其他材料，利用率较高。由于在浇筑混凝土时已立好模板，扎好钢筋，所以，需铺设手推车行走用的跳板。

（三）混凝土运输工具

1. 混凝土搅拌运输车

混凝土搅拌运输车是在载重汽车或专用汽车的底盘上装置一个梨形反转出料的搅拌机，它兼有运载混凝土和搅拌混凝土的双重功能。它可在运送混凝土的同时，对其缓慢地搅拌，以防止混凝土产生离析或初凝，从而保证混凝土的质量。亦可在开车前装入一定配合比的干混合料，在到达浇筑地点前 15~20min 加水搅拌，到达后即可使用。该车适用于混凝土远距运输使用，是商品混凝土必备的运输机械。

2. 混凝土泵运输

混凝土泵运输又称泵送混凝土，是利用混凝土泵的压力将混凝土通过管道输送到浇筑地点，一次完成水平运输和垂直运输。混凝土泵运输具有输送能力大（最大水平输送距离可达 800m，最大垂直输送高度可达 300m）、效率高、连续作业、节省人力等优点。泵送混凝土设备有输送管、混凝土泵和布料装置。

（1）混凝土输送管。混凝土输送管有直管、弯管、锥形管和浇注软管等。直管、弯管的管径以 100mm、125mm 和 150mm 等 3 种为主，直管标准长度以 4.0m 为主，另有 3.0m、2.0m、1.0m、0.5m 等 4 种管长作为调整布管长度用。弯管的角度有 15°、30°、45°、60°、90° 等 5 种，以适应管道改变方向的需要。

锥形管长度一般为 1.0m，用于两种不同管径输送管的连接。直管、弯管、锥形管用合金钢制成，浇注软管用橡胶与螺旋形弹性金属制成。软管接在管道出口处，在不移动钢干管的情况下，可扩大布料范围。

（2）混凝土泵。混凝土泵按作用原理分为液压活塞式、挤压式和气压式三种。液压活塞式混凝土泵是利用活塞的往复运动，将混凝土吸入和压出。将搅拌好的混凝土装入泵的料斗内，此时排出端片阀关闭，吸入端片阀开启。在液压作用下，活塞向液压缸体方向移动，混凝土在自重及真空吸力作用下，进入混凝土管内。然后活塞向混凝土缸体方向移动，吸入端片阀关闭，压出端片阀开启，混凝土被压入管道中，输送至浇筑地点。单缸混凝土泵出料是脉冲式的，所以一般混凝土泵都有并列两套缸体，交替出料，使出料稳定。

（3）布料装置。混凝土泵连续输送的混凝土量很大，为使输送的混凝土直接浇注到模板内，应设置具有输送和布料两种功能的布料装置（称为布料杆）。布料装置要根据工地的实际情况和条件来选择，移动式布料装置，放在楼面上使用，其臂架可回转 360°，可将混凝土输送到其工作范围内的浇筑地点。此外，还可将布料杆装在塔式起重机上，也可将混凝土泵和布料杆装在汽车底盘上，组成布料杆泵车，用于基础工程或多层建筑混凝土浇筑。

第四章 防水工程

第一节 防水工程概述

1. 防水工程的概念

建筑防水工程是保证建筑物（构筑物）的结构不受水的侵袭、内部空间受水的危害的一项分部工程，建筑防水工程在整个建筑工程中占有重要的地位。建筑防水工程涉及建筑物（构筑物）的地下室、墙地面、墙身、屋顶等诸多部位，其功能就是要使建筑物或构筑物在设计耐久年限内，防止雨水及生产、生活用水的渗漏和地下水的侵蚀，确保建筑结构、内部空间不受到污损，为人们提供一个舒适和安全的生活空间环境。

2. 防水工程的分类

（1）按工程防水的部位

可分为地下防水、屋面防水、厕浴间楼地面防水、桥梁隧道防水及水池、水塔等构筑物防水等。

（2）按构造做法

可分为结构构件的自防水、刚性防水层防水和用各种卷材、涂膜作为防水层的柔性防水等。

（3）屋面防水等级和设防要求

屋面防水工程是房屋建筑的一项重要工程。根据建筑物的性质、重要程度、使用功能要求及防水层耐用年限等，将屋面防水分为四个等级，并按不同等级进行设防。防水屋面的常用种类有卷材防水屋面、涂膜防水屋面和刚性防水屋面等。

第二节 防水工程的施工

一、防水混凝土施工

（一）基坑排水和垫层施工

防水混凝土在终凝前严禁被水浸泡，否则会影响正常硬化，降低强度和抗渗性。为此，作业前，需要做好基坑的排水工作。混凝土主体结构施工前，必须做好基础垫层混凝土，使之起到防水辅助防线的作用，同时保证主体结构施工的正常进行。一般做法是，在基坑开挖后，铺设300~400m毛石作垫层，上铺粒径25~40mm的石子，厚约50mm，经夯实或碾压，然后浇筑C15混凝土厚100mm作找平层。

（二）模板施工

1.模板应平整，拼缝严密，并应有足够的刚度、强度，吸水性要小，支撑牢固，装拆方便，以钢模、木模为宜。

2.一般不宜用螺栓或钢丝贯穿混凝土墙固定模板，以避免水沿缝隙渗入。在条件适宜的情况下，可采用滑模施工。

3.固定模板时，严禁用钢丝穿过防水混凝土结构，以防在混凝土内部形成渗水通道。如必须用对拉螺栓来固定模板，则应在预埋套管或螺栓上至少加焊（必须满焊）一个直径为80~100m的止水环。若止水环是满焊在预埋套管上的，则拆模后，拔出螺栓，用膨胀水泥砂浆封堵套管；若止水环是满焊在螺栓上的，则拆模后，将露出防水混凝土的螺栓两端多余部分割去。

（三）钢筋施工

1.钢筋绑扎

钢筋相互间应绑扎牢固，以防浇捣时，因碰撞、振动使绑扣松散、钢筋移位，造成露筋。

2.摆放垫块，留设钢筋保护层

钢筋保护层厚度，应符合设计要求，不得有负误差。迎水面防水混凝土的钢筋保护层厚度，不得小于35mm；当直接处于侵蚀性介质中时，不应小于50mm。留设保护层，应以相同配合比的细石混凝土或水泥砂浆制成垫块，将钢筋垫起，严禁以钢筋垫钢筋，或将钢筋用螺钉、钢丝直接固定在模板上。

3.架设铁马凳

钢筋及绑扎钢丝均不得接触模板，若采用铁马凳架设钢筋时，在不能取掉的情况下，要在铁马凳上加焊止水环。

（四）防水混凝土搅拌

1.准确计算、称量用料量

严格按选定的施工配合比，准确计算并称量每种用料。外加剂的掺加方法遵从所选外加剂的使用要求。水泥、水、外加剂掺合料计量允许偏差不应大于±1%；砂、石计量允许偏差不应大于2%。

2.控制搅拌时间

防水混凝土应采用机械搅拌，搅拌时间一般不少于2min，掺入引气型外加剂，则搅拌时间约为2~3min，掺入其他外加剂应根据相应的技术要求确定搅拌时间。掺UEA膨胀剂防水混凝土搅拌的最短时间。

（五）防水混凝土浇筑

浇筑前，应将模板内部清理干净，木模用水湿润模板。浇筑时，若入模自由高度超过1.5m，则必须用串筒、溜槽或溜管等辅助工具将混凝土送入，以防离析和造成石子滚落堆积，影响质量。

乐在防水混凝土结构中有密集管群穿过处、预埋件或钢筋稠密处、浇筑混凝土有困难时，应采用相同抗渗等级的细石混凝土浇筑；预埋大管径的套管或面积较大的金属板时，应在其底部开设浇筑振捣孔，以利排气、浇筑和振捣。

混凝土运输、浇筑及间歇的全部时间不得超过规定，当超过时应留置施工缝。

随着混凝土龄期的延长，水泥继续水化，内部可冻结水大量减少，同时水中溶解盐的浓度增加，因而冰点也会随龄期的增加而降低，使抗渗性能逐渐提高。为了保证早期免遭冻害，不宜在冬期施工，故应选择气温在15℃以上环境中施工。因为气温在4℃时强度增长速度仅为15℃时的50%，而混凝土表面温度降到-4℃时，水泥水化作用停止，强度也停止增长。如果此时混凝土强度低于设计强度的50%时，冻胀使内部结构破坏，造成强度、抗渗性急骤下降。为防止混凝土早期受冻，北方地区对于施工季节选择安排十分重要。

（六）防水混凝土振捣

防水混凝土应采用混凝土振动器进行振捣。当用插入式混凝土振动器时，插点间距不宜大于振动棒作用半径的1.5倍，振动棒与模板的距离，不应大于其作用半径的0.5倍。振动棒插入下层混凝土内的深度应不小于50mm，每一振点应快插慢拔，使振动棒拔出后，混凝土自然地填满插孔。当采用表面式混凝土振动器时，其移动间距应保证振动器的平板能覆盖已振实部分的边缘。混凝土必须振捣密实，每一振点的振捣延续时间，应使混凝土表面呈现浮浆和不再沉落。

施工时的振捣是保证混凝土密实性的关键，浇筑时，必须分层进行，按顺序振捣。采用插入式振捣器时，分层厚度不宜超过30cm；用平板振捣器时，分层厚度不宜超过20cm。一般应在下层混凝土初凝前接着浇筑上一层混凝土。分层浇筑的时间间隔通常不超过2h；气温在30℃以上时，不超过1h。防水混凝土浇筑高度一般不超过1.5m，否则应用串筒和溜槽，或侧壁开孔的办法浇捣。振捣时，不允许用人工振捣，必须采用机械振捣，做到不漏振、欠振，又不重振、多振。防水混凝土密实度要求较高，振捣时间宜为10~30s，以混凝土开始泛浆和不冒气泡为止。掺引气剂减水剂时应采用高频插入式振捣器振捣。振捣器的插入间距不得大于500mm，并贯入下层不小于50mm。这对保证防水混凝土的抗渗性和抗冻性更为有利。

（七）防水混凝土养护

防水混凝土的养护比普通混凝土更为严格，必须充分重视，因为混凝土早期脱水或养护过程缺水，抗渗性将大幅度降低。特别是7d前的养护更为重要，养护期不少于14d，对火山灰硅酸盐水泥养护期不少于21d。浇水养护次数应能保持混凝土充分湿润，每天浇水

3~4 次或更多次数，并用湿草袋或薄膜覆盖混凝土的表面，应避免暴晒。冬期施工应有保暖保温措施。因为防水混凝土的水泥用量较大，相应混凝土的收缩性也大，养护不好，极易开裂，降低抗渗能力。因此，当混凝土进入终凝（约浇筑后 4~6h）即应覆盖并浇水养护。防水混凝土不宜采用电热法养护。

浇筑成型的混凝土表面覆盖养护不及时，尤其在北方地区夏季炎热干燥情况下，内部水分将迅速蒸发，使水化不能充分进行。而水分蒸发造成毛细管网相互连通，形成渗水通道；同时混凝土收缩量加快，出现龟裂使抗渗性能下降，丧失抗渗透能力。养护及时使混凝土在潮湿环境中水化，能使内部游离水分蒸发缓慢，水泥水化充分，堵塞毛细孔隙，形成互不连通的细孔，大大提高防水抗渗性。

当环境温度达 10℃时可少浇水，因为在此温度下养护抗渗性能最差。当养护温度从 10℃提高到 25℃时，混凝土抗渗压力从 0.1MPa 提高到 1.5MPa 以上。但养护温度过高也会使抗渗性能降低。当冬期采用蒸汽养护时最高温度不超过 50℃，养护时间必须达到 14d。采用蒸汽养护时，不宜直接向混凝土喷射蒸汽，但需保持混凝土结构有一定的湿度，防止混凝土早期脱水，并采取措施排除冷凝水和防止结冰。蒸汽养护应按下列规定控制升温与降温速度。

1. 升温速度。对表面系数 [指结构的冷却表面积（m²）与结构全部体积（m³）的比值] 小于 6 的结构，不宜超过 6℃/h；对表面系数为 6 和大于 6 的结构，不宜超过 8℃/h；恒温温度不得高于 50℃/h；

2. 降温速度。不宜超过 5℃/h。

（八）大体积防水混凝土施工

大体积防水混凝土的施工，应采取以下措施。

1. 在设计许可的情况下，采用混凝土 60d 强度作为设计强度；

2. 采用低热或中热水泥，掺加粉煤灰、磨细矿渣粉等掺合料；

3. 掺入减水剂、缓凝剂、膨胀剂等外加剂；

4. 在炎热季节施工时，采取降低原材料温度、减少混凝土运输时吸收外界热量等降温措施；

5. 混凝土内部预埋管道，进行水冷散热；

6. 采取保温保湿养护，混凝土中心温度与表面温度的差值不应大于 25℃，混凝土表面温度与大气温度的差值不应大于 25℃，养护时间不应少于 14d。

（九）防水混凝土结构保护

1. 及时回填

地下工程的结构部分拆模后，要抓紧进行下一分项工程的施工，以便及时对基坑回填，回填土应分层夯实，并严格按照施工规范的要求操作，控制回填土的含水率及干密度等指标。

2.做好散水坡

在回填土后，应及时做好建筑物周围的散水坡，以保护基坑回填土不受地表水入侵。

3.严禁打洞

防水混凝土浇筑后严禁打洞，因而，所有的预留孔和预埋件在混凝土浇筑前必须埋设准确，对出现的小孔洞应及时修补，修补时先将孔洞中洗干净，涂刷一道水灰比为 0.4 的水泥浆，再用水灰比为 0.5 的 1 : 2.5 水泥砂浆填实抹平。

（十）防水混凝土冬期施工要求

1.防水混凝土冬期施工，水泥要用普通硅酸盐水泥，施工时可在混凝土中掺入早强剂，原材料可采用预热法，水和骨料及混凝土的最高允许温度参照相关规定。

2.不能采用电热法养护。厚大的地下防水构筑物应采用蓄热法，地上薄壁防水构多物需采用暖棚法和低温蒸汽养护。蒸汽不宜直接向混凝土喷射，应保持混凝土结构有一定的湿度。

3.采用蓄热法施工对组成材料加热时，水温不得超过 60℃，骨料温度不得超过 40℃，混凝土出罐温度不得超过 35℃，混凝土入模温度不低于热工计算要求。

4.必须采取措施保证混凝土有一定的养护湿度，尤其对大体积混凝土工程采用蓄热法施工时，要防止由于水化热过高水分蒸发过快而使表面干燥开裂。防水混凝土表面应用湿草袋或塑料薄膜覆盖保持湿度，再覆盖干草袋或草垫加以保温。

5.大体积防水混凝土工程以蓄热法施工时，要防止水化热过高，内外温差过大，造成混凝土表面开裂。混凝土浇筑完后要及时用湿草袋覆盖保持温度，再覆盖干草袋或棉被加以保温，以控制内外温差不超过 25℃。

二、水泥砂浆防水层施工

（一）施工环境要求

1.当需要在地下水位以下施工时，地下水位应下降到工程施工部位以下，并保持到施工完毕。

2.施工时温度应控制在 5℃以上，40℃以下，否则要采取保温、降温措施。夏季施工时应做好防雨工作，抹面层施工完毕应用湿草袋覆盖做好防晒工作。

3.抹面层出现渗漏水现象，应找准渗漏水部位，做好堵漏工作后，再进行抹面交叉施工。

（二）基层处理

基层处理一般包括清理（将基层油污、残渣清除干净，光滑表面凿毛），浇水（基层浇水湿润）和补平（将基层凹处补平）等工序，使基层表面达到清洁、平整、潮湿和坚实粗糙，以保证砂浆防水层与基层黏结牢固，不产生空鼓和透水现象。

1. 混凝土基层处理

（1）新建混凝土基层，拆模后应立即用钢丝刷将混凝土表面刷毛，并在抹面前浇水冲刷干净。

（2）旧混凝土工程补做防水层时，需要将表面凿毛，清理平整后再浇水冲刷干净。

（3）混凝土基层表面凹凸不平、蜂窝孔洞，应根据不同情况分别处理如下。

1）超过 1cm 的棱角及凹凸不平，应剔成慢坡形，并浇水清洗干净，用素灰和水泥砂浆分层找平。

2）混凝土表面的蜂窝孔洞，应先将松散不牢的石子除掉，浇水冲洗干净，用素灰和水泥砂浆交替抹到与基层面齐平。

3）混凝土表面的蜂窝麻面不深，石子黏结较牢固，只需用水冲洗干净，再用素灰打底，水泥砂浆压实抹平。

4）混凝土结构的施工缝要沿缝剔成八字形凹槽，用水冲洗后，用素灰打底，水泥砂浆压实抹平。

2. 砖砌体基层处理

（1）将砖墙面残留的灰浆，污物清除干净，充分浇水湿润。

（2）对于用石灰砂浆和混合砂浆砌筑的新砌体，需将砌体灰缝剔进 10mm 深，缝内呈直角以增强防水层与砌体的黏结力；对水泥砂浆砌筑的砌体，灰缝可不剔除，但已勾缝的需将勾缝砂浆剔除。

（3）对于旧砌体，需用钢丝刷或剁斧将松表面和残渣清除干净，直至露出坚硬砖面，并浇水冲洗干净。

3. 毛石和料石砌体基层的处理

（1）基层处理同混凝土和砖砌体。

（2）对石灰砂浆或混合砂浆砌体，其灰缝要剔成 10mm 深的直角沟槽。

（3）对表面凹凸不平的石砌体，清理完后，在基层表面做找平层。其做法是：先在石砌体表面刷水灰比 0.5 左右的水泥浆一道，厚约 1mm，再抹 1~1.5cm 厚的 1:2.5 水泥砂浆，并将表面扫成毛面。一次不能找平时，要间隔两天分次找平。

基层处理后必须浇水湿润，这是保证防水层和基层结合牢固，不空鼓的重要条件。浇水要按次序反复浇透，使抹上灰浆后没有吸水现象。

（三）普通防水砂浆防水层施工

普通防水砂浆防水层施工，也称刚性多层抹面防水层施工，采用不同配合比的水泥净浆和水泥砂浆（不掺入任何外加剂）分层交替抹压，以达到密实防水的目的。

1. 施工顺序

防水层的施工顺序，一般是先顶板，再墙面，后地面。当工程量较大需分段施工时，应由里向外按上述顺序进行。

2.施工技术要求

（1）为保证防水层和基层结合牢固，对防水层直接接触的基层要求具有足够的强度。如为混凝土结构，其混凝土强度等级不低于 C10；如为砖石结构，砌筑用的砂浆强度等级不应低于 M5。

（2）结构的外形轮廓，在满足生产工艺和使用功能要求的情况下，力求简单，尽量减少阴阳角及曲折狭小不便操作的结构形状。

（3）为保证结构的整体性和刚度要求，结构设计的裂缝开展宽度不应大于 0.1mm。

（4）遇有预制装配式结构时，应考虑采用刚柔结合法，即预制构件表面采用水泥砂浆刚性防水层，构件连接处采用柔性材料密封处理。

（5）刚性防水层宜在房屋沉陷或结构变形基本稳定后施工，以免产生裂缝引起渗漏，为增加抵抗裂缝的能力，可在防水层内增加金属网加固。

（6）在严寒、干旱气候变化较大地区，因较难保证施工质量，不宜采用大面积刚性防水层防水。

（7）防水层分为内抹面防水和外抹面防水。地下结构物除考虑地下水渗透外，还应考虑地表水的渗透，为此，防水层的设置高度应高出室外地坪 150mm 以上。

（8）在一般情况下，地下工程防水层以一道设防为主，遇有特殊情况和防水要求较高时，可考虑两道或多道设防。

（9）旧工程维修防水层，应先将渗漏水堵好或堵漏、抹面同时交叉施工，以保证防水层施工顺利进行。

（四）掺外加剂水泥砂浆防水层施工

1.无机铝盐防水砂浆施工

（1）施工温度不应低于 5℃，且不应高于 35℃。不得在雨天、烈日暴晒下施工。阴阳角应做成圆弧形，阳角半径一般为 10mm，阴角半径一般为 50mm。使用无机铝盐防水剂之前，须先与水混合均匀，然后再与水泥和砂搅拌均匀。机械搅拌时间以 2min 为宜。

（2）严格掌握好各工序间的衔接，须在上一层没有干燥或终凝时，及时抹下层，以免黏结不牢影响防水质量。大面积抹防水砂浆时，应每隔 100m² 左右留伸缩缝。伸缩缝用防水油膏或其他嵌缝材料填堵。施工缝必须留在伸缩缝处。

（3）清理基层。把基层表面的油垢、灰尘和杂物清理干净。对光滑的基层表面须进行凿毛处理，麻面率不小于 75%。然后用水湿润基层。

（4）刷结合层。在已凿毛和干净湿润的基面上，均匀刷一道水泥防水剂素浆作结合层，以提高防水砂浆与基层的黏结力，厚度约 2mm。

（5）抹找平层防水砂浆在结合层未干之前，必须及时抹第一层防水砂浆作找平层，厚度约 12mm，赶平压实后，用木抹搓出麻面。

（6）抹第二层防水砂浆在找平层初凝后，及时抹第二层防水砂浆，用铁抹子反复压实赶光。

（7）潮湿养护在第二层防水砂浆终凝以后，抹面层砂浆厚 13mm，可分两次抹压，抹压前，先在底层砂浆上刷一道防水净浆，随涂刷，随抹面层砂浆，厚度不超过 7mm。应及时洒水养护。每天均匀洒水不少于 5 次，保持潮湿条件下养护至少 14d。自然养护温度不应低于 5℃。最好不采用蒸汽养护。

2. 氯化铁防水砂浆施工

（1）在处理好的基层上刷防水水泥净浆一道，随即抹底层防水砂浆，厚 12mm，分两次抹压，第一次要用力抹压使与基层结成一体。底层第一遍砂浆凝固前用木抹子均匀搓成麻面，待阴干后再抹压第二遍底层砂浆。

（2）底层砂浆抹完约 12h 后，再刷防水净浆一道，随刷随抹第一遍面层防水砂浆，厚度不超过 7mm，阴干后再抹第二遍面层防水砂浆，二遍面层总厚度为 13mm，并在凝固前应反复抹压密实。

（3）防水层施工后 8~12h 即应覆盖湿草袋养护，夏季要提前。24h 后应定期浇水养护至少 14d。不宜采用蒸汽养护，如需使用，升温应控制在 6~8℃ /h，且最高温度不超过 50℃。自然养护温度不低于 5℃。

3. 硅酸钠防水砂浆施工

（1）涂刷垫层。将基层清理干净，并充分浇水湿润，分两层抹 1∶2∶0.5（水泥∶砂∶水）水泥砂浆 8mm 厚，每次抹厚 4mm。抹第二次时需待第一次砂浆初凝后进行，第二次抹完砂浆初凝后用木抹子揉擦一次即成。

（2）涂抹防水胶浆。按水泥∶水∶防水剂 =5∶1.5∶1 配制防水胶浆。防水胶浆搅匀后，迅速用铁抹子刮在湿润垫层表面，厚 2mm，务必使胶浆与垫层紧密结合。

（3）水泥砂浆施工。防水胶浆刮抹 1m² 左右时，应立即开始在其上刮抹 1∶2（水泥∶水）水泥砂浆（方法同第一道工序垫层涂抹）。

（4）防水胶浆施工（同第二道工序涂抹防水胶浆）。

（5）保护层施工。待防水胶浆抹过 1m² 左右时，应立即在其上用铁抹子刮抹 1∶2.5∶0.6（水泥∶砂∶水）的砂浆。（操作方法同第一道工序垫层涂抹）最后用抹子把表面压光即可。

三、卷材防水层施工

（一）施工要求

1. 防水卷材应采用抗菌型的高分子或高聚物改性沥青（非纸胎）类材料，并采用与其相适应配套的胶黏剂，由单项设计确定。

2. 防水卷材应铺贴在整体混凝土或整体水泥砂浆找平层的基础上。

3. 防水卷材应铺贴在主体结构的外表面（外防外贴法），只有在施工条件受限制时卷材可先铺贴在永久性保护墙的表面上，后做主体结构（外防内贴法）。

4.高分子防水卷材的层数为一层，采用冷贴法或平铺法，沥青类防水卷材的层数按要求确定，具体做法由单项设计选定。

5.防水卷材铺贴在转角处和特殊部位，应增贴1~2层附加层。沥青油毡的附加层应采用玻璃布油毡，高分子卷材应采用与卷材相同的材料。

6.防水卷材防水层经检查合格后，应做保护层。保护层宜采用20m厚聚苯乙烯板材或高发泡聚氯乙烯板材外贴，或采用膨润土防水板外贴。临时性保护墙应用石灰砂浆砌筑，内表面用石灰砂浆做找平层，并刷水泥浆。

（二）施工准备

1.地下工程防水卷材施工必须在结构验收合格后进行。

2.为便于施工并保证施工质量，施工期间地下水位应降低到垫层以下不少于300mm处。

3.卷材防水层铺贴前，所有穿过防水层的管道、预埋件均应施工完毕，并做了防水处理。防水层铺贴后，严禁在防水层上打眼开洞，以免引起水的渗漏。

4.铺贴卷材的温度应不低于5℃，最好在10~25℃时进行。冬期施工时应采取保温措施，雨期施工时应采取防雨措施。

（三）基层要求

1.基层必须牢固，无松动现象。

2.基层表面应平整，其平整度为：用2m长直尺检查，基层与直尺间的最大空隙不应超过5mm。

3.基层表面应清洁干净，基层表面的阴阳角处，均应做成圆弧形或钝角。对沥青类卷材圆弧半径应大于150mm。

（四）施工方法

地下室工程卷材防水层的铺贴一般采用"外防外贴法"和"外防内贴法"两种施工方法。因"外防外贴法"的防水效果优于"外防内贴法"，故在施工场地和条件不受限制时，一般均采用"外防外贴法"。

四、涂膜防水层施工

地下工程涂膜防水层根据防水等级和设施要求来选择涂料的品种。涂膜的厚度不应低于屋面工程防水等级的相应要求。

地下工程涂膜防水层一般应采用"外防外涂法"施工。其防水施工工艺是：用"二四"砖在待浇筑的结构墙体外侧的垫层上砌筑一道1m左右的永久性保护墙体，连同垫层一起抹补偿收缩防水砂浆找平层，然后在平面和保护墙体上完成涂膜施工，待主体结构浇筑完后，再在结构墙体外侧完成涂膜施工。

（一）施工要求

地下工程涂膜防水施工所需的各种合成高分子类、高聚物改性沥青类防水涂料和基层处理剂、施工所用机具施工前的准备工作、施工条件和注意事项均与涂膜防水施工方法相同。

（二）找平层要求

地下工程涂膜防水层宜涂刷在结构具有自防水性能的基层上，与结构共同组成刚柔复合防水体系，以提高防水可靠性能。具有腐蚀性能的混凝土外加剂、微膨胀剂不得用于地下刚性防水工程，以免对钢筋产生腐蚀作用，对结构产生重大危害和破坏作用。

地下工程涂膜防水宜涂刷在补偿收缩水泥砂浆找平层上。找平层的平整度应符合要求，且不应有空鼓起砂、掉灰等缺陷存在。涂布时，找平层应干燥，下雨、将要下雨或雨后尚未干燥时，不得施工。

地下工程防水施工期间，应做好排水工作，使地下水位降低至涂膜防水层底部最低标高以下不小于 300mm，以利于水乳型涂料的固化。施工完毕后，应待涂层固化成膜后再结束排水工作。

（三）涂料防水层施工

1. 涂料施工部位的先后顺序是，先做转角，空墙管，再做大面积；先做立面，后做平面。

2. 先打底材，用毛刷滚轮纵横交叉涂布于基层，涂布时须薄而均匀，养护 2~5h 后进行底层防水涂膜施工。

3. 涂料运至施工现场后，启封前封盖须清洁干净，开启后，材料若有硬化或进水等异常现象，不得使用。材料的搅拌场地应铺设胶布以确保施工现场的清洁及施工的质量。

4. 若采用聚氨酯双组分涂料时，将甲乙料按 1：2 比例倒入圆形搅拌容器，用转速为 100~500r/min 手持式搅拌机搅拌 5min 左右，即可使用。搅拌好的材料应在 20min 内用完。

5. 涂膜防水层必须形成一个完整的闭合防水整体，不允许有开裂、脱落、气泡、粉裂点和末端收头密封不严等缺陷存在。

6. 涂膜防水层必须均匀固化，不应有明显的凹坑凸起等现象存在，涂膜的厚度应均匀一致。合成高分子防水涂膜的总厚度不应小于 2mm（无胎体硅橡胶防水涂膜的厚度不宜小于 1.2mm），复合防水时应不小于 1mm；高聚物改性沥青防水涂膜的厚度不应小于 3mm，复合防水时应不小于 1.5mm。涂膜的厚度，可用针刺法或测厚仪进行检查，针眼处用涂料覆盖，以防基层结构发生局部位移时，将针眼拉大，留下渗漏隐患。必要时，也可选点割开检查，割开处用同种涂料添刮平修复，固化后再用胎体增强材料补强。

7. 墙面涂刷时，因有垂流现象，需多次分层施工，以达规定厚度。

8. 施工完毕后应做好防水涂膜的保护，在未固化前切忌在上行走，严禁遇水和接触湿物，不允许堆放尖锐的重物和拖拉物品。

9. 完工后，如有褶皱或空鼓起泡，应割开再用涂料涂玻纤布加强。

五、塑料板防水层施工

（一）塑料板防水层铺设要求

1.塑料板的缓冲衬垫应用暗钉圈固定在基层上，塑料板边铺边将其与暗钉圈焊接牢固。

2.两幅塑料板的搭接宽度应为100mm，下部塑料板应压住上部塑料板。

3.搭接缝宜采用双条焊缝焊接，单条焊缝的有效焊接宽度不应小于10mm。

4.复合式衬砌的塑料板铺设与内衬混凝土的施工距离不应小于5m。

（二）塑料板防水层施工

1.防水板应在初期支护基本稳定并经验收合格后进行铺设。

2.铺设防水板的基层宜平整、无尖锐物。基层平整度应符合D/L=1/10~1/6的要求（式中D为初期支护基层相邻两凸面凹进去的深度；L是初期支护基层相邻两凸面间的距离）。

3.铺设防水板前应先铺缓冲层。缓冲层应用暗钉圈固定在基层上。

4.铺设防水板时，边铺边将其与暗钉圈焊接牢固。两幅防水板的搭接宽度应为100mm，搭接缝应为双焊缝，单条焊缝的有效焊接宽度不应小于10mm，焊接严密，不得焊焦焊穿。环向铺设时，先拱后墙，下部防水板应压住上部防水板。

5.防水板的铺设应超前内衬混凝土的施工，其距离宜为5~20m，并设临时挡板防止机械损伤和电火花灼伤防水板。

6.内衬混凝土施工时应符合下列规定。

（1）振捣棒不得直接接触防水板。

（2）浇筑拱顶时应防止防水板绷紧。

7.局部设置防水板防水层时，其两侧应采取封闭措施。

六、金属板防水层施工

金属板防水层施工方法有先装法和后装法两种。

（一）先装法施工

1.先焊成整体箱套，厚4mm以下钢板接缝可用拼接焊，4mm及其以上钢板用对接焊，垂直接缝应互相错开。箱套内侧用临时支撑加固，以防吊装及浇筑混凝土时变形。

2.在结构底板钢筋及四壁外模板安装完后，将箱套整体吊入基坑内预设的混凝土墩或型钢支架上准确就位，箱套作为内模板使用。

3.钢板锚筋应与防水结构的钢筋焊牢，或在钢板上焊以一定数量的锚固件，以使与混凝土连接牢固。

4.箱套在安装前，应用超声波、X射线或气泡法、煤油渗漏法真空法等检查焊缝的严密性，如发现渗漏，应立即予以修整或补焊。

5. 为便于浇筑混凝土，在箱套底板上可开适当孔洞，待混凝土达到 70% 强度后，用比孔稍大钢板将孔洞补焊严密。

该法适用于面积不大，内部形状较简单的金属防水层。

（二）后装法施工

1. 根据钢板尺寸及结构造型，在防水结构内壁和底板上预埋带锚爪的钢板或型钢埋件，与结构钢筋或安装的钢固定架焊牢，并保证位置正确。

2. 浇筑结构混凝土，并待混凝土强度达到设计强度要求，紧贴内壁在埋设件上焊钢板防水层内套，要求焊缝饱满，无气孔、夹渣咬肉、变形等疵病。

3. 焊缝经检查合格后，钢板防水层与结构混凝土间的空隙用水泥浆灌满。钢板表面涂刷防腐底漆及面漆保护，或按设计要求铺设预制罩面板、铺砌耐火砖等。该法适用于面积较大，形状复杂的金属防水层。

第五章 建筑工程项目管理组织

第一节 建筑工程项目管理机构的组织

一、建筑工程项目管理的组织形式

建筑工程项目管理的组织形式要根据项目的管理主体、项目的承包形式，组织的自身情况等来确定。

1. 直线职能式项目管理组织

直线职能式项目管理组织，是指结构形式呈直线状，且设有职能部门或职能人员的组织每个成员（或部门）只受一位直接领导指挥。

直线职能式项目管理组织形式是将整个组织结构分为两部分。一是项目部生产部门。它们实行直线指挥体系，自上而下有一条明确的管理层次，每个下属人员明确地知道自己的上级是谁，而每个领导也都明确知道自己的管辖范围和管辖对象。在这条管理层次线上，每层领导都拥有对下级实行指挥和发布命令的权力，并对处于本层次单位的工作全面负责。二是项目部职能部门。项目部职能部门是项目经理的参谋和顾问，只能对施工队的施工员实施业务指导、监督、控制和服务，而不能直接对生产班组和职能人员进行指挥和发布命令。

直线职能制的组织结构保证了项目部各级单位都有统一的指挥和管理，避免了多头领导和无人负责的混乱现象。并且职能部门的设立，又保证了项目管理的专业化，即在保证行政统一指挥的同时，又接受专职业务管理部门的指导、监督、控制和服务，避免了项目施工单位（施工队）只注重进度和经济效益而忽视质量和安全的问题。

这种组织模式虽有上述一些优点，但也存在不易正确处理好行政指挥和业务指导之间关系的问题。如果这个关系处理不好，就不能做到统一指挥，下属人员仍然会出现多头领导的问题。这个问题的最终处理方法，是在企业内部实行标准化，规范化，程序化和制度化的科学管理，使企业内部的一切管理活动都有法可依、有章可循，各级各类管理人员都明确自己的职责，照章办事，不得相互推诿和扯皮。

2. 事业部式项目管理组织

事业部式项目管理组织是指由企业内部成立派往各地的项目管理班子，并相应成立具有独立法人资格的企业分公司，这些分公司可以按地区或专业来划分。

事业部对企业来说是内部的职能部门，对企业外部具有相对独立的经营权，也可以是一个独立的法人单位。事业部可以按地区设置，也可以按工程类型或经营内容设置。事业部的主管单位可以是企业，也可以是企业下属的某个单位。所示的地区事业部，可以是公司的驻外办事处，也可以是公司在外地设立的具有独立法人资格的分公司。专业事业部是公司根据其经营范围成立的事业部，如基础公司、装饰公司、钢结构公司等。事业部下设项目经理部，项目经理由事业部任命或聘任，受事业部直接领导。

事业部式项目管理组织，能迅速适应建筑市场的变化，提高施工企业的应变能力和决策效率，有利于延伸企业的经营管理职能，拓展企业的业务范围和经营领域，扩大企业的影响。按事业部式建立项目组织，其缺点是企业对项目经理部的约束力减弱，协调指导的机会减少，当遇到技术问题时，不能充分利用企业技术资源来解决，往往会造成企业结构的松散，导致公司的决策不能全面贯彻执行。

事业部式项目管理组织适用于大型经营性企业的工程承包项目，特别适用于远离公司本部的工程承包项目。

3. 矩阵式项目管理组织

矩阵式项目管理组织，是指其组织结构形式呈矩阵状，项目管理人员接受企业有关职能部门或机构的业务指导，还要服从项目经理的直接领导。

矩阵式项目管理组织具有以下主要优点：首先，该组织解决了传统管理模式中企业组织和项目组织相互矛盾的状况，把项目的业务管理和行政管理有机地联系在一起，达到专业化管理效果；其次，能以尽可能少的人力，实现多个项目的高效管理，管理人员可以根据工作情况在各项目中流动，打破了一个职工只接受一个部门领导的原则，加强了部门间的协调，便于集中各种专业和技能型人才，快速去完成某些工程项目，提高了管理组织的灵活性；最后，它有利于在企业内部推行经济承包责任制和实行目标管理，同时也能有效地精简施工企业的管理机构。

矩阵式项目管理组织存在以下缺点：矩阵式项目管理组织中的管理人员，由于要接受纵向（所在职能部门）和横向（项目经理）两个方面的双重领导，必然会削弱项目部的领导权力和出现扯皮现象，当两个部门的领导意见不一致或有矛盾时，便会影响工程进展；当管理人员同时管理多个项目时，往往难以确定管理项目的优先顺序，造成顾此失彼。矩阵式项目管理组织对企业管理水平、项目管理水平，领导者的素质、组织机构的办事效率、信息沟通渠道的畅通等均有较高要求。因此，在协调组织内部关系时，必须有强有力的组织措施和协调办法，来解决矩阵式项目管理组织模式存在的问题和不足。

矩阵式项目管理的组织模式，适用于同时承担多个大型、复杂的施工项目。

二、建筑工程项目任务的组织模式

工程项目任务的组织模式是通过研究工程项目的承发包方式，确定工程的任务模式。任务模式的确定也决定了工程项目的管理组织，决定了参与工程项目各方项目管理的工作内容和责任。

一个建设项目按工作性质和专业不同可分解成多个建设任务，如项目的设计、项目的施工、项目的监理等工作任务，这些任务不可能由项目法人自己独立完成。对项目的建筑施工任务，一般要委托专门的有相应资质的建筑施工企业来承担，对项目设计和监理任务也要委托有相应资质的专业设计和监理咨询单位来完成。项目业主或法人如何进行委托，委托的形式及做法等就是本小节所要讨论的建设项目任务的组织模式。

建筑市场的市场体系主要由三方面构成，一是以业主方为主体的发包体系；二是以设计，施工、供货方为主体的承建体系；三是以工程咨询、评估、监理等方面为主体的咨询体系。市场三方主体由于各自的工作对象和内容不同、深度和广度不同，它们各自的项目任务组织模式也不同。

一般情况下，项目业主或法人必须通过建筑工程交易市场招投标来确定建筑工程项目的中标单位，并采用承发包的形式进行项目委托。建筑工程项目任务组织模式主要有平行承发包，总分包、项目全包、全包负责，施工联合体和施工合作体等承发包模式。

1. 平行承发包模式

平行承发包模式是业主将工程项目的设计，施工等任务分解后，分别发包给多个承建单位的方式。此时，无总包和分包单位，各设计单位，施工单位、材料或设备供应单位及咨询单位之间的关系是平行的，各自对业主负责，

对业主而言，平行承发包模式将直接面对多个施工单位、多个材料设备供应单位和多个设计单位，而这些单位之间的关系是平行的。对某个承包商而言，他只是这个项目众多承包商中的一员，与其他承包商并无直接关系，但需共同工作，他们之间的协调由业主来负责。

2. 总分包模式

总分包模式分为设计任务总分包与施工任务总分包两种形式。它是业主将工程的全部设计任务委托给一家设计单位承担，将工程的全部施工任务委托给一家施工单位来承建的方式。这一设计单位也就成为设计总承包单位，施工单位就成为施工总承包单位。采用总分包模式，业主在项目设计和施工方面直接面对的只是这两个总承包单位。这两个总承包单位之间的关系是平行的，他们各自对业主负责，他们之间的协调由业主负责。总分包模式所示。总承包单位与业主签订总承包合同后，可以将其总承包任务的一部分再分包给其他承包单位，形成工程总承包与分包的关系。总承包单位与分包单位分别签订工程分包合同，分包单位对总承包单位负责，业主与分包单位没有直接的合同关系。业主一般会规定

允许分包的范围，并对分包商的资格进行审查和控制。

3. 项目全包模式

项目全包模式，是业主将工程的全部设计和施工任务一起委托给一个承包单位实施的方式。这一承包单位称项目总承包单位，由其进行从工程设计，材料设备订购、工程施工，设备安装调试、试车生产到交付使用等一系列全过程的项目建设工作。采用项目全包模式，业主与项目总承包单位签订项目总包合同，只与其发生合同关系。项目全包模式所示。项目总承包单位一般要同时拥有设计和施工力量，并具有国家认定的相应的设计和施工资质，且具备较强的综合管理能力。项目总承包单位也可以由设计单位和施工单位组成项目总承包联合体。项目总承包单位可以按与业主签订的合同要求，将部分的工程任务分包给分包单位完成，总承包单位负责对分包单位进行协调和管理，业主与分包单位不存在直接的承发包关系，但在确定分包单位时，须经业主认可。

4. 全包负责模式

项目全包负责模式，是指全包负责单位向业主承揽工程项目的设计和施工任务后，经业主同意，把承揽的全部设计和施工任务转包给其他单位，它本身并不承担任何设计和施工任务。这一点也是项目全包负责模式与全包模式的根本区别。项目全包模式中的总包单位既可自己承担其中的部分任务，又可将部分任务分包给其他单位，全包负责单位在项目中主要是进行项目管理活动。除项目全包负责外，还有设计全包负责与施工全包负责两种模式。

5. 施工联合体模式

施工联合体，是若干建筑施工企业为承包完成某项大型或复杂工程的施工任务而联合成立的一种施工联合机构，它是以施工联合体的名义与业主签订一份工程承包合同，共同对业主负责，它属于紧密型联合体。在联合体内部，参加施工联合体的各施工单位之间还要签订内部合同，以明确彼此的经济关系和责任等。

施工联合体的承包方式是由多个承建单位联合共同承包一个工程的方式。多个承建单位只是针对某一个工程而联合，各单位之间仍是各自独立的，这一工程完成以后，联合体就不复存在。施工联合体统一与业主签约，联合体成员单位以投入联合体的资金，机械设备以及人员等作为在联合体中的投入份额，财务统一，并按各自投入的比例分享收益与风险。

施工联合体中的成员企业，共同推选出一位项目总负责人，由其统一组织领导和协调工程项目的施工。施工联合体一般还要设置一个监督机构，由各成员企业指派专人参加，以便共同商讨项目施工中的有关事宜，或作为办事机构处理有关日常事务。

采用施工联合体的工程承包方式，联合体成员单位在资金、技术、管理等方面可以集中各自的优势，各取所长，使联合体有能力承包大型工程或复杂工程，同时也可以增强抵抗风险的能力。施工联合体不是注册企业，因而不需要注册资金。在工程进展过程中，若联合体中某一成员单位破产，则其他成员单位仍需负责对工程的实施，其他成员单位需要共同协商补充相应的资源来保证工程施工的正常进行。通常在联合体内部的合约中有相应的规定，业主一般不会因此而造成损失。

6. 施工合作体模式

施工合作体，是多个建筑施工企业以合作施工的方式，为承包完成某项工程建设施工任务组成的联合体。它属于松散型联合体。施工合作体与业主签订承包合同，由合作体统一组织、管理与协调整个工程的实施。施工合作体形式上与施工联合体相同，但实质上却完全不同。合作体成员单位只是在合作体的统一规划和协调下，各自独立地完成整个承包内容中的某个范围和规定数量的施工任务，各成员企业投入到项目中的人，财、物等只供本施工企业支配使用，各自独立核算、自负盈亏、自担风险。施工合作体一般不设置统一的指挥机构，但需推选若干成员企业负责施工合作体的内部协调工作，工程竣工后的利益分配无需统一进行。如果施工合作体内部某一成员单位破产倒闭，其他成员单位无须承担相应的经济责任，这一风险由业主承担。对业主而言，采用施工合作体模式，组织协调工作量可以减少，但项目实施的风险要大于施工联合体。

三、建筑方项目管理方式

1. 建设单位自管方式

建设单位自管方式，是指建设单位直接参与并组织项目的管理，一般是建设单位设置基建机构，负责建设项目管理的全过程。如支配资金，办理各种手续及场地准备，设计招标、采购设备，施工招标、验收工程以及协调和沟通内外组织的关系。有的还组织专门的技术力量，对设计和施工进行审核和把关。但作为一个单位的基建部门，其专业技术人才的数量、人才结构、水平等往往不能满足工程建设的需要，而且由于工程建设任务不多，工作经验难以积累，往往造成项目的管理不善，不能实行高效科学的管理。

2. 工程指挥部管理组织方式

工程指挥部通常由政府主管部门指令各有关方面派代表组成，工程完工后指挥部即宣告解体。在计划经济体制下，指挥部的管理体制对于保证重点工程建设项目的顺利实施、发展国民经济，都起着非常重要的作用。工程指挥部管理形式所示。进入市场经济以后，工程指挥部管理方式的弊端越来越多地被显露出来。如工程指挥部的工作人员临时从四面八方调集而来，多数人员缺乏项目管理经验。由于是一次性、临时性的工作难以积累经验，工作人员不稳定，在思想上也不会很重视。指挥部政企不分，与建设单位的关系是领导与被领导关系，指挥部凌驾于建设单位之上，一般仅对建设期负责，对经营期不负责，不负责投资回收和偿还贷款，因此他们考虑一次性投资多，考虑项目全生命周期的经济效益少。采用指挥部管理组织方式主要存在的问题：一是以行政权力和利益方式代替科学管理；二是以非稳定班子和非专业班子进行项目管理；三是缺乏建设期和经营期的连续性和综合性考虑。鉴于上述原因，这种组织方式现已很少采用。

3. 工程托管方式

建设单位将整个工程项目的全部工作，包括可行性研究、建设准备、规划、勘察设计，材料供应、设备采购、施工、监理及工程验收等全部任务都委托给工程项目管理专业公司去管理或实施，由该公司派出项目经理，进行设计及施工的招标或直接组织有关专业公司共同完成整个建设项目。

4. 三角式管理组织方式

由建设单位分别与承包单位和咨询公司签订合同，由咨询公司代表建设单位对承包单位进行管理，这是国际上通行的传统项目管理组织。

四、项目管理规划大纲的编制

项目管理规划大纲是由企业管理层在投标之前编制，作为投标依据，满足招标文件的要求及签订合同要求的文件。由于项目管理规划大纲具有战略性、全局性和宏观性，显示了投标人的技术和管理方案的可行性与先进性，所以有利于投标竞争。所以，其需要依靠企业管理层的智慧与经验，取得充分依据，发挥综合优势进行编制。

1. 项目管理规划大纲的作用

（1）项目管理规划大纲对项目管理的全过程进行规划，为全过程的项目管理提出方向和纲领。

（2）项目管理规划大纲是承揽业务、编制投标文件的依据。

（3）项目管理规划大纲是中标后签订合同的依据。

（4）项目管理规划大纲是编制项目管理实施规划的依据。

（5）发包方的建筑工程项目管理规划大纲还对各相关单位的项目管理规划大纲起指导作用。

2. 项目管理规划大纲的编制依据

（1）可行性研究报告

在编制项目管理规划大纲前，企业管理层应对招标文件进行分析研究。通过对投标人须知的分析研究，熟悉投标文件、招标程序；通过对技术文件的分析研究，确定招标人的工程要求，界定工程范围；通过对整个招标文件的分析研究，确定工程投标和进行工程施工的总体战略。

在招标文件分析研究中发现的问题和不理解的地方应及早向招标人提出，以求得招标人的答复。这对投标人正确编制项目管理规划大纲和投标文件是非常重要的。

（2）设计文件、标准、规范与有关规定

按照合同条件的规定，招标人应对其所提供的设计文件及有关技术资料的正确性承担责任，但投标人应对它们作基本分析，在一定程度上检查它们的正确性，为编制项目管理规划大纲、投标文件和制定投标策略提供依据。若发现有明显错误，应及时通知投标人。

同时，要熟悉项目管理中使用的标准、规范和有关规定。

（3）招标文件及有关合同文件

项目管理规划大纲与招标文件的要求一致，因而，招标文件是编制项目管理规划大纲最重要的依据。在投标过程中，招标人常常会以补充、说明的形式修改、补充招标文件的内容。在标前会议上，招标人也会对投标人提出的招标文件中的问题、对招标文件不理解的地方进行统一解释。在编制项目管理规划大纲时一定要重视这些修改、变更和解释。同时，通过分析有关合同文件的完备性、合法性、单方面约束性和合同风险性，确定投标人总体的合同责任。

（4）相关市场信息与环境信息

相关市场信息，主要是指参与项目的投标人的基本情况以及数量，企业与这些投标人在项目上竞争能力的分析比较等。环境信息主要是指对项目的环境调查。

3.项目管理规划大纲的编制程序

（1）明确项目目标。

（2）分析项目的环境和条件。

（3）收集项目的有关资料和信息。

（4）确定项目管理组织模式、结构和职责。

（5）明确项目管理的内容。

（6）编制项目目标计划和资源计划。

（7）汇总整理，报送审批。

4.项目管理规划大纲的编制内容

在土木工程中，项目管理规划大纲应由项目管理层依据招标文件及发包人对招标文件的解释、企业管理层对招标文件的分析研究结果、工程现场情况、发包人提供的信息和资料、有关市场信息，以及企业法定代表人的投标决策意见编写。项目管理规划大纲的内容主要包括项目概况、项目实施条件分析、项目投标活动及签订合同的策略、项目管理目标、项目组织结构及其职责、质量目标和施工方案、工期目标和施工总进度计划、成本目标及管理措施、项目风险预测和安全目标及措施、项目现场管理和施工平面图、投标和签订施工合同、文明施工及保护环境。

（1）项目概况。包括项目产品的构成、基础特征、结构特征、建筑装饰特征、使用功能、建设规模、投资规模、建设意义等。

（2）项目实施条件分析。包括合同条件，现场条件，法规条件及相关市场、自然和社会条件等的分析。

（3）项目投标活动及签订合同的策略。

（4）项目管理目标。包括质量、成本、工期和安全的总目标及其分解的子目标，施工合同要求的目标，承包人自己对项目的规划目标。

（5）项目组织结构及其职责。

（6）质量目标和施工方案。包括招标文件（或发包人）要求的质量目标及其分解目标、保证质量目标实现的主要技术组织措施；重点单位工程或重点分部工程的施工方案，包括工程施工的程序和流向，拟采用的施工方法、主要施工机械、新技术和新工艺，劳动的组织与管理措施。

（7）工期目标和施工总进度计划。包括招标文件（或发包人）的总工期目标及其分解目标、主要的里程碑事件及主要施工活动的进度计划安排、施工进度计划表、保证进度目标实现的措施。

（8）成本目标及管理措施。包括总成本目标和总造价目标、主要成本项目及成本目标分解、人工及主要材料用量、保证成本目标实现的技术措施。

（9）项目风险预测和安全目标及措施。包括根据工程的实际情况对施工项目的主要风险因素做出的预测、相应的对策措施、风险管理的主要原则、安全责任目标、施工过程中的不安全因素、安全技术组织措施。专业性较强的施工项目，应当编制安全施工组织设计，并采取安全技术措施。

（10）项目现场管理和施工平面图。包括项目现场管理目标和管理原则、项目现场管理主要技术组织措施。承包人对施工现场安全、卫生、文明施工、环境保护、建设公害治理、施工用地和平面布置方案等的规划安排，施工现场平面特点，施工现场平面布置原则，施工平面图及其说明。

（11）投标和签订施工合同。包括投标和签订合同总体策略、工作原则、投标小组组成、签订合同谈判组成员、谈判安排、投标和签订施工合同的总体计划安排。

（12）文明施工及保护环境。主要根据招标文件的要求、现场的具体情况，考虑企业的可能性和竞争的需要，对发包人做出现场文明施工及环境保护方面的承诺。

第二节　建筑工程项目经理部

一、项目经理部概述

1.项目经理部的概念

项目经理部是由项目经理在企业法定代表人授权和职能部门的支持下按照企业的相关规定组建的，进行项目管理的一次性的组织机构。项目经理部直属项目经理领导，主要承担和负责现场项目管理的日常工作，在项目实施过程中其管理行为应接受企业职能部门的监督和管理。

2.项目经理部的性质

施工项目经理部是施工企业内部相对独立的一个综合性的责任单位。其性质可以归纳为三个方面。

（1）施工项目经理部的相对独立性。施工项目经理部的相对独立性是指它与企业存在着双重关系。一方面，它作为施工企业的下属单位，同施工企业存在着行政隶属关系，要绝对服从企业的全面领导；另一方面，它又是一个施工项目机构独立利益的代表，同企业形成一种经济责任关系。

（2）施工项目经理部的综合性。施工项目经理部的综合性主要指如下几个方面：首先，应当明确施工项目经理部是施工企业的经济组织，主要职责是管理施工项目的各种经济活动，但它又要负责一定的行政管理，比如施工项目的思想政治工作；其次，其管理职能是综合的，包括计划、组织、控制、协调、指挥等多方面；最后，其管理业务是综合的，从横向看包括人，财、物、生产和经营活动，从纵向看包括施工项目实施的全过程。

（3）施工项目经理部的单体性和临时性。施工项目经理部的单体性，是指它仅是企业中一个施工项目的责任单位，随着施工项目的开工而成立，随着施工项目的终结而解体。

3.项目经理部的作用

项目经理部是施工项目管理的工作班子，置于项目经理的领导之下。为了充分发挥项目经理部在项目管理中的主体作用，必须对项目经理部的机构设置特别重视，设计好、组建好、运转好，从而发挥其应有功能。

（1）施工项目经理部是企业在某一工程项目上的一次性管理组织机构，由企业委任的施工项目经理领导。

（2）施工项目经理部对施工项目从开工到竣工的全过程实施管理，对作业层负有管理和服务的双重职能，其工作质量好坏将对作业层的工作质量有重大影响。

（3）施工项目经理部是代表企业履行工程承包合同的主体，是对最终建筑产品和建设单位全面负责、全过程负责的管理实体。

（4）施工项目经理部是一个管理组织体，要完成项目管理任务和专业管理任务；凝聚管理人员的力量，调动其积极性，促进合作；协调部门之间、管理人员之间的关系，发挥每个人的岗位作用，为共同目标进行工作；贯彻组织责任制，搞好管理；及时沟通部门之间，项目经理部与作业层、公司、环境之间的信息。

4.项目经理部的职能部门

项目经理部的职能部门及其人员配置，应当满足施工项目管理工作中合同管理、采购管理、进度管理、质量管理、职业健康安全管理、环境管理、成本管理，资源管理、信息管理、风险管理，沟通管理、收尾管理等各项管理内容的需要。因此，施工项目经理部通常应设置下列部门。

（1）经营核算部门。主要负责预算、合同、索赔、资金收支、成本核算、劳动力的配置与分配等工作。

（2）工程技术部门。主要负责生产调度、文明施工、技术管理、施工组织设计、计划统计等工作。

（3）物资设备部门。主要负责材料的询价、采购、计划供应、管理、运输、工具管理、机械设备的租赁配套使用等工作。

（4）监控管理部门。主要负责工程质量、职业健康安全管理、环境保护等工作。

（5）测试计量部门。主要负责计量、测量、试验等工作。

项目经理部职能部门及管理岗位的设置，必须贯彻因事设岗、有岗有责和目标管理的原则，明确各岗位的责、权、利和考核指标，并对管理人员的责任目标进行检查、考核与奖惩。

二、项目经理部的设立

1. 项目经理部设立的要求

项目经理部的设立应根据施工项目管理的实际需要进行。一般情况下，大、中型施工项目，承包人必须在施工现场设立项目经理部，而不能用其他组织方式代替。在项目经理部内，应根据目标控制和主要管理的需要设立专业职能部门。小型施工项目，如果由企业法定代表人委托某个项目经理部兼管的，也可以不单独设立项目经理部，但委托兼管应征得项目发包人的同意，并不得削弱兼管者的项目管理责任，兼管者应是靠近该项目者。一般情况下，一个项目经理部不得同时兼管两个以上的工程项目部。

2. 项目经理部设立的原则

设立项目经理部应遵循以下基本原则。

（1）要根据所设计的建筑工程项目管理组织形式设置项目经理部。项目管理组织形式与企业对项目经理部的授权有关。不同的组织形式对项目经理部的管理力量和管理职责提出了不同的要求，同时也提供了不同的管理环境。

（2）要根据项目的规模、复杂程度和专业特点设置项目经理部。例如，大型项目经理部可以设置职能部、处，中型项目经理部可以设置职能处、科，小型项目经理部一般只需设置职能人员。如果项目的专业性强，可设置专业性强的职能部门，如水电和安装处等。

（3）项目经理部是一个一次性管理组织，应随工程任务的变化而进行必要的调整，不应搞成一个固定的组织。项目经理部在项目开工前建立，工程交付后，项目管理任务完成，项目经理部自动解体。项目经理部不应有固定的作业队伍，而应根据项目的需要从劳务市场进行招聘，通过培训和优化组合后可上岗作业，实行作业队伍的动态管理。

（4）项目经理部的人员配备应面向现场，满足现场的计划与调度、技术与质量，成本与核算、劳务与物资、安全与文明作业的需要，而不应设置与项目作业关系较少的非生产性管理部门，以达到项目经理部的高效与精简。

（5）项目经理部应建立有益于组织运转的各项工作制度。

3. 项目经理部的设立规模

国家对项目经理部的设置规模无具体规定。目前企业是根据推行施工项目管理的实践经验，按项目的使用性质和规模进行设置。

头项目经理部一般按工程的规模大小建立。单独建立项目经理部的工程规模：公共建筑、工业建筑工程规模为 5000 平方米以上的；住宅建设小区 1 万平方米以上；其他工程投资在 500 万元以上。根据不同的规模，有人提出把项目经理部分为三个等级。

（1）一级施工项目经理部。建筑面积为 15 万平方米及以上的群体工程；面积为 10 万平方米及以上的单体工程；投资在 8000 万元及以上的各类施工项目。

（2）二级施工项目经理部。建筑面积在 15 万平方米以下，10 万平方米及以上的群体工程；面积在 10 万平方米以下，5 万平方米及以上的单体工程；投资在 8 000 万元以下，3 000 万元以上的各类施工项目。

（3）三级施工项目经理部。建筑面积在 10 万平方米以下，2 万平方米及以上的群体工程；面积在 5 万平方米以下，1 万平方米及以上的单体工程；3 000 万元以下，500 万元及以上的各类施工项目。

建筑面积在 2 万平方米以下的群体工程，面积在 1 万平方米以下的单体工程，按照项目经理责任制的有关规定，可实行项目授权代管和栋号承包。以栋号长为负责人，直接与代管项目经理签订《栋号管理目标责任书》。

4. 项目经理部的设立步骤

项目经理部的设立应遵循下列步骤。

（1）根据企业批准的《项目管理规划大纲》，确定项目经理部的管理任务和组织形式。项目经理部的组织形式和管理任务的确定应充分考虑工程项目的特点、规模以及企业管理水平和人员素质等因素。组织形式和管理任务的确定是项目经理部设置的前提和依据，对项目经理部的结构和层次起着决定性的作用。

（2）确定项目经理部的层次，设立职能部门与工作岗位。根据项目经理部的组织形式和管理任务进一步确定项目经理部的结构层次，如果管理任务比较复杂，层次就应多一些；如果管理任务比较单一，层次就应简化。此外，职能部门和工作岗位的设置，除适应企业已有的管理模式外，还应考虑命令传递的高效化和项目经理部成员工作途径的适应性。

（3）根据部门和岗位进一步定人、定岗，划分各类人员的职责、权限，以及沟通途径和指令渠道。

（4）在组织分工确定后，项目经理即应根据"项目管理目标责任书"对项目管理目标进行分解、细化，使目标落实到岗、到人。

（5）在项目经理的领导下，进一步制定项目经理部的管理制度，做到责任具体、权力到位、利益明确。在此基础上，还应详细制定目标责任考核和奖惩制度，使勤有所奖、懒有所罚，从而保证项目经理部的运行有章可循。

三、项目经理部的解体

1.项目经理部解体的条件

项目经理部是一次性并具有弹性的现场生产组织机构,工程竣工后,项目经理部应及时解体同时做好善后处理工作。项目经理部解体的条件为:

(1)工程已经交工验收,并已经完成竣工结算。

(2)与各分包单位已经结算完毕。

(3)已协助企业与发包人签订了《工程质量保修书》。

(4)《项目管理目标责任书》已经履行完毕,并经承包人审计合格。

(5)各项善后工作已与企业主管部门协商一致并办理了有关手续。

2.项目经理部解体的程序与善后工作

(1)企业工程管理部门是项目经理部组建和解体善后工作的主管部门,主要负责项目经理部的组建及解体后工程项目在保修期间的善后问题处理,包括因质量问题造成的返(维)修、工程剩余款的结算及回收等。

(2)在施工项目全部竣工并交付验收签字之日起十五日内,项目经理部要根据工作需要向企业工程管理部写出项目经理部解体的申请报告,同时向各业务系统提出本部善后留用和解体合同人员名单及时间,经有关部门审核批准后执行。

(3)项目经理部解聘工作人员时,为使其有一定的求职时间,应提前发给解聘人员两个月的岗位效益工资。

(4)项目经理部解体前,应成立以项目经理为首的善后工作小组,其留守人员由主任工程师、技术、预算、财务、材料各一人组成,主要负责剩余材料的处理,工程款的回收,财务账目的结算移交,以及解决与甲方的有关遗留事宜。善后工作一般规定为三个月(从工程管理部门批准项目经理部解体之日起计算)。

(5)施工项目完成后,还要考虑项目的保修问题,故在项目经理部解体与工程结算前,要由经营和工程部门根据竣工时间和质量等级确定工程保修费的预留比例。

(6)项目经理部与企业有关职能部门发生矛盾时,由企业经理办公会裁决。与分包及作业层关系中的纠纷依据双方签订的合同和有关的签证处理。

3.项目经理部解体的必要性

在施工项目经理部是否解体的问题上,不少企业坚持固化项目管理组织。

固化项目管理组织致命的缺点是不利于优化组织机构和劳动组合,以不变的组织机构应付万变的工程项目的管理任务,严重影响了项目单独的经济核算和管理效果。因此,工程项目管理的理论基础和实践要求项目经理部必须解体。具体从以下几方面考虑:

(1)有利于针对项目的特点建立一次性的项目管理机构。

(2)有利于建立可以适时调整的弹性项目管理机构。

（3）有利于对已完成项目进行总结、结算、清算和审计。

（4）有利于项目经理部集中精力进行项目管理和成本核算。

（5）有利于企业管理层和项目管理层进行分工协作，明确双方各自的责、权、利。

4.项目经理部解体后的效益评价与债权债务处理

（1）项目经理部的剩余材料原则上售让给公司物资设备部，材料价格根据新旧情况按质论价，双方发生争议时可由经营管理部门协调裁决。而对外售让必须经公司主管领导批准。

（2）由于现场管理工作需要，项目经理部自购的通信、办公等小型固定资产，必须如实建立台账，折价后移交企业。

（3）项目经理部的工程成本盈亏审计，以该项目工程实际发生成本与价款结算回收数为依据，由审计牵头，预算、财务和工程部门参加，于项目经理部解体后第四个月内写出审计评价报告，交公司经理办公会审批。

（4）项目经理部的工程结算、价款回收及加工订货等债权债务处理，一般情况下由留守小组在三个月内完成。若三个月未能全部收回又未办理任何法定手续的，其差额作为项目经理部成本亏损额的一部分。

（5）经审计评估，整个工程项目综合效益除完成指标外仍有盈余者，全部上交，然后根据盈余情况给予奖励。整个经济效益审计为亏损者，其亏损部分一律由项目经理负责，按相应奖励比例从其管理人员风险（责任）抵押金和工资中扣出；亏损额超过一定数额者，经企业经理办公会研究，视情况给予项目经理个人行政与经济处分；亏损数额较大，存在严重的经济问题的，性质严重者，企业有关部门有权起诉追究项目经理的刑事责任。

（6）项目经理部解体、善后工作结束后，项目经理离任重新投标或聘用前，必须按上述规定做到人走场清、账清、物清。

第三节　建筑工程项目经理

项目经理部是项目组织的核心，而项目经理领导着项目经理部的工作，项目经理居于整个项目的核心地位，对项目的成败有决定性影响。工程实践证明，一个强的项目经理领导一个弱的项目经理部，比一个弱的项目经理领导一个强的项目经理部，项目成就会更大。业主在选择承包商和项目管理公司时十分注重对项目经理的经历、经验和能力的审查，并赋予其一定的权重，作为定标、签订合同的指标之一。许多承包商和项目管理公司也将项目经理的选择、培养作为一个重要的企业发展战略。

一、项目经理的概念和素质

1. 项目经理的概念

建筑工程项目管理有多种类型。因此，一个建筑工程项目的项目经理也有多种情况，如建设单位的项目经理、设计单位的项目经理和施工单位的项目经理。

就建筑施工企业而言，项目经理是企业法定代表人在施工项目中派出的全权代表。住房和城乡建设部颁发的《建筑施工企业项目经理资质管理办法》指出："施工企业项目经理是受企业法定代表人委托，对工程项目施工过程全面负责的项目管理者，是建筑施工企业法定代表人在工程项目上的代表人。"这就决定了项目经理在项目中是最高的责任者、组织者，是项目决策的关键人物。项目经理在项目管理中处于中心地位。

为了确保工程项目的目标实现，项目经理不应同时承担两个或两个以上未完工程项目领导岗位的工作。为了确保工程项目实施的可持续性及项目经理责任，权力和利益的连贯性和可追溯性，在项目运行正常的情况下，企业不应随意撤换项目经理。但在工程项目发生重大安全、质量事故或项目经理违法、违纪时，企业可撤换项目经理，而且必须进行绩效审计，并按合同规定报告有关合作单位。

2. 项目经理的素质

项目经理是决定项目管理成败的关键人物，是项目管理的柱石，是项目实施的最高决策者、管理者、组织者、指挥者、协调者和责任者。根据有关精神认为项目经理应该根据其水平和经历划分等级，项目经理必须由具有相关专业执业资格的人员担任。因此，要求项目经理必须具备以下基本条件。

（1）具有较高的技术、业务管理水平和实践经验。

（2）有组织领导能力，特别是管理人的能力。

（3）政治素质好，作风正派，廉洁奉公，政策性强，处理问题能把原则性、灵活性和耐心结合起来；具有较强的判断能力，敏捷思考问题的能力和综合，概括的能力。

（4）决策准确、迅速，工作有魄力，敢于承担风险。

（5）工作积极热情，精力充沛，能吃苦耐劳。

（6）具有一定的社交能力和交流沟通的能力。

二、项目经理责任制

1. 项目经理责任制概述

项目经理责任制是企业制定的，以项目经理为责任主体，确保项目管理目标实现的责任制度。项目管理工作成功的关键是推行和实施项目经理责任制，项目经理责任制作为项目管理的基本制度，是评价项目经理绩效的依据，其核心是项目经理承担实现项目管理目标责任书确定的责任。项目经理与项目经理部在工程建设中，应严格遵守和实行项目管理责任制度，确保项目目标全面实现。

2.项目管理目标责任书

项目管理目标责任书是在项目实施之前，由法定代表人或其授权人依据项目的合同、项目管理制度、项目管理规划大纲及组织的经营方针和目标要求等与项目经理签订的，明确项目经理部应达到的成本、质量、工期、安全和环境等管理目标及其承担的责任，并作为项目完成后考核评价依据的文件。它是具有企业法规性的文件，也是项目经理的任职目标，具有很强的约束性。项目管理目标责任书一般包括下列内容。

（1）项目管理实施目标。

（2）组织与项目经理之间的责任、权限和利益分配。

（3）项目设计、采购、施工、试运行等管理的内容和要求。

（4）项目需用资源的提供方式和核算方法。

（5）法定代表人向项目经理委托的特殊事项。

（6）项目经理部应承担的风险。

（7）项目管理目标评价的原则、内容和方法。

（8）对项目经理部进行奖惩的依据、标准和办法。

（9）项目经理解职和项目经理部解体的条件和办法。

项目管理目标责任书的重点是明确项目经理工作内容，其核心是为了完成项目管理目标。项目管理目标责任书是组织和考核项目经理和项目经理部成员业绩的标准和依据。

三、项目经理的责权利

1.项目经理的任务

项目经理的任务主要包括：保证项目按照规定的目标高速、优质、低耗地全面完成，保证各生产要素在项目经理授权范围内最大限度地优化配置。具体内容如下。

（1）确定项目管理组织机构的构成并配备人员，制定规章制度，明确有关人员的职责，组织项目经理部开展工作。

（2）确定管理总目标和阶段性目标，进行目标分解，实行总体控制，确保项目建设成功。

（3）及时、适当地做出项目管理决策，包括投标报价决策、人事任免决策、重大技术组织措施决策、财务工作决策、资源调配决策、进度决策、合同签订及变更决策，对合同执行情况进行严格管理。

（4）协调本组织机构与各协作单位之间的协作配合及经济、技术工作，在授权范围内代理（企业法人）进行有关签证，并进行相互监督、检查，确保质量、工期、成本控制和节约。

（5）建立完善的内部及对外信息管理系统。

（6）实施合同，处理好合同变更，洽商纠纷和索赔，处理好总分包关系，搞好与有关单位的协作配合，与建设单位的相互监督。

2. 项目经理的基本职责

项目经理的基本职责有。

（1）代表企业实施施工项目管理，贯彻执行国家法律，法规、方针、政策和强制性标准，执行企业的管理制度，维护企业的合法权益。

（2）履行"项目管理目标责任书"规定的任务。

（3）组织编制项目管理实施规划。

（4）对进入现场的生产要素进行优化配置和动态管理。

（5）建立质量管理体系和安全管理体系并组织实施。

（6）在授权范围内负责与企业管理层、劳务作业层、各协作单位、发包人、分包人和监理工程师等的协调，解决项目中出现的问题。

（7）按《项目管理目标责任书》处理项目经理部与国家、企业、分包单位以及职工之间的利益分配。

（8）进行现场文明施工管理，发现和处理突发事件。

（9）参与工程竣工验收，准备结算资料和分析总结，接受审计，处理项目经理部的善后工作。

（10）协助企业进行项目的检查、鉴定和评奖申报。

3. 项目经理的权限

项目经理在授权和企业规章制度范围内，在实施项目管理过程中享有以下权限。

（1）项目投标权。项目经理参与企业进行的施工项目投标和签订施工合同。

（2）人事决策权。项目经理经授权组建项目经理部确定项目经理部的组织结构，选择、聘任管理人员，确定管理人员的职责，组织制定施工项目的各项管理制度，并定期进行考核、评价和奖惩。

（3）财务支付权。项目经理在企业财务制度规定范围内，根据企业法定代表人授权和施工项目管理的需要，决定资金的投入和使用，决定项目经理部组成人员的计酬办法。

（4）物资采购管理权。项目经理在授权范围内，按物资采购程序的文件规定行使采购权。

（5）作业队伍选择权。根据企业法定代表人授权或按照企业的规定，项目经理自主选择、使用作业队伍。

（6）进度计划控制权。根据项目进度总目标和阶段性目标的要求，对项目建设的进度进行检查、调整，并在资源上进行调配，从而对进度计划进行有效的控制。

（7）技术质量决策权。根据项目管理实施规划或项目组织设计，有权批准重大技术方案和重大技术措施，必要时要召开技术方案论证会，把好技术决策关和质量关，防止技术上决策失误，主持处理重大质量事故。

（8）现场管理协调权。项目经理根据企业法定代表人授权，协调和处理与施工项目管理有关的内部与外部事项。

4.项目经理的利益

项目经理最终的利益是项目经理行使权力和承担责任的结果，也是市场经济条件下责、权、利、效相互统一的具体体现。主要表现在：

（1）获得基本工资、岗位工资和绩效工资。

（2）在全面完成《项目管理目标责任书》确定的各项责任目标、交工验收并结算后，接受企业的考核和审计，除按规定获得物质奖励外，还可获得表彰、记功、优秀项目经理等荣誉称号和其他精神奖励。

（3）经考核和审计，未完成《项目管理目标责任书》确定的责任目标或造成亏损的，按有关条款承担责任，并接受经济或行政处罚。

第四节　建筑工程职业资格制度

《中华人民共和国建筑法》（以下简称《建筑法》）第14条规定："从事建筑活动的专业技术人员，应当依法取得相应的执业资格证书，并在执业证书许可的范围内从事建筑活动。"

改革开放以来，按照《建筑法》的要求，我国在建设领域已设立了注册建筑师、注册结构工程师、注册监理工程师、注册造工程师、注册房地产估价工程师、注册规划师、注册岩土工程师等执业资格。2002年12月5日，人事部、住房和城乡建设部联合下发了《关于印发《（建造师执业资格制度暂行规定）的通知》（人发[2002]111号），印发了《建造师执业资格制度暂行规定》（以下简称《暂行规定》），标志着我国建立建造师执业资格制度的工作正式启动。

建造师执业资格制度起源于英国，迄今已有150余年的历史。世界上许多发达国家已经建立了该项制度，具有执业资格的建造师也有了国际性的组织——国际建造师协会。

目前，住房和城乡建设部对建造师执业资格制度这项工作非常重视。其现已作为企业资质晋级和保级的必备条件，是施工企业选派项目经理的条件之一。

一、我国建造师执业资格制度的几个基本问题

1.建造师的执业定位

建造师是以建设工程项目管理为主业的执业注册人员。注册建造应是以专业技术为依托，懂管理、懂技术，懂经济、懂法规，综合素质较高的复合型人员。既要有一定的理论水平，更要有丰富的工程管理的实践经验和较强的组织能力。建造师注册后，既可以受聘担任建设工程施工的项目经理，也可以受聘从事其他施工管理工作（如质量监督、工程管理咨询以及法律、行政法规或国务院建设行政主管部门规定的其他业务）等。

2. 建造师的级别与专业

建造师分为一级建造师和二级建造师。

建造师分级管理，可以使整个建造师队伍中有一批具有较高素质和管理水平的人员，便于开展国际互认，也可使整个建造师队伍适合我国建设工程项目量大面广，规模差异悬殊，各地经济、文化和社会发展水平差异较大，不同项目对管理人员要求不同的特点。一级注册建造师可以担任《建筑业企业资质等级标准》中规定的特级、一级建筑业企业承担的建设工程项目施工的项目经理；二级注册建造师只可以担任二级及以下建筑业企业承担的建设工程项目施工的项目经理。

不同类型、不同性质的建设工程项目，有着各自的专业性和技术特点，对项目经理的专业要求也有很大不同。建造师实行分专业管理，就是为了适应各类工程项目对建造师专业技术的不同要求，也是为了与现行建设管理体制相衔接，充分发挥各有关专业部门的作用。一级建造师共划分为 10 个专业：建筑工程、公路工程、铁路工程、民航机场工程、港口与航道工程，水利水电工程、电力工程，矿业工程、市政公用工程，通信与广电工程、机电工程等。

二级建造师分 6 个专业：建筑工程、公路工程、水利水电工程、市政公用工程、机电工程、矿业工程等。

3. 建造师的资格与注册

建造师要通过考试才能获取执业资格。一级建造师执业资格考试，全国统一考试大纲、统一命题、统一组织考试。二级建造师执业资格考试，全国统一考试大纲，各省、自治区、直辖市命题并组织考试。考试内容分为综合知识与能力、专业知识与能力两部分。符合报考条件的人员，考试合格即可获得一级或者二级建造师的执业资格证书。

取得建造师执业资格证书且符合注册条件的人员，经过注册登记后，即获得一级或者二级建造师注册证书和执业印章。注册后的建造师方可受聘执业。建造师执业资格注册有效期为 3 年，有效期满前一个月要办理延续注册手续。建造师必须接受继续教育，更新知识，不断提高业务水平。

二、建造师与项目经理的定位

1. 建造师的定位

建造师是一种执业资格注册制度。执业资格制度是政府对某种责任重大，社会通用性强、关系公共安全利益的专业技术工作实行的市场准入控制。它是专业技术人员从事某种专业技术工作学识，技术和能力的必备条件。所以，要想取得建造师执业资格，就必须具备一定的条件。比如，规定的学历、从事工作年限等，同时还要通过全国建造师执业资格统一考核或考试，并经国家主管部门授权的管理机构注册后方能取得建造师执业资格证书。建造师从事建造活动，是一种执业行为，取得资格后可使用建造师名称，依法单独执行建造业务，并承担法律责任。

建造师又是一种证明某个专业人士从事某种专业技术工作知识和实践能力的体现。这里特别注重"专业"二字。因此，一旦取得建造师执业资格，提供工作服务的对象有多种选择，可以是建设单位（业主方），也可以是施工单位（承包商），还可以是政府部门、融资代理、学校科研单位等，来从事相关专业的工程项目管理活动。

2. 项目经理的定位

首先，要了解经理的含义。经理或项目经理与建造师不仅是名称不同，其内涵也不一样。经理通常解释为经营管理，这是广义概念。狭义的解释即负责经营管理的人，可以是经理、项目经理和部门经理。作为项目经理，理所当然是负责工程项目经营管理的人，对工程项目的管理是全方位、全过程的。对项目经理的要求，不但在专业知识上要求有建造师资格，更重要的是还必须具备政治和领导素质、组织协调和对外洽谈能力以及工程项目管理的实践经验。美国项目管理专家约翰·宾认为，项目经理应具备以下六大素质：一是具有本专业技术知识；二是工作有干劲；三是具有成熟而客观的判断能力；四是具有管理能力；五是诚实可靠，言行一致；六是机警，精力充沛，能够吃苦耐劳。因而，取得建造师执业资格的人出任项目经理，所从事的建造活动，比一般建造师所从事的专业活动范围更广泛、责任更大。所以我们讲，即使取得了建造师资格也不一定都能担任项目经理。因此，我们既不能把项目经理定位于过去的施工工长，也不能把项目经理定位于建造师，更不能用建造师代替项目经理。

其次，要明确项目经理的地位。工程项目管理活动是一个特定的工程对象，项目经理就是一个特定的项目管理者。正如《关于项目经理资质管理制度和建造师执业资格制度的过渡办法》中指出的："项目经理岗位是保证工程项目建设质量、安全、工期的重要岗位。"《建设工程项目管理规范》也对项目经理的地位做了明确说明："项目经理是根据企业法定代表人的授权范围、时间和内容，对施工项目自开工准备至竣工验收，实施全过程、全方位管理。"项目经理是企业法定代表人在项目上的一次性授权管理者和责任主体。项目经理从事项目管理活动，通过实行项目经理责任制，履行岗位职责，在授权范围内行使权力，并接受企业的监督考核。项目经理资质是企业资质的人格化体现，从工程投标开始，就必须出示项目经理资质证书，并不得低于工程项目和业主对资质等级的要求。

三、注册建造师与项目经理的关系

1. 项目经理与建造师的理论基础都是工程项目管理

项目管理是当今世界科学技术和管理技术飞跃发展的产物。作为一门新的学科领域和先进的管理模式，其有着极其丰富的内涵。对项目管理的定义有各种不同的解释，但一般来说，项目管理具有项目单件性、建设周期性、过程逐渐性、目标明确性、组织临时性、管理整体性以及成果不可挽回性等特点，它包括项目的发起、论证、启动，规划、控制、结束等阶段。它是运用系统的观点理论和方法对某项复杂的一次性生产或工程项目进行全过程管理，所以我们讲项目管理应有广义和狭义之分。广义的项目管理覆盖了各行各业，凡是具有一次性基本特征的工作或任务，都可以实行项目管理；狭义的项目管理，是指某一特定领域的项目管理，如目前我们建筑业企业推行的工程项目管理。同时，项目管理又是一个计划、组织、指挥、协调和控制的活动，管理不仅要求"知"，而且重视"行"，强调实践的验证。讲项目管理必然离不开人，离不开组织者和领导者，离不开方法和手段。作为对某一工程进行全过程的项目管理必须有一个责任主体，这就是项目经理。我国建筑业企业项目经理的产生和提出，正是基于学习鲁布革工程管理经验和引进国际项目管理方法这一背景。自 1991 年住房和城乡建设部颁发《项目经理资质认证管理试行办法》以来，各级政府主管部门、行业协会、广大建筑业企业全方位开展了规范有序，声势浩大的项目经理培训工作，为项目经理的资质考核和管理打下了坚实的基础。目前，项目经理在建筑业企业和工程建设中具有的重要地位和所发挥的积极作用，已越来越被社会和业主重视和承认。

2. 注册建造师与项目经理的关系

项目经理是建筑业企业实施工程项目管理设置的一个岗位职务，项目经理根据企业法定代表人的授权，对工程项目自开工准备至竣工验收实施全面全过程的组织管理。项目经理的资质由行政审批获得。

建造师是从事建设工程管理包括工程项目管理的专业技术人员的执业资格，按照规定具备一定条件，并参加考试合格的人员，才能获得这个资格。获得建造师执业资格的人员，经注册后可以担任工程项目的项目经理及其他有关岗位职务。项目经理责任制与建造师执业资格制度是两个不同的制度，但在工程项目管理中是具有联系的两个制度。

建造师与项目经理定位不同，然而所从事的都是建设工程的管理。建造师执业的覆盖面较大，可涉及工程建设项目管理的许多方面，担任项目经理只是建造师执业中的一项，而项目经理则仅限于企业内某一特定工程的项目管理。建造师选择工作的权利相对自主，可在社会市场上有序流动，有较大的活动空间，项目经理岗位则是企业设定的，项目经理是由企业法人代表授权或聘用的、一次性的工程项目施工管理者。

项目经理责任制是我国施工管理体制上的一个重大改革，对加强工程项目管理，提高工程质量起到了很好的作用。建造师执业资格制度建立以后，工程项目管理的推进和实施必须继续发展，项目经理责任制这样一个通过实践证明在施工中发挥了重要作用的制度必须坚持。国发 [2003]5 号文是取消项目经理资质的行政审批，而不是取消项目经理。项目经理仍然是施工企业某一具体工程项目施工的主要负责人，他的职责是根据企业法定代表人的授权，对工程项目自开工准备至竣工验收，实施全面的组织管理。有变化的是，大中型工程项目的项目经理必须由取得建造师执业资格或其他建筑类的注册人员担任。注册建造师资格是担任大中型工程项目经理的一个条件，但选聘哪位建造师担任项目经理，则由企业决定，是企业行为。小型工程项目的项目经理可以由不是建造师的人员担任。建造师执业资格制度不能代替项目经理责任制。所以，要充分发挥有关行业协会的作用，加强项目经理培训，不断提高项目经理队伍的素质。随着中国加入世界贸易组织，我们更应当从经济全球化的高度来认识、推进和发展工程项目管理，不断深化项目经理责任制的重要性。

四、要加强建造师与项目经理的规范化管理

1. 注册建造师执业资格管理

执业资格是按照有关规定的条件，实行统一考试、注册，获得某一准入的凭证。取得建设工程专业注册建筑师资格，等于获得了从事这项活动的执业资格。我国是通过政府行政主管部门发布文件的方式，颁布若干规定，建立了一套专门的资格管理制度。而在国外是通过各种专业协会、学会注册成为职业会员的程序，取得相应执业资格。但这只是做法上的不同，其实行执业资格制度的方向是一致的。

由于我国对建设工程系列执业资格划分比较细，当前建造师执业资格还没有与其他执业资格出现碰撞，避免了获得准入后在执业方面产生矛盾。根据《暂行规定》：建造师应主要定位于从事工程项目管理的专业人士，其对象首先应该是承包商，当然符合条件的其他项目管理者也可以提出申请，报名参加全国统一考试。

随着中国加入 WTO 和经济全球化，市场竞争日趋激烈，取得某种执业资格十分重要。可以预见，除建筑业企业外，一些新型的工程咨询、工程担保、融资代理，网络服务等现代企业在市场经济体制建立过程中，将为未来"一师多岗制"的建造师职业创造更多的用武之地。

2. 项目经理管理

目前，我国有关部门颁发的一系列文件和规范，都从各方面确定了项目经理在企业和工程项目管理中的重要地位，也明确了项目经理从属于企业主体的关系。

我国原实行的项目经理资质行政审批制度，实际上也是对企业进入市场在资质人格化上提出的具体要求。实践证明，实行严格的项目经理资质管理，其好处在于有效地遏制了建筑市场的恶性竞争，提高了工程建设质量和项目管理水平。在市场竞争中，只有企业资质的一般条件，而没有项目经理资质的必要条件相呼应，企业的竞争能力就会受到局限。实行资质管理，要求项目经理资质证书与企业资质证书配套使用，离开所服务的企业，项目经理的资质也就失去了效力。

随着项目经理资质行政审批的取消，一个取得相应执业资格的人能否担任项目经理变为由企业决定。项目经理的综合管理能力及其管理素质要求或者资质标准通过行业协会会同企业共同制定和管理来实现，则更适合中国国情。目前我国有关单位合作研究探讨并借鉴国际上先进的做法，建立了一套既与国际接轨又符合我国实际情况的"中国建设工程项目经理职业资格标准"，继续大力推进和持之以恒地进行项目经理的国际化培训和继续教育，建立项目经理工程项目完成评估认证体系，逐步使项目经理的培训认证、业绩评估，使用考核纳入行业的规范化管理。

第六章 建筑工程项目进度管理

第一节 施工项目进度控制原理

一、进度与进度管理的概念

建筑工程项目进度控制是根据建筑工程项目的进度目标，编制经济合理的项目进度计划，并据以检查工程项目进度计划的执行情况，若发现实际执行情况与计划进度不一致时，应及时分析原因，并采取必要的措施对原工程进度计划进行调整或修正的过程。建筑工程项目进度控制是一个动态、循环、复杂的过程，也是一项效益显著的工作，它包括对项目进度目标的分析和论证，在收集资料和调查研究的基础上编制进度计划，跟踪检查和调整的进度计划。

（一）进度与进度指标

进度，通常是指工程项目实施结果的进展情况，在工程项目实施过程中，要消耗时间（工期）、劳动力、材料、成本等才能完成项目的任务，项目实施结果应该以项目任务的完成情况（如工程的数量）来表达。但由于工程项目对象系统（技术系统）的复杂性，常常很难选定一个恰当的、统一的指标来全面反映工程的进度。同时，可能会出现时间和费用与计划都吻合但工程实物进度（工作量）未达到目标，则后期就必须投入更多的时间和费用。

在现代施工项目管理中，人们已赋予进度以综合的含义，即将工程项目任务、工期、成本有机地结合起来，形成一个综合指标，能全面反映项目的实施状况。工程活动包括项目结构图上各个层次的单元，上至整个项目，下至各个具体工作单元（有时直至最低层次网络上的工程活动）。项目进度状况通常是通过各工程活动进度（完成百分比）逐层统计汇总计算得到的。进度指标的确定对进度的表达、计算、控制有很大的影响，通常人们用以下几种量来描述进度。

1. 持续时间

人们常用已经使用的工期与工程的计划工期相比较来描述工程完成程度，但同时应注意区分工期与进度在概念上的不一致性。工程的效率和速度不是一条直线，一般情况下，工程项目开始时工作效率很低、工程速度较低，到工程中期投入最大，工程速度最快，而后期投入又较少。所以，工期进行一半，并不能表示进度达到了一半，在已进行的工期中，有时还存在各种停工、窝工等工程干扰因素，实际效率远低于计划的工作效率。

2. 工程活动的结果状态数量

这主要针对专门的领域，其生产对象和工程活动都比较简单。如混凝土工程按体积管道按长度、预制件按数量，土石方按体积或运载量等计算。特别是当项目的任务仅为完成某个分部工程时，以此为指标比较客观地反映实际状况。

3. 共同适用的某个工程计量单位

由于一个工程有不同的工作单元、子项目，它们有不同性质的工程，必须挑选一个共同的、对所有工作单元都适用的计量单位，最常用的有劳动工时的消耗、成本等。它们有统一性和较好的可比性，即各个工程活动直到整个项目都可用它们作为指标，这样可以统一分析。

（二）进度管理

工程项目进度管理，是指根据进度目标的要求，对工程项目各阶段的工作内容、工作程序、持续时间和衔接关系编制计划，将该计划付诸实施，在实施的过程中，经常检查实际工作是否按计划要求进行，对出现的偏差分析原因，采取补救措施或调整、修改原计划直至工程竣工、交付使用。进度管理的最终目的是确保项目工期目标的实现。

工程项目进度管理是建筑工程项目管理的一项核心管理职能。由于建筑项目是在开放的环境中进行的，置身于特殊的法律环境之下，且生产过程中的人员、工具与设备的流动性、产品的单件性等都决定了进度管理的复杂性及动态性，所以必须加强项目实施过程中的跟踪控制。

进度控制与质量控制、投资控制是工程项目建设中并列的三大目标之一，它们之间有着密切的相互依赖和制约关系。通常，进度加快，需要增加投资，但工程能提前使用就可以提高投资效益；进度加快有可能影响工程质量，而质量控制严格则有可能影响进度，但如因质量的严格控制而不致返工，又会加快进度。因此，项目管理者在实施进度管理工作中，要对三个目标全面系统地加以考虑，正确处理好进度、质量和投资的关系，提高工程建设的综合效益。尤其是对一些投资较大的工程，在采取进度控制措施时，要特别注意其对成本和质量的影响。

二、建筑工程项目进度管理目标的制定

建筑工程项目进度管理目标的制定应在项目分解的基础上确定。其包括项目进度总目标和分阶段目标，也可根据需要确定年、季、月、旬（周）目标，里程碑事件目标等。里程碑事件目标是指关键工作的开始时刻或完成时刻。

在确定施工进度管理目标时，必须全面细致地分析与建设工程项目进度有关的各种有

利因素和不利因素，只有这样才能制订出一个科学、合理的进度管理目标。确定施工进度管理目标的主要依据有：工程总进度目标对施工工期的要求；工期定额类似工程项目的实际进度；工程难易程度和工程条件的落实情况等。

在确定施工进度管理目标时，还要考虑以下几个方面。

1. 对于大型建筑工程项目，应根据尽早提供可动用单元的原则，集中力量分期分批建设，以便尽早投入使用，尽快发挥投资效益。这时，为保证每一动用单元能形成完整的生产能力，就要考虑这些动用单元交付使用时所必需的全部配套项目。因此，要处理好前期动用和后期建设的关系、每期工程中主体工程与辅助及附属工程之间的关系等。

2. 结合本工程的特点，参考同类建设工程的经验来确定施工进度目标，避免只按主观愿望盲目确定进度目标，从而在实施过程中造成进度失控。

3. 合理安排土建与设备的综合施工。按照它们各自的特点，合理安排土建施工与设备基础、设备安装的先后顺序及搭接、交叉或平行作业，明确设备工程对土建工程的要求和土建工程为设备工程提供施工条件的内容及时间。

4. 做好资金供应能力、施工力量配备、物资（包括材料、构配件、设备等）供应能力与施工进度的平衡工作，确保工程进度目标的要求，从而避免工程进度目标落空。

5. 考虑外部协作条件的配合情况，包括施工过程中及项目竣工动用所需的水、电、气、通信、道路及其他社会服务项目的满足程度和满足时间。这些必须与有关项目的进度目标相协调。

6. 考虑工程项目所在地区地形、地质、水文、气象等方面的限制条件。

三、建筑工程项目进度控制的基本原理

1. 动态控制原理

工程项目进度控制是一个不断变化的动态过程。在项目开始阶段，实际进度应按照计划进度的规划进行，但因外界因素的影响，实际进度的执行往往会与计划进度出现偏差，即产生超前或滞后的现象。这时通过分析偏差产生的原因，采取相应的改进措施，调整原来的计划，使二者在新的起点上重合，并通过发挥组织管理作用，使实际进度继续按照计划进行。在一段时间后，实际进度和计划进度又会出现新的偏差。如此，工程项目进度控制出现了一个动态的调整过程，这就是动态控制的原理。

2. 封闭循环原理

建筑工程项目进度控制的全过程是一个计划，实施、检查、比较分析、确定调整措施。再计划的封闭地循环过程。

3. 弹性原理

建筑工程项目的进度计划工期长，影响因素多，故进度计划的编制就会留有空余时间，使计划进度具有弹性。进行进度控制时就应利用这些弹性时间，缩短有关工作的时间，或

改变工作之间的搭接关系，使计划进度和实际进度达到吻合。

4. 信息反馈原理

信息反馈是建筑工程项目进度控制的重要环节，施工的实际进度通过信息反馈给基层进度控制工作人员，在分工的职责范围内，信息经过加工逐级反馈给上级主管部门，最后到达主控制室，主控制室整理统计各方面的信息，经过比较分析做出决策，调整进度计划。进度控制不断调整的过程实际上就是信息不断反馈的过程。

5. 系统原理

工程项目是一个大系统，其进度控制也是一个大系统。进度控制中计划进度的编制受到许多因素的影响，不能只考虑某一个因素或某几个因素。进度控制组织和进度实施组织也具有系统性。因此，建筑工程项目进度控制具有系统性，应该综合考虑各种因素的影响。

6. 网络计划技术的原理

网络计划技术的原理是工程进度控制的计划管理和分析计算的理论基础。在进度控制中既要利用网络计划技术原理编制进度计划，根据实际进度信息比较和分析进度计划，又要利用网络计划的工期优化、工期与成本优化和资源优化的理论技术调整计划。

四、建筑工程项目进度控制的目的

建筑工程项目进度控制的目的是通过控制以实现工程的进度目标。通过进度计划控制，可以有效保证进度计划的落实与执行，减少各单位和部门之间的相互干扰，确保工程项目的工期目标以及质量、成本目标的实现，同时也为可能出现的施工索赔提供依据。

施工方是工程实施的一个重要参与方，许许多多的工程项目，特别是大型重点建设工程项目，工期要求十分紧迫，施工方的工程进度压力非常大。施工方一天两班制施工，甚至 24 小时连续施工时有发生。如果施工方不是正常有序地施工，而盲目赶工，难免会导致施工质量的问题和施工的安全问题，并且会引起施工成本的增加。因而，建筑工程项目进度控制不仅关系到施工进度目标能否实现，还直接关系到工程的质量和成本。在工程施工实践中，必须树立和坚持一个最基本的工程管理原则，即在确保工程质量的前提下，控制工程的进度。为了有效控制施工进度，尽可能摆脱因进度压力而造成工程组织的被动，施工方的有关管理人员应深化理解以下几点。

1. 整个建筑工程项目的进度目标如何确定。

2. 影响整个建筑工程项目进度目标实现的主要因素有哪些。

3. 如何正确处理工程进度和工程质量的关系。

4. 施工方在整个建筑工程项目进度目标实现中的地位和作用。

5. 影响施工进度目标实现的主要因素。

6. 建筑工程项目进度控制的基本理论、方法、措施和手段等。

五、建筑工程项目进度控制的任务

工程项目进度管理是项目施工中的重点控制之一，它是保证工程项目按期完成，合理安排资源供应、节约工程成本的重要措施。建设工程项目不同的参与方都有各自的进度控制的任务，但都应该围绕着投资者早日发挥投资效益的总目标去展开。以下为工程项目不同参与方的进度管理任务和涉及的时段。

1. 业主方

业主方控制整个项目实施阶段的进度。其涉及的时段为设计准备阶段、设计阶段、施工阶段、物资采购阶段、动用前准备阶段等。

2. 设计方

设计方依据设计任务委托合同控制设计进度，满足施工、招投标、物资采购进度协调的要求。其涉及的时段为设计阶段。

3. 施工方

施工方依据施工任务委托合同控制施工进度。其涉及的时段为施工阶段。

4. 供货方

供货方依据供货合同控制供货进度。其涉及的时段为物资采购阶段。

第二节 施工项目进度计划的实施与检查

一、施工进度计划的实施

实施施工进度计划，要做好三项工作，即编制年、月、季、旬、周进度计划和施工任务书，通过班组实施；记录现场实际情况；调整控制进度计划。

1. 编制月、季、旬、周作业计划和施工任务书

施工组织设计中编制的施工进度计划，是按整个项目（或单位工程）编制的，也带有一定的控制性，但还不能满足施工作业的要求。实际作业时是按季、月、旬、周作业计划和施工任务书执行的。

作业计划除依据施工进度计划编制外，还应依据现场情况及季、月、旬、周的具体要求编制。计划以贯彻施工进度计划、明确当期任务及满足作业要求为前。施工任务书是一份计划文件，也是一份核算文件，又是原始记录。它把作业计划下达到班组，并将计划执行与技术管理、质量管理、成本核算、原始记录、资源管理等融合为一体。

施工任务书一般由工长根据计划要求、工程数量、定额标准、工艺标准、技术要求、质量标准、节约措施、安全措施等为依据进行编制。

任务书下达班组时，由工长进行交底。交底内容为交任务、交操作规程、交施工方法、交质量、交安全、交定额、交节约措施、交材料使用、交施工计划、交奖罚要求等。需做到任务明确，报酬预知，责任到人。

施工班组接到任务书后，应做好分工，安排完成，执行中要保质量，保进度，保安全，保节约，保工效高。任务完成后，班组自检，在确认已经完成后，向工长报请验收。工长验收时查数量、查质量、查安全、查用工、查节约，然后回收任务书，交作业队登记结算。

2. 做好施工记录、掌握现场施工实际情况

在施工中，如实记载每项工作的开始日期、工作进程和完成日期，记录每日完成数量，施工现场发生的情况，干扰因素的排除情况。可为计划实施的检查、分析、调整、总结供原始资料。

3. 落实跟踪控制进度计划

检查作业计划执行中的问题，找出原因，并采取措施解决；督促供应单位按进度要求供应资料；控制施工现场临时设施的使用；按计划进行作业条件准备；传达决策人员的决策意图。

二、施工进度计划的检查

（一）检查方法

施工进度的检查与进度计划的执行是融合在一起的。计划检查是对计划执行情况的总结，是施工进度调整和分析的依据。

进度计划的检查方法主要是对比法，即实际进度与计划进度对比，发现偏差，进行调整或修改计划。

1. 用横道计划检查。双线表示计划进度，在计划图上记录的单线表示实际进度。

2. 利用网络计划检查。

（1）记录实际作业时间。例如，某项工作计划为8天，实际进度为7天。

（2）记录工作的开始时期和结束时期。

（3）标注已完成工作。可以在网络图上用特殊的符号、颜色记录其完成部分，如阴影部分为已完成部分。

（二）检查内容

根据不同需要可进行日检查或定期检查。检查的内容包括如下。

1. 检查期内实际完成和累计完成工程量。

2. 实际参加施工的人力、机械数量与计划数。

3. 窝工人数、窝工机械台班数及其原因分析。

4. 进度偏差情况。

5. 进度管理情况。

6. 影响进度的原因及分析。

（三）检查报告

通过进度计划检查，项目经理部应向企业提供月度工进度计划执行情况检查报告，其内容包括以下几点。

1. 进度执行情况综合描述。

2. 实际施工进程图。

3. 工程变更对进度影响。

4. 进度偏差的状况与导致偏差的原因分析。

5. 解决问题的措施。

6. 计划调整意见。

三、进度计划实施中的监测

编制科学、合理的进度计划是实现进度控制的前提，由于各种因素的影响可能使实际进度偏离计划进度，为此，在进度计划的执行过程中，必须采取有效的手段对进度计划的实施过程进行监控，以便及时发现问题，并运用有效的进度调整方法解决问题。

1. 进度监测的系统过程

（1）进度计划执行中的跟踪检查。这是计划执行信息的主要来源，是进度分析和调整的依据，主要包括定期收集进度报表资料、现场实地检查工程进展情况、定期召开现场会议等工作。

（2）实际进度数据的加工处理。为了进行实际进度与计划进度的比较，必须对收集到的实际进度数据进行加工处理，形成与计划进度具有对比性的数据。

（3）实际进度与计划进度的对比分析。将收集的数据进行分析，可以确定工程实际执行状况与计划目标之间的差距，从而得出实际进度比计划进度超前、滞后还是一致的结论。

2. 实际进度与计划进度的比较方法

实际进度与计划进度的比较是工程进度监测的主要环节，常用的进度比较方法有槽道图、S曲线、香蕉曲线、前锋线和列表比较法等。

横道图比较法，是指将项目实施过程中检查实际进度收集到的数据，经加工整理后直接用横道线平行绘制于原计划的横道线处，进行实际进度与计划进度的比较方法。采用横道图比较法，可以形象、直观地反映实际进度与计划进度的比较情况。

S曲线比较法是以横坐标表示时间，纵坐标表示累计完成任务量，绘制一条按计划时间累计完成任务量的S曲线，然后将工程项目实施过程中各检查时间实际累计完成任务量的S曲线也绘制在同一坐标系中，进行实际进度与计划进度比较的一种方法。如图6-1。

同横道图比较法一样，S曲线比较法也是在图上进度实际进度与计划进度的直观比较。通过S曲线可以得出的信息有：工程项目实际进展状况、实际进度比计划进度超前或滞后的时间、实际进度比计划进度超前或拖欠的任务量以及后期工程进度预测情况。

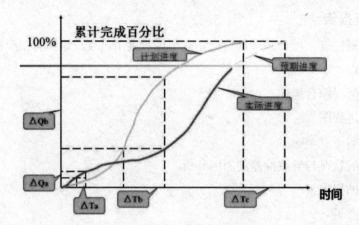

图 6-1 S 曲线比较图

香蕉曲线比较法是由两条 S 曲线组合而成的闭合曲线进行比较的方法。能直观地反映工程项目的实际进展情况，并可以获得比 S 曲线更多的信息。其主要作用有：合理安排工程项目进度计划、定期比较工程项目的实际进度与计划进度、预测后期工程进展趋势。如图 6-2。

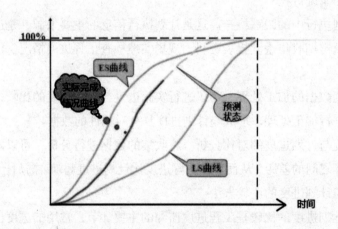

图 6-2 香蕉曲线比较图

前锋线比较法是通过绘制某检查时刻工程实际进度前锋线，进行工程实际进度与计划进度比较的方法，主要适用于时标网络计划。所谓前锋线，是指在原时标网络计划上，从检查时刻的时标点出发，用点画线依次将各项工作实际进度位置点连接而成的折线。如图 6-3。

前锋线比较法就是通过实际进度前锋线与原进度计划中各工作箭线交点的位置来判断工作实际进度与计划进度的偏差，进而判定该偏差对后续工作及总工期影响程度的一种方法。

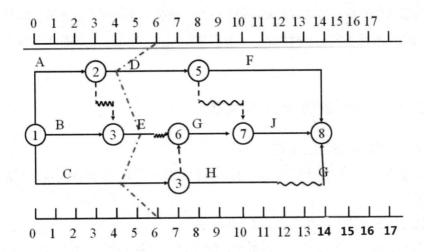

图6-3 某工程前锋线比较图

列表比较法是记录检查日期应该进行的工作名称及其已经作业的时间,然后列表计算有关时间参数,并根据工作总时差进行实际进度与计划进度比较的方法。

第三节　工项目进度比较与计划调整

一、工程进度纠偏措施

1.做好前期准备工作,仔细研究图纸,把图纸问题解决在施工进行前,避免因设计问题导致并影响工程进度。

2.组织足够的材料及机械,劳动队伍来源,比正常施工投入多考虑一定的富余量,满足工程出现特殊情况的需要。

3.编制总进度计划,月进度计划及周进度计划。环环相扣,以周进度保月进度,以月进度保总进度。

4.定期召开月度例会及周例会,动态掌握工程进展状况,实时与计划进行对比,及时采取措施进行纠偏。

5.当出现进度偏差时,要及时进行分析研究,查明偏差出现原因,并制定出切实可行的纠偏计划。

6.当出现偏差时,首先考虑改进施工方案,采用更合理更先进的施工技术方法进行纠偏。

7.加大工程投入,调集备用的机械,材料供应商及劳动力队伍,以加大投入的方式加快进度。

8.合理安排交叉轮班施工，采取夜间加班等，延长工作时间的方式进行纠偏。

9.当周产生的偏差力争下周赶上，当月产生的偏差下月赶上，不能因忽视或其他原因造成偏差积累。

二、施工项目进度计划的调整

（一）分析进度偏差的影响

通过前述的进度比较方法，当判断出现进度偏差时，应当分析该偏差对后续工作和对总工期的影响。

1.分析进度偏差的工作是否为关键工作

若出现偏差的工作为关键工作，则无论偏差大小，都对后续工作及总工期产生影响，必须采取相应的调整措施，若出现偏差的工作不为关键工作，需要根据偏差值与总时差和自由时差的大小关系，确定对后续工作和总工期的影响程度。

2.分析进度偏差是否大于总时差

若工作的进度偏差大于该工作的总时差，说明此偏差必将影响后续工作和总工期，必须采取相应的调整措施，若工作的进度偏差小于或等于该工作的总时差，说明此偏差对总工期无影响，但它对后续工作的影响程度，需要根据比较偏差与自由时差的情况来确定。

3.分析进度偏差是否大于自由时差

若工作的进度偏差大于该工作的自由时差，说明此偏差对后续工作产生影响，应该如何调整，应根据后续工作允许影响的程度而定；若工作的进度偏差小于或等于该工作的自由时差，则说明此偏差对后续工作无影响，故原进度计划可以不做调整。

经过如此分析，进度控制人员可以确认应该调整产生进度偏差的工作和调整偏差值的大小，以便确定采取调整措施，获得新的符合实际进度情况和计划目标的新进度计划。

（二）施工项目进度计划的调整方法

在对实施的进度计划分析的基础上，应确定调整原计划的方法，一般主要有以下两种。

1.改变某些工作间的逻辑关系

若检查的实际施工进度产生的偏差影响了总工期，在工作之间的逻辑关系允许改变的条件下，改变关键线路和超过计划工期的非关键线路上的有关工作之间的逻辑关系，达到缩短工期的目的。用这种方法调整的效果是很显著的，例如，可以把依次进行约有关工作改变平行的或互相搭接的以及分成几个施工段进行流水施工的等都可以达到缩短工期的目的。

2.缩短某些工作的持续时间

这种方法是不改变工作之间的逻辑关系，而是缩短某些工作的持续时间，以使施工进度加快，并保证实现计划工期的方法。这些被压缩持续时间的工作是位于因实际施工进度的拖延而引起总工期增长的关键线路和某些非关键线路上的工作。同时，这些工作又是可压缩持续时间的工作。

当现场的施工进度计划表经过监理和业主认可以后，施工单位就要不折不扣的执行。

（1）但在实际施工过程中一般不可能完全执照原进度计划走的，这就产生了进度偏差的问题。甲方规定的大的进度节点是不能变的，只能调整中间的过程进度。

（2）我们通常由周计划保月计划，再由月计划保季度计划的，从而从根本上保证整个进度计划的完成。

（3）现在发现进度计划慢了，就应该是要求施工提出措施方案，把滞后的进度赶上来啊，它可以通过增加劳动力（有工作面的情况下）、增加施工机械的数量、延长施工时间24小时作业、施工单位缺少资金的情况下甲方预借资金给施工单位渡过难关等等方案。总之，必须要求施工单位在下一个计划期内把进度抢出来。并且要求施工单位承诺此事，如不能及时完成计划可以适当给予罚款处理。

施工进度计划的调整依据进度计划检查结果。调整的内容包括：施工内容；工程量；起止时间；持续时间；工作关系；资源供应等。调整施工进度计划采用的原理、方法与施工进度计划的优化相同，包括：单纯调整工期；资源有限—工期最短调整；工期固定—资源均衡调整；工期—成本调整。

单纯调整（压缩）工期时只能利用关键线路上的工作，并且要注意三点：一是该工作要有充足的资源供应；二是该工作增加的费用应相对较少；三是不影响工程的质量、安全和环境。在进行工期—成本调整时，要选择好调整对象。调整的原则是：调整的对象必须是关键工作，该工作有压缩的潜力，并且与其他可压缩对象相比，赶工费是最低的。

调整施工进度计划的步骤如下：分析进度计划检查结果，确定调整的对象和目标；选择适当的调整方法；编制调整方案；对调整方案进行评价和决策；调整；确定调整后付诸实施的新施工进度计划。

第七章　建设工程项目质量管理

第一节　工程项目质量的形成过程和影响因素

一、工程项目质量的基本概念

1. 工程项目质量的表述

工程项目质量是一个广义的质量概念，它由工程实体质量和工作质量两个部分组成。其中，工程实体质量代表得是狭义的质量概念；工程实体质量可描述为"实体满足明确或隐含需要能力的特性之和"，上述定义中"实体"是质量的主体，它可以指活动、过程、活动或过程的有形产品、无形产品，某个组织体系或个人及以上各项的集合。"明确需要"，是指在合同环境或法律环境中由用户明确提出并通过合同、标准、规范、图纸、技术文件做出明文规定，由生产企业保证实现的各种要求。"隐含需要"，是指在非合同环境或市场环境中由生产企业通过市场调研探明而并未由用户明确提出的种种隐蔽性需要，其含义一是指用户或社会对实体的期望；二是指人所公认的、不言而喻的不必作出规定的需要，如住宅产品实体能够满足人的最起码的居住要求即属于此类需要。"特性"，是指由"明确需要"或"隐含需要"转化而来的，可用定性或定量指标加以衡量的一系列质量属性，其主要内容则包括适用性、经济性、安全性、可信性、可靠性、维修性、美观性以及与环境的协调性等方面的质量属性。工程实体质量又可称为工程质量，与建设项目的构成相呼应，工程实体质量通常还可区分为工序质量、分项工程质量、分部工程质量、单位工程质量和单项工程质量等各个不同的质量次单元。

工作质量，是指为了保证和提高工程质量而从事的组织管理、生产技术、后勤保障等各方面工作的实际水平。工程建设过程中，按内容组成，工作质量可区分为社会工作质量和生产过程工作质量。其中，前者是指围绕质量课题而进行的社会调查、市场预测、质量回访等各项有关工作的质量；后者则是指生产工人的职业素质、职业道德教育工作质量、管理工作质量、技术保证工作质量和后勤保障工作质量等。而按照工程建设项目实施阶段的不同，工作质量还可具体区分为决策、计划、勘察、设计、施工、回访保修等各不同阶段的工作质量。工程质量与工作质量的两者关系，体现为前者是后者的作用结果，而后者则是前者的必要保证。项目管理实践表明：工程质量的好坏是建筑工程产品形成过程中各阶段各环节工作质量的综合反映，而不是依靠质量检验检查出来的。要保证工程质量就需要求项目管理实施方有关部门和人员精心工作，对决定和影响工程质量的所有因素严格控制，即通过良好的工作质量来保证和提高工程质量。

综上所述，工程建设项目质量是指能够满足用户或社会需要的并由工程合同、有关技术标准、设计文件、施工规范等具体详细设定其适用、安全、经济、美观等特性要求的工程实体质量与工程建设各阶段、各环节的工作质量的总和。工程建设项目质量的衡量标准可以随着具体工程建设项目和业主需要的不同而存在差异，但通常均可包括如下主要内涵。

（1）在项目前期工作阶段设定项目建设标准、确定工程质量要求。

（2）确保工程结构设计和施工的安全性、可靠性。

（3）出于工程耐久性考虑，对材料、设备、工艺、结构质量提出要求。

（4）对工程项目的其他方面如外观造型与环境的协调效果，项目建造运行费用及可维护性，可检查性提出要求。

（5）要求工程投产或投入使用后生产的产品（或提供的服务）达到预期质量水平，工程适用性、效益性、安全性、稳定性良好。

2. 工程项目质量的特点

由于工程建设项目所具有的单项性、一次性和使用寿命的长期性及项目位置固定、生产流动、体积大、整体性强、建设周期长、施工涉及面广、受自然气候条件影响大，且结构类型、质量要求、施工方法均可因项目不同而存在很大差异等特点，从而使工程建设项目建设成为一个极其复杂的综合性过程，故工程建设项目质量亦相应地形成以下6种特点。

（1）影响质量的因素多

如设计、材料、机械设备、地形、地质、水文、气象、施工工艺、施工操作方法、技术、措施、管理制度等等，均可直接影响工程建设项目质量。

（2）设计原因引起的质量问题显著

按实际工作统计，在我国近年发生的工程质量事故中，由设计原因引起的质量问题占据相当大的比例，其他质量问题则分别由施工责任、材料使用等因素引起，设计工作质量已成为引起工程质量问题的原因。因此为确保工程建设项目质量，严格设计质量控制便成为一个十分重要的环节。

（3）容易产生质量变异

质量变异，是指由于各种质量影响因素发生作用引起产品质量问题存在差异。月量变异可分为正常变异和非正常变异。前者是指由经常发生但对质量影响不大的偶然性因素引起质量正常波动而形成的质量变异；后者则是指由不经常发生但对质量影响很大的系统性因素引起质量异常波动而形成的质量变异。偶然性因素如材料的材质不均匀，机械设备的正常磨损，操作细小差异，一天中温度、湿度的微小变化等等，其特点是无法或难以控制且符合规定数量的样本，其质量特征值的检验结果服从正态分布；系统性因素如使用材料的规格品种有误、施工方法不妥、操作未按规程、机械故障、仪表失灵、设计计算错误等等，其特点则是可控制、易消除且符合规定数量的样本其质量特征值的检验结果不呈现正态分布。由于工程建设项目施工不像工业产品生产那样有规范化的生产工艺和完善的检测技术，成套的生产设备和稳定的生产环境，有相同系列规格和相同功能的产品，因此影响工程建设项目质量的偶然性和系统性因素甚多，特别是由系统性因素引起的质量变异，严重时可导致重大工程质量事故。为此，项目实施过程中应十分注重查找造成质量异常波动的原因并全力加以消除，严防由系统性因素引起的质量变异，从而把质量变异控制在偶然性因素发挥作用的范围之内。

（4）容易产生判断错误

工程建设项目施工建造工序交接多、产品多、隐蔽工程多，若不及时检查实质，事后再看表面，就容易产生第二类判断错误即容易将不合格产品，认为是合格产品；另外，若检查不认真，测量仪表不准，读数有误，则会产生第一类判断错误，将合格产品认定为不合格产品。

（5）工程产品质量终检局限大

工程建设项目建成后，不可能像某些工业产品那样，再拆卸或解体检查其内在、隐蔽的质量，即使发现有质量问题，也不可能采取"更换零件""包换"或"退款"方式解决与处理有关质量问题，因而工程建设项目质量管理应特别注重质量的事前、事中控制，以防患于未然，力争将质量问题消灭于萌芽状态。

（6）质量要受投资、进度要求的影响

工程建设项目的质量通常要受到投资、进度目标的制约。一般情况下，投资大、进度慢，工程质量就好；反之则工程质量差。项目实施过程中。质量水平的确定尤其要考虑成本控制目标的要求，鉴于因质量问题预防成本和质量鉴定成本所组成的质量保证费用随着质量水平的提高而上升，产生质量问题后所引起的质量损失费用则随着质量水平的提高而下降，这样由保证和提高产品质量而支出的质量保证费用，及由于未达到相应质量标准而产生的质量损失费用，两者相加而得的工程质量成本必然存在一个最小取值，这就是最佳质量成本。在工程建设项目质量管理实践中，最佳质量成本通常是项目管理者订立质量目标的重要依据。

3. 工程项目的阶段划分及不同阶段对工程建设项目质量的影响

工程项目实施需要依次经过由建设程序所规定的各个不同阶段。工程建设的不同阶段，对工程项目质量的形成所起的作用则各不相同。对此可分述如下。

（1）项目可行性研究阶段对工程项目质量的影响

项目可行性研究是运用工程经济学原理，在对项目投资有关技术、经济、社会、环境等各方面条件进行调查研究的基础之上，对各种可能的拟建投资方案及其建成投产后的经济效益、社会效益和环境效益进行技术分析论证，以确定项目建设的可行性，并提出最佳投资建设方案作为决策、设计依据的一系列工作过程。项目可行性研究阶段的质量管理工作，是确定项目的质量要求，因而这一阶段必然会对项目的决策和设计质量产生直接影响，它是影响工程建设项目质量的首要环节。

（2）项目决策阶段对工程项目质量的影响

项目决策阶段质量管理工作的要求，是确定工程建设项目应当达到的质量目标及水平。工程建设项目建设通常要求从总体上同时控制工程投资、质量和进度。但鉴于上述三项目标是互为制约的关系，要做到投资、质量、进度三者的协调统一，达到业主最为满意的质量水平，必须在项目可行性研究的基础上通过科学决策，来确定工程建设项目所应达到的质量目标及水平。所以决策阶段提出的建设实施方案是对项目目标及其水平的决定。它是影响工程建设项目质量的关键阶段。

（3）设计阶段对工程项目质量的影响

工程项目设计阶段质量管理工作的要求，是根据决策阶段业已确定的质量目标和水平，通过工程设计而使之进一步具体化。设计方案技术上是否可行，经济上是否合理，设备是否完善配套，结构使用是否安全可靠，都将决定项目建成之后的实际使用状况，因此设计阶段必然影响项目建成后的使用价值和功能的正常发挥，它是影响工程建设项目质量的决定性环节。

（4）施工阶段对工程项目质量的影响

工程建设项月施工阶段，是根据设计文件和图纸的要求通过施工活动而形成工程实体的连续过程。因此，施工阶段质量管理工作的要求是保证形成工程合同与设计方案要求的工程实体质量，这一阶段直接影响工程建设项目的最终质量，它是影响工程建设项目质量的关键环节。

（5）竣工验收阶段对工程项目质量的影响

工程建设项目竣工验收阶段的质量管理工作要求通过质量检查评定、试车运转等环节考核工程质量的实际水平是否与设计阶段确定的质量目标水平相符，这一阶段是工程建设项目自建设过程向生产使用过程发生转移的必要环节，它体现得是工程质量水平的最终结果。因此工程竣工验收阶段影响工程能否最终形成生产能力，它是影响工程建设项目质量的最后一个重要环节。

二、工程项目质量控制的基本概念

1. 工程项目质量控制

质量控制，是指在明确的质量目标条件下通过行动方案和资源配置的计划、实施、检查和监督来实现预期目标的过程。

工程项目质量控制则是指在工程项目质量目标的指导下，通过对项目各阶段的资源、过程和成果所进行的计划、实施、检查和监督过程，以判定它们是否符合有关的质量标准，并找出方法消除造成项目成果不令人满意的原因。该过程贯穿于项目执行的全过程。

质量控制与质量管理的关系和区别在于，质量控制是质量管理的一部分，致力于满足质量要求，如适用性可靠性、安全性等。质量控制属于为了达到质量要求所采取的作业技术和管理活动，是在有明确的质量目标条件下进行的控制过程。工程项目质量管理是工程项目各项管理工作的重要组成部分，它是工程项目从施工准备到交付使用的全过程中，为保证和提高工程质量所进行的各项组织管理工作。

2. 工程项目的质量总目标

工程项目的质量总目标由业主提出，是对工程项目质量提出的总要求，包括项目范围的定义、系统构成、使用功能与价值、规格以及应达到的质量等级等。这一总目标是在工程项目策划阶段进行目标决策时确定的。从微观上讲，工程项目的质量总目标还要满足国家对建设项目规定的各项工程质量验收标准以及使用方（客户）提出的其他质量方面的要求。

3. 工程项目质量控制的范围

工程项目质量控制的范围包括勘察设计、招标投标、施工安装和竣工验收四个阶段的质量控制。在不同的阶段，质量控制的对象和重点不完全相同，需要在实施过程中加以选择和确定。

4. 工程项目质量控制与产品质量控制的区别

项目质量控制相对产品来说，是一个复杂的非周期性过程，各种不同类型的项目，其区域环境、施工方法、技术要求和工艺过程可能不尽相同，因此工程项目的质量控制更加困难。主要的区别有以下五点。

（1）影响因素多样性

工程项目的实施是一个动态过程，影响项目质量的因素也是动态变化的。项目在不同阶段、不同施工过程，其影响因素也不完全相同，这就造成工程项目质量控制的因素众多，使工程项目的质量控制比产品的质量控制要困难的多。

（2）项目质量变异性

工程项目施工与工业产品生产不同，产品生产有固定的生产线以及相应的自动控制系统、规范化的生产工艺和完善的检测技术，有成套的生产设备和稳定的生产环境，有相同系列规格和相同功能的产品。同时，由于影响工程项目质量的偶然性因素和系统性因素都较多，因此很容易产生质量变异。

（3）质量判断难易性

工程项目在施工中，由于工序交接多，中间产品和隐蔽工程多，造成质量检测数据的采集、处理和判断的难度加大，由此容易导致对项目的质量状况做出错误判断。而产品生产有相对固定的生产线和较为准确、可靠的检测控制手段，所以，更容易对产品质量做出正确的判断。

（4）项目构造分解性

项目建成后，构成一项建筑（或土木）工程产品的整体，一般不能解体和拆分，其中有的隐蔽工程内部质量的检测，在项目完成后很难再进行检查。对已加工完成的工业产品，一般都能在一定程度上予以分解、拆卸，进而可再对各零部件的质量进行检查，达到产品质量控制的目的。

（5）项目质量的制约性

工程项目的质量受费用工期的制约较大，三者之间的协调关系不能简单地偏顾一方，要正确处理质量、费用、进度三方关系，在保证适当、可行的项目质量基础上，使工程项目整体最优。而产品的质量标准是国家或行业规定的，只需完全按照有关质量规范要求进行控制，不受生产时间、费用的限制。

三、工程项目质量形成的影响因素

1. 人的质量意识和质量能力

人是工程项目质量活动的主体，泛指与工程有关的单位、组织和个人，包括建设单位、勘察设计单位、施工承包单位、监理及咨询服务单位、政府主管及工程质量监督监测单位以及策划者、设计者、作业者和管理者等。人既是工程项目的监督者又是实施者，因此，人的质量意识和控制质量的能力是最重要的一项因素。这一因素集中反映在人的素质上，包括人的思想意识、文化教育、技术水平、工作经验以及身体状况等，都直接或间接地影响工程项目的质量。从质量控制的角度，则主要考虑从人的资质条件、生理条件和行为等方面进行控制。

2. 工程项目的决策和方案

项目决策阶段是项目整个生命周期的起始阶段，这一阶段工作的质量关系到全局。这一阶段主要是确定项目的可行性，对项目所涉及的领域、投融资、技术可行性、社会与环境影响等进行全面的评估。在项目质量控制方面的工作是在项目总体方案策划基础上确定项目的总体质量水平。因此可以说，这一阶段从总体上明确了项目的质量控制方向，其成果将影响项目总体质量，属于项目质量控制工作的一种质量战略管理。工程项目的施工方案措施工技术方案和施工组织方案。施工技术方案包括施工的技术、工艺、方法和相应的施工机械、设备和工具等资源的配置。因而组织设计、施工工艺、施工技术措施、检测方法、处理措施等内容都直接影响工程项目的质量形成，其正确与否、水平高低不仅影响到施工质量，还对施工的进度和费用产生重大影响。所以，对工程项目施工方案应从技术、组织、管理、经济等方面进行全面分析与论证，确保施工方案既能保证工程项目质量，又能加快施工进度并降低成本。

3. 工程项目材料

项目材料方面的因素包括原材料、半成品、成品、构配件、仪器仪表和生产设备等，属于工程项目实体的组成部分。这些因素的质量控制主要有采购质量控制，制造质量控制，材料、设备进场的质量控制，材料、设备存放的质量控制。

4.施工设备和机具

施工设备和机具是实现工程项目施工的物质基础和手段，特别对于现代化施工必不可少。施工设备和机具的选择是否合理、适用、先进，直接影响工程项目的施工质量和进度。故要对施工设备和机具的使用培训、保养制度、操作规程等加以严格管理和完善，以保证和控制施工设备与机具达到高效率和高质量的使用水平。

5.施工环境

影响工程项目施工环境的因素主要包括三个方面：工程技术环境、工程管理环境和劳动环境等。

第二节　建筑工程项目质量控制

1.施工准备阶段的质量控制方法

施工质量控制必须控制到位，使工程中的每一个环节都处于监控状态中，质量隐患才能被及时发现，所以质量控制是动态的、全过程、全方位的。管理人员要做好每一步流程的把关纠偏工作。施工前期主要为施工过程做准备，在前期要将施工中需要的物资和人员等准备就位，具体的施工质量控制内容和措施是施工单位针对施工内容建立质量管理体系完善质量管理制度和配套的考核体系，构建质量管理机构。项目负责人要组织所有的人员对图纸进行分析，以做好技术交底和质量交底工作，使人员都对施工质量都有全面认识。施工人员要对施工测量资料进行研究和复核。

施工单位还要做好现场整理工作，使材料设备等物资得到合理安排，保证这些物资在采购、运输、储存、应用等环节的协调配合工作。

2.施工过程中的质量控制方法

施工过程中，基础工程、混凝土工程以及其他结构工程是施工人员的主要施工任务，这些工程项目的施工质量要想得到保证，就要从入料机以及技术验收等方面入手。例如在材料应用前，做好质量检查工作，对混凝土等材料还要做好配比试验和性能试验，在设备应用中，要对机械的性能参数和设备本身组装质量、设备与设备之间的综合配套质量进行核实。在利用设备进行测量施工等工作时，还要保证设备正常运行。每一道施工工序中均有各自的施工控制点，施工人员还要特别注意这些控制点的施工质量，每一道工序施工完毕，必须进行严格的质量验收工作，要对验收记录进行复核。在施工中还要做好施工变更和设计变更的处理工作，使其不会对施工质量造成影响。另外，管理人员还要对相关的其他施工目标实现过程进行把关，使其不会对施工质量造成间接影响。每一道工序施工完毕，还要做好保养维护工作，直到该结构的强度或其他性能满足施工要求为止。

3.竣工验收阶段的质量控制方法

竣工验收阶段也是质量控制要点，此时的质量隐患不容易被发现，但隐患遗留到后期。

就会造成严重的质量问题或事故。首先管理人员要辅助项目负责人，对工程施工的相关资料进行采集和整理，隐蔽工程记录及各种质量记录。工程质量验收要由专业的技术人员完成，现场验收出来的质量隐患，一定要及时处理。工程只有全部符合质量要求，验收部门才能颁发相关证书。但建筑工程在未交付使用之前，还要持续做好整体的维护与保养。

第三节　质量控制的统计分析方法

1. 分层法

（1）由于工程质量形成的影响因素多，故对工程质量状况的调查和质量问题的分析，必须分门别类地进行，以便准确有效地找出问题及其原因，这就是分层法的基本思想。

（2）例如，一个焊工班组有A、B、C三位工人实施焊接作业，共抽检60个焊接点，发现有18点不合格占30%。问题究竟出在哪里？根据分层调查的统计数据表可知，主要是作业工人C的焊接质量影响了总体的质量水平。

（3）调查分析的层次划分，根据管理需要和统计目的，通常可按照以下分层方法取得原始数据。

按时间分：月、日、上午、下午、白天、晚间、季节。

按地点分：地域、城市、乡村、楼层、外墙、内墙。

按材料分：产地、厂商、规格、品种。

按测定分：方法、仪器、测定人、取样方式。

按作业分：工法、班组、工长、工人、分包商。

按工程分：住宅、办公楼、道路、桥梁、隧道。

按合同分：总承包、专业分包、劳务分包。

2. 因果分析图法

（1）因果分析图法，也称为质量特性要因分析法，其基本原理是对每一个质量特性或问题，采用如图所示的方法，逐层深入排查可能原因。然后确定其中最主要原因，进行有的放矢的处置和管理。图中表示混凝土强度不合格的原因分析，其中，第一层面从人、机械、材料、施工方法和施工环境进行分析；第二层面、第三层面，以此类推。

（2）使用因果分析图法时，应注意以下事项。

⑴一个质量特性或一个质量问题使用一张图分析。

⑵通常采用QC小组活动的方式进行，集思广益，共同分析。

⑶必要时可以邀请小组以外的有关人员参与，广泛听取意见。

⑷分析时要充分发表意见，层层深入，列出所有可能的原因。

⑸在充分分析的基础上，由各参与人员采用投票或其他方式，从中选择1~5项多数人达成共识的最主要原因。

3. 直方图法

（1）直方图的主要用途是：整理统计数据，了解统计数据的分布特征，即数据分布的集中或离散状况，从中掌握质量能力状态；观察分析生产过程质量是否处于正常、稳定和受控状态以及质量水平是否保持在公差允许的范围内。

（2）直方图法的应用，首先是收集当前生产过程质量特性抽检的数据，然后制作直方图进行观察分析，判断生产过程的质量状况和能力。

第四节　建设工程项目质量改进和质量事故的处理

一、质量改进措施

1. 现今建筑质量中存在的问题

近几年，国内房地产业的发展突飞猛进。由于建设数量过多建设速度过快，随之暴露出不少建筑质量问题，大致可归纳为以下几个方面。

（1）偏重土建质量，忽视功能和配套设施及设备的质量。

（2）偏重表面质量，忽视隐蔽质量。

（3）偏重施工进度，不顾质量抢工期。

2. 影响建筑质量的主要因素

建筑工程项目的质量控制和管理是一项复杂多变的过程系统管理工程，其特点是牵扯的部门多环节多等，从政府审批、规划、设计、招标、施工、监理、验收等各个部门和环节都密切相关，每个环节都要各尽其职，才能保证建筑工程项目的质量。

（1）人的素质是首要的因素

建筑工程项目的质量控制和有效管理首先是人的因素，包括建设单位、监理公司、施工企业的领导者的理论水平和管理水平。建设单位领导者是建筑工程项目的组织者、决策者，其综合素质是决定建筑工程项目是否具有前瞻性、实用性、功能性、美观性等的关键；监理单位监理工程师的素质是建筑工程项目质量的重要保证；施工单位管理、技术工程师的素质是建筑工程项目质量的根本保证。总之，人的因素贯穿到每一个建筑工程项目的每一个环节，是确保建筑工程项目的质量控制和有效管理的决定性因素。

（2）材料质量是保证工程质量的关键因素

据统计资料分析，建筑工程中材料费用约占总投资的70%，因此，建筑材料无疑是保证建筑工程质量的关键因素。建立质量保证体系，包括建立以建筑材料、产品为中心的质量责任制，建筑材料包括原材料、成品、半成品、构配件等，施工所用的建筑材料必须经过对材料的成分、物理性能、化学性能、机械性能等测试检验程序，把好材料质量关必须做到以下几点。

1）采购人员应具备良好的政治素质及道德修养，较强的专业知识，熟悉建筑材料基本性能，备一定的材料质量鉴别能力。

2）随时掌握材料造价信息，招标优选供货厂家。

3）按合同和施工进度的要求，能及时组织材料供应，确保正常施工。

4）严格执行材料试验、检验程序，杜绝不合格材料进场。

5）进场的建筑材料要完善现场管理措施，做好合理使用。

（3）机械设备是工程质量的保障

建筑施工企业的机械化程度代表着建筑施工企业的实力品牌和施工水平，也体现了施工企业的管理水平。采用先进的机械化设备能明显保证和提高施工质量，确保达到施工设计的技术要求和指标。建筑单位和施工企业必须综合考虑施工设计方案、施工现场条件、建筑结构形式、施工工艺、建筑技术经济水平等因素，合理选择机械类型和性能参数，合理使用机械设备。施工技术、操作人员应熟悉机械设备操作规程，加强对施工机械设备的保养、维修和管理，保证机械设备能正常运行。

（4）工程造价过低原因

房屋工程的质量问题和工程的造价有直接的关系，造价过低，会增加施工企业经营压力而疏于管理，材料质无保证，甚至偷工减料。如当前铝塑门窗的质量问题是比较普遍存在的，铝塑型材的厚度在外观上虽然达到设计要求，但是材质不均匀，铝材薄质量差，密封条太小，窗锁不能很好咬合等，这是施工企业选用价格低廉的材料与配件造成的。有的建筑物屋面防水材料不能选用档次较高的新型防水材料而多是选用低档的防水卷材造成屋面防水层耐久性差，容易产生渗漏；在室内装修部分，如吸顶灯不选用玻璃或瓷质的灯罩，而是选用塑料灯罩所以就出现了塑料灯罩未等交付使用，即已老化，稍碰即碎。房屋工程的投资价格应严格控制，应当符合使用要求，适当的节约而不是盲目的压低造价，由于部分工程受到盲目压低造价的影响，造成"低价低质"的局面，这也是产生质量问题的重要原因之一。

（5）安全生产是建筑工程质量的有效控制和管理的重要保证

参加施工建设单位共同抓好建筑工程的安全生产，建立和制定完善的安全生产制度体系；施工单位认真制订和落实各项制度，配备安全设备和安全管理一员，实行文明施工；建设和监理单位要经常检查督促，健全施工管理制度。只有抓住施工过程的安全生产，才能稳定施工队伍，不影响工期，也确保了建筑工程质量的有效控制和管理。

3.提高建筑质量的有效途径

（1）建立完善竞争、约束、监督机制

一要按公平、公开、公正的原则，广泛实行竞争上岗，通过建立竞争机制，提高工作效率，激发学习热情，增强劳动积极性；二要订各项规章制度，促使相关人员严格按技术标准和规范施工作业，推进工程质量和文明施工水平的提高；三要建立全方位的质量与责任追究机制，实行目标管理，建立劳力、材料、设备市场，加强对人工费、材料费、设备费、管理费的控制。

（2）加强成本管理和质量管理，切实做到安全文明施工

项目管理的核心是成本管理，要建立成本管理的责任体系与运行机制，把建筑公司作为项目成本管理的中心，负责合同成本目标的总控制，以通过对合同单价的分解、调整、综合、平衡，确定内部核算单价，提出目标成本指导性计划，对作业层成本运行与管理进行指导和监督。为确保工程施工质量，要注重对职工进行质量安全教育，强化全员质量意识和安全意识，建立质量、安全管理重奖重罚制度。

（3）强化建筑项目目标责任制

强化建筑项目目标责任制是完成和达到建筑工程项目合同指标、实现建筑工程项目质量的控制和管理的根本保证。建筑工程项目是一个庞大系统的工程，包含了层层的互相连接的承包关系，按照"分项保分部、分部保单位工程"的原则，把质量总目标进行层层分解，研究确定每一个分部、分项工程的质量目标。并针对每个分项工程的技术要求和施工的难易程度，结合施工人员的技术水平和业务素质，确定质量管理和监控重点。写出详细的书面交底和质量保证措施，参加施工的所有人员进行技术交底、目标明确、职责分明。将工程项目作为一个系统工程管理，管理包括计划、组织、指挥、协调、控制、检查等。建设、施工、监理单位等加强信息反馈与调控，实现各层次项目目标指标，最终实现建筑工程项目达到的目标。

（4）强化协作单位管理

建筑工程项目包含土建、水、暖、电、安装等，是一项复杂而庞大的系统工程，往往是多工种、全方位交叉作业，协作性强，管理难度大。各层次的分包工程单位互相衔接，各单位良好的协作关系，对实现项目质量总目标是至关重要。特别在一般设计无规定、规范要求不明确，必须依靠现场施工技术人员经验和技术水平进行合理处理，现场管理的重点应放存合理安排交叉作业、施工工序、分项工程施工顺序等。同时，合理安排施工时间和空间、分项工程技术间歇、人力调配等，以保证工期。所以，强化协作单位管理也是保证施工工期和有效控制和管理建筑工程项目质量的重要素质之一。

二、事故处理案例

（一）案例一

1. 背景

某工业厂房工程采用地梁基础施工，按照已审批的施工方案组织实施。在第一区域的施工过程中，材料已送检。为了在停电（季度）检查保养系统电路之前完成第一区域基础的施工，施工单位负责人未经监理工程师许可，在材料送检还没有得到检验结果时，擅自决定进行混凝土施工。待地梁混凝土浇筑完毕后，发现水泥试验报告中某些检验项目质量

不合格。造成该分部工程返工拆除重做，工期延误 16 天，经济损失达 20000 元并造成一定的信誉影响。

2.问题

（1）施工单位未经监理工程师许可即进行混凝土浇筑施工，该做法是否正确？如果不正确，正确做法是什么？

（2）为了保证该工业厂房工程质量达到设计和规范的要求，施工单位应该对进场原材料如何进行质量控制？

（3）阐述材料质量控制的要点是什么？

（4）材料质量控制的主要内容有哪些？

（5）如何处理该质量不合格项？

3.分析

（1）施工单位未经监理工程师许可即进行梁基础的混凝土浇筑的做法是完全错误的。正确的做法应该是：施工单位在水泥运进场之前，应向监理单位提交"工程材料报审表"，并附上该水泥的出厂合格证及相关的技术说明书，同时按规定将此批号的水泥检验报告附上，经监理工程师审查并确定其质量合格后，方可进入现场。

（2）材料质量控制的主要方法有：严格检查验收、建立管理台账，进行收、发、储、运等环节的技术管理；正确合理地使用，避免混料和将不合格的材料使用到工程上去，应使其形成闭环管理，并具有可追溯性。

（3）材料质量控制的要点有：掌握材料信息，优选供货厂家。与信誉好、质量稳定、服务周到的供货商建立长期的合作；合理组织材料供应，从经过专家评审通过的合格材料供应商中购货，按计划确保施工正常进行；科学合理地进行材料的使用，减少材料的浪费和损失；应注重材料的使用认证及辨识，以防止错用或使用不合格的材料；加强材料的检查验收，严把材料入场的质量关；加强现场材料的使用管理。

（4）材料质量控制的主要内容有：材料的质量标准，材料的取样，材料的性能，试验方法，材料的使用范围和施工要求等。

（5）如果是重要的检验项目不合格，会影响到工程的结构安全，则应推倒重来，拆除重做。

即使经济上受到一些损失，但工程不会再出现问题。并且这种对工程认真负责的态度也会得到业主的肯定，在质量问题上会更信任施工方。

如果不是重要的检验项目质量不合格，且不会影响到工程的结构安全，可进行必要的工程修复以达到合格，满足使用要求。

（二）案例二

1.背景

某钢铁公司新上一个焦化工程项目，施工企业根据业主的要求编制了施工进度计划。

在三个风机设备的基础施工阶段，材料已送检。为了确保施工进度计划，按节点完成，施工单位负责人未经监理许可，在材料试验报告未返回前擅自施工，将设备基础浇筑完毕后，发现混凝土试验报告中某些检验项目的质量不合格。如果返工重新施工，工期将拖延 20 天，经济损失达 2.6 万元。

2. 问题

（1）施工单位未经监理许可即进行混凝土浇筑，这样做对不对，如果不对，应如何做？

（2）为了确保该项目设备基础的工程质量达到设计和规范要求，施工单位如何对进场材料进行质量控制？

（3）施工单位在材料质量控制方面应掌握哪些要点？

（4）材料质量控制的内容有哪些？

3. 分析

（1）施工单位未经监理许可即进行三个风机设备的基础混凝土浇筑的做法是不对的。施工单位不应该在材料送检报告未出来之前进行混凝土浇筑，应该合理调整施工进度计划，先组织已具备条件的工序部位作业，待送检报告出来后，经检验确认其质量合格后，才允许材料进场组织施工。为保证三个风机基础施工进度计划的按期完成，可组织职工三班连续作业施工，确保节点按期完成。

（2）施工单位对材料质量控制可采用严格检查验收，正确合理使用的方法。建立健全材料管理台账，进行收支储运等环节的技术管理：材料在储备过程中要分类堆放，并要做好材料标识、工作、避免混料和不合格的原材料使用到工程中。

（3）施工单位在材料质量控制方向应掌握以下要点。

1）及时掌握材料信息，选择好的材料厂家供货。

2）按材料计划，及时组织材料供应以确保工程顺利施工。

3）强化材料管理，严格检查验收把好材料质量关，坚决杜绝未经检验就收货的现象。

4）合理组织材料使用，尽量减少材料消耗。

5）加强现场材料管理，重视材料的使用认证以防错用或使用不合格材料。

（4）严格控制工程所用的材料质量，其内容有：材料的质量标准，材料的性能，材料取样，试验方法等。

（三）案例三

1. 背景

某建筑单位承接了某钢厂办公大楼的工程项目。该工程项目紧临主干道，施工场地比较狭窄。主体地上 18 层，地下 2 层，建筑面积 32 100 m²，基础开挖深度 7.5 m，低于地下水位，为了确保整个工程项目的施工质量，按照"预防为主"的原则，施工单位应加强每道施工工序的质量控制，使工程项目最终取得较好的质量效果。

2. 问题

（1）该工程项目工序质量控制的内容有哪些？

（2）针对该工程项目的工序质量检验包括哪些内容？

（3）如何确定该工程项目的质量控制点？

（4）简述施工质量控制的步骤。

3. 分析

（1）工序质量控制的内容主要有：严格按照工艺规程进行施工；控制好工序施工条件的质量；及时检查工序施工效果的质量；制定工序质量的控制点等。

（2）工序质量检验内容为：标准具体化、实测实量、比较、判定、处理、记录等。

（3）工程项目质量控制点的确定原则，是根据工程项目的重要程度来确定的。首先应对施工的工程对象进行全面的分析、比较来明确控制点；其次应进一步分析质量控制点在施工过程中可能出现的质量问题或造成质量隐患的原因，针对这些原因，制定出相应的对策措施来预防。

（4）施工质量控制的步骤有：实测分析，判断等。

（四）案例四

1. 背景

某公司承接了一项大型工业建设工程项目，该项目投资近6亿人民币。工程项目内容包括PHC桩、土建基础、混凝土结构、钢结构及相关的水电安装，是一个大型的综合性建筑群体工程，其中，主体结构为2个洁净室厂房，厂房面积近20万平方米，钢结构工程量3万多吨。由于行业特点，业主要求承包方必须在6个月内完成主要建筑物与构筑物的主体结构。

因工期压力，项目部将主要精力放在进度安排上，工程发生了多起质量事故，有的违反管理程序，有的忽略质量要求，甚至有违反国家强制性标准的现象。为此，业主方连续召开了两次质量专题会，并将相关信息传递到公司总部。

2. 问题

（1）公司管理部门应如何对待上述事件？采取什么样的措施和行动？

（2）项目部在工程项目质量管理上应该注意哪些问题？

（3）工程项目的质量、工期的关系如何处理？

3. 分析

（1）公司管理部门应在第一时间对该项目的质量管理运行情况进行调查，分析产生问题的原因，做出判断，并提出改进措施，可能的原因有：1）工期紧张，项目部放松了对质量的管理要求（质量意识的问题）；2）质量管理体系不健全，缺少必要的监督控制人员（体系建设的问题）；3）现场作业班组不清楚管理程序和标准（质量培训和交底问题）。针对这些问题，管理部门应对上述问题给工程项目发出整改意见书，并将信息传递给业主相关方。为使各项措施能具体落实，管理部门可组织专项审核检查，促进项目部的质量管理工作。

（2）首先，项目部的质量管理体系是否真正建立，各项制度是否健全和业主的沟通是否全面，业主的需求和规定是否了解；其次，工程项目的各种资源包括管理资源、劳动力资源的组织是否充分，并符合工程项目建设的要求，这是保证质量的最基本条件；再次，工程项目的进度安排及各类技术方案是否适应工程的需要，相对合理；最后，质量管理和工程实体的标准是否能真正传达到作业班组，参与的人员是否符合要求，必要时应组织相应的培训。

（3）就工程项目建设本身而言，合理工期是质量保证的一个非常重要的前提，如果完成工序的必要时间无法保证，那么保证工程质量是难以实现的。但就上述工程而言，业主投资的是一个对时间要求非常苛刻的项目，时间就意味着市场占有，作为承包商必须满足业主的这一要求，否则工期的拖延就可能意味项目的失败。从某种程度上来说，有时工期和质量的矛盾是很突出的，但作为项目建造人员，应该正确处理好两者关系，可以通过充分的资源组织、相对合理的工期安排、严格的质量管理程序、明晰的质量要求等来保证工程实体质量符合业主的要求和项目功能的要求。

第八章 建筑工程项目职业健康安全与管理

第一节 建筑工程职业健康安全与管理概述

一、建筑工程职业健康安全与环境管理的概念

安全管理的对象是各类危险源，如果发生安全事故，则将会造成人身伤害事故，这说明安全管理具有偶发性的特点。如果安全事故不发生，安全管理与控制的投入是闲置的。现阶段，我国工程投资建设领域的管理不规范，建设单位单纯压低标价以期中标的现象很普遍，这将造成建设工程的投入先天不足。而且我国建设工程企业管理水平参差不齐，建设工程过程中，经常出现成本控制失控的情况。为了缓解我国建设工程中安全管理比较薄弱的问题，我国把安全管理和质量管理合并成工程质量与安全管理，因为安全事故总是与质量事故紧密相连。经过工程实践检验，这样的做法并不能完全解决安全管理薄弱的问题。所以，我国单独提出了建设工程安全管理作为工程项目管理的一个组成部分。

安全管理全称是建设工程职业健康安全与环境管理，在我国通常把建设工程职业健康安全管理称为安全生产管理。在国际上通用的词语是职业健康安全，通常是指影响作业场所内的员工、时工作人员、合同工作人员、合同方人员、访问者和其他人员健康安全的条件和因素。环境是指组织运行活动的外部存在，包括空气、水、土地、自然资源、植物、动物、人以及他们之间的相互关系。

建设工程职业健康安全与环境管理体系的管理目标基本一致、管理原理基本相同且都不规定具体的绩效标准，但需要满足的对象不同、管理的侧重点不同。

（一）建筑工程职业健康安全与环境管理的目的

建筑工程职业健康安全管理的目的是防止和减少生产安全事故、保护产品生产者的健康与安、保障人民群众的生命和财产免受损失。

建筑工程职业健康环境管理的目的是保护生态环境，使社会的经济发展与人类的生存环境相协调。控制作业现场的各种粉尘、废水、废气、固体废弃物以及噪声、振动等对环境的污染和危害，避免资源的浪费。

（二）建筑工程职业健康安全与环境管理的任务

1.世界经济增长和科学技术发展带来的问题

（1）市场竞争日益加剧

随着经济的高速增长和科学技术的飞速发展，人们为了追求物质文明，生产力得到了高速发展，许多新技术、新材料、新能源不断涌现，使一些传统的产业和产品生产工艺逐渐消失.新的产业和生产工艺不断产生。但是，在这样一个生产力高速发展的背后，却出现了许多不文明的现象，尤其是在市场竞争日益加剧的情况下，人们往往专注于追求低成本、高利润，而忽视了劳动者的劳动条件和环境的改善，甚至以牺牲劳动者的职业健康安全和破坏人类赖以生存的自然环境为代价。

（2）生产事故和劳动疾病有增无减

据国际劳工组织统计，全球每年发生的各类生产事故和劳动疾病约为 2.5 亿起，平均每天 68.5 万起，每分钟就发生 475 起。其中，每年死于职业事故和劳动疾病的人数多达 110 万人，远远多于交通事故、暴力死亡、局部战争以及艾滋病死亡的人数。特别是发展中国家的劳动事故死亡率比发达国家要高出一倍以上，有少数不发达的国家和地区的劳动事故死亡率比发达国家要高出四倍以上。

（3）世纪人类面临的挑战

据有关专家预测，到 2050 年地球上的人口将由现在的 60 亿增加到 100 亿。人类的生存要求不断提高生活质量。从目前发达国家的发展速度来看，能源的生产和消耗每 5~10 年就要翻一番，按如此的速度计算，到 2050 年全球的石油储存量只够用 3 年，天然气只够用 4 年，煤炭只够用 15 年。由于资源的开发和利用而产生的废物严重威胁人们的健康，21 世纪人类的生存环境将面临以下八大挑战。

1）森林面积锐减。

2）土地严重沙化。

3）自然灾害频发。

4）淡水资源日益枯竭。

5）"温室效应"造成气候严重失常。全球平均气温升高，海平面上升。

6）臭氧层遭破坏，紫外线辐射增加。

7）酸雨频繁，使土壤酸化、建筑和材料设备遭腐蚀.动植物生存受到危害。

8）化学废物排量剧增，海洋、河流遭到化学物质和放射性废物污染。

2.建筑工程职业健康安全与环境管理的任务

建筑工程职业健康安全与环境管理的任务：组织为达到建筑工程的职业健康安全与环境的目标而进行的组织、计划，控制、领导和协调的活动.包括制定、实施、实现、评审和保持建筑工程职业健康安全与环境方针所需的组织结构、计划活动、职责、惯例、程序、过程和资源。

（三）建筑工程职业健康安全与环境管理的特点

1.建筑产品的固定性和生产的流动性及受外部环境影响的因素，决定了建筑工程职业健康安全与环境管理的复杂性。

（1）建筑产品生产过程中生产人员、工具与设备的流动性，主要表现为以下几点。

1）同一工地不同建筑之间流动。

2）同一建筑不同建筑部位上流动。

3）一项建筑工程建设完毕后，施工队伍又要投入另一项新的建设工程。

（2）建筑产品受不同外部环境影响的因素多，主要表现为以下几点。

1）露天作业多。

2）气候条件变化的影响。

3）工程地质和水文条件的变化。

4）地理条件和地域资源的影响。

由于生产人员、工具和设备的交叉和流动作业，受不同外部环境的影响因素多，使得健康安全与环境管理较为复杂，稍有考虑不周就会出现问题。

2.产品的多样性和生产的单件性决定了建筑工程职业健康安全与环境管理的多变性建筑产品的多样性决定了生产的单件性。每一个建筑产品都要根据其特定要求进行施工，主要表现为如下几点。

（1）不能按同一图纸、同一施工工艺、同一生产设备进行批量重复生产。

（2）施工生产组织及机构变动频繁，生产经营的"一次性"特征特别突出。

（3）生产过程中试验性研究课题多，所碰到的新技术、新工艺、新设备、新材料给建筑工程职业健康安全与环境管理带来不少难题。

因此，对于每个建筑工程项目都要根据其实际情况，制定健康安全与环境管理计划，不可相互套用。

3.产品生产过程的连续性和分工性决定了建筑工程职业健康安全与环境管理的协调性

建筑产品不能像其他许多工业产品一样可以分解为若干部分同时生产，必须在同一固定场地按严格程序连续生产，上一道程序不完成，下一道程序不能进行，上一道工序生产的结果往往会被下一道工序所掩盖。而且每一道程序由不同的人员和单位来完成，这就要求在建筑工程职业健康安全与环境管理中各单位和各专业人员横向配合和协调，共同注意产品生产过程接口部分的健康安全和环境管理的协调性。

4.产品的委托性决定了建筑工程职业健康安全与环境管理的不符合性

建筑产品在建造前就确定了买主，所以需要按建设单位特定的要求委托进行生产建造。而在建筑工程市场供大于求的情况下，业主经常会压低标价，造成产品的生产单位对健康安全与环境管理的费用投入的减少，不符合健康安全与环境管理有关规定的现象时有发生。这就要建设单位和生产组织都要重视对健康安全和环保费用的投入，必须符合健康安全与环境管理的要求。

5.产品生产的阶段性决定了建设工程职业健康安全与环境管理的持续性

一个建筑工程项目从立项到投产使用要经历五个阶段，即设计前的准备阶段（包括项目的可行性研究和立项）、设计阶段、施工阶段、使用前的准备阶段（包括竣工验收和试运行）、保修阶段等。这五个阶段都要十分重视项目的安全和环境问题，持续不断的对项目各个阶段出现的安全和环境问题实施管理。否则，一旦在某个阶段出现安全问题和环境问题就会造成投资的巨大浪费，甚至造成工程项目建设的夭折。

6.产品的时代性和社会性决定环境管理的经济性

（1）时代性

建筑工程产品是一个时代政治、经济，文化，风俗的历史记录，表现了不同时代的艺术风格和科学文化水平，反映一定社会的、道德的、文化的、美学的艺术效果，成为可供人们观赏和旅游的景观。

（2）社会性

建筑工程产品是否适应可持续发展的要求，工程的规划，设计，施工质量的好坏，受益和受害的不仅仅是使用者，而是整个社会。

（3）经济性

建筑工程不仅应考虑建造成本的消耗，还应考虑其寿命期内的使用成本消耗。环境管理包括工程使用期内的成本，如能耗、水耗、维护、保养、改建更新的费用，并通过比较分析，判定工程是否符合经济要求，一般采用生命周期法可作为对其进行管理的参考。另外，环境管理要求节约资源，以减少资源消耗来降低环境污染。

二、工程职业健康安全事故的分类和处理

（一）职业伤害事故的分类

1.按照事故发生的原因分类

按照我国《企业职工伤亡事故分类》（GB6441-86）标准规定，职业伤害事故分为20类，其中与建筑业有关的有以下12类。

（1）物体打击。指落物、滚石，锤击、碎裂、崩块，砸伤等造成的人身伤害，不包括因爆炸而引起的物体打击。

（2）车辆伤害。指被车辆挤、压、撞和车辆倾覆等造成的人身伤害。

（3）机械伤害。指被机械设备或工具绞、碾、碰、割、戳等造成的人身伤害，不包括车辆，起重设备引起的伤害。

（4）起重伤害。指从事各种起重作业时发生的机械伤害事故，不包括上、下驾驶室时发生的坠落伤害，起重设备引起的触电及检修时制动失灵造成的伤害。

（5）触电。由于电流经过人体导致的生理伤害，包括雷击伤害。

（6）灼烫。指火焰引起的烧伤、高温物体引起的烫伤.强酸或强碱引起的灼伤.放射线引起的皮肤损伤，不包括电烧伤及火灾事故引起的烧伤。

（7）火灾。在火灾时造成的人体烧伤、窒息、中毒等。

（8）高处坠落。由于危险势能差引起的伤害，包括从架子、屋架上坠落以及平地坠入坑内等。

（9）坍塌。指建筑物、堆置物倒塌以及土石塌方等引起的事故伤害。

（10）火药爆炸。指在火药的生产、运输、储藏过程中发生的爆炸事故。

（11）中毒和窒息。指煤气.油气、沥青，化学、一氧化碳中毒等。

（12）其他伤害。包括扭伤、跌伤、冻伤、野兽咬伤等。

2.按事故后果严重程度分类

（1）轻伤事故。造成职工肢体或某些器官功能性或器质性轻度损伤，表现为劳动能力轻度受损或暂时丧失的伤害，一般每个受伤人员休息1个工作日以上，105个工作日以下。

（2）重伤事故。一般指受伤人员肢体残缺或视觉、听觉等器官受到严重损伤，能引起人体长期存在功能障碍或劳动能力有重大损失的伤害，或者造成每个受伤人员损失105个工作日以上的失能伤害。

（3）死亡事故。一次事故中死亡职工1~2人的事故。

（4）重大伤亡事故。一次事故中死亡3人以上（含3人）的事故。

（5）特大伤亡事故。一次事故中死亡10人以上（含10人）的事故。

（6）特别重大伤亡事故。符合以下情况之一的事故。

1）民航客机发生的机毁人亡（死亡四十人及其以上）事故。

2）专机和外国民航客机在中国境内发生的机毁人亡事故。

3）铁路、水运、矿山、水利、电力事故造成一次死亡50人及其以上，或者一次造成直接经济损失1 000万元及其以上的事故。

4）公路和其他发生一次死亡30人及其以上或直接经济损失在500万元及其以上的事故（航空、航天科研过程中发生的事故除外）。

5）一次造成职工和居民100人及其以上的急性中毒事故。

6）其他性质特别严重产生重大影响的事故。

3.按事故造成的人员伤亡或者直接经济损失分类

（1）特别重大事故。是指造成30人以上死亡，或者100人以上重伤（包括急性工业中毒），或者1亿元以上直接经济损失的事故。

（2）重大事故。是指造成10人以上30人以下死亡，或者50人以上100人以下重伤（包括急性工业中毒），或者5 000万元以上1亿元以下直接经济损失的事故。

（3）较大事故。是指造成3人以上10人以下死亡，或者10人以上50人以下重伤（包括急性工业中毒），或者1 000万元以上5000万元以下直接经济损失的事故。

（4）一般事故。是指造成3人以下死亡，或者10人以下重伤（包括急性工业中毒），或者1 000万元以下直接经济损失的事故。

（二）职业伤害事故的处理

1. 建筑工程安全事故的处理原则

强化安全生产监管监察行政执法。各级安全生产监管监察机构要增强执法意识，做到严格、公正、文明执法。对生产经营单位的安全生产情况进行监督检查，指导督促生产经营单位建立健全安全生产责任制，落实各项防范措施。组织开展好企业安全评估，搞好分类指导和重点监管。对严重忽视安全生产的企业及其负责人或业主，要依法加大行政执法和经济处罚的力度。认真查处各类事故，坚持事故原因未查清不放过、责任人员未处理不放过、整改措施未落实不放过、有关人员未受到教育不放过的"四不放过"原则，不仅要追究事故直接责任人的责任，同时也要追究有关责任人的领导责任。

2. 建筑工程安全事故的处理程序

依据国务院令第75号《企业职工伤亡事故报告和处理规定》及《建设工程安全生产管理条例》，安全事故的报告和处理应遵循以下规定程序。

（1）伤亡事故发生后，负伤者或者事故现场有关人员应当立即直接或者逐级报告企业负责人。企业负责人接到重伤、死亡、重大死亡事故报告后，应当立即报告企业主管部门和企业所在地安全行政管理部门、劳动部门、公安部门、人民检察院、工会等。

（2）企业主管部门和劳动部门接到死亡、重大死亡事故报告后，应当立即按系统逐级上报。

（3）死亡事故报至省、自治区、直辖市企业主管部门和劳动部门；重大死亡事故报至国务院有关主管部门、劳动部门。

（4）发生死亡、重大死亡事故的企业应当保护事故现场，并迅速采取必要措施抢救人员和财产，防止事故扩大。

（5）轻伤、重伤事故，由企业负责人或其指定人员组织生产、技术、安全等有关人员以及工会成员参加事故调查组进行调查。

（6）死亡事故，由企业主管部门会同企业所在地设区的市（或者相当于设区的市一级）安全行政管理部门、劳动部门、公安部门、工会组成事故调查组，进行调查。

（7）重大伤亡事故，按照企业的隶属关系由省、自治区、直辖市企业主管部门或者国务院有关主管部门会同同级安全行政管理部门、劳动部门、公安部门、监察部门、工会组成事故调查组，进行调查。

（8）事故调查组应当邀请人民检察院派员参加，还可邀请其他部门的人员和有关专家参加。

（9）事故调查组成员应当符合下列条件：具有事故调查所需要的某一方面的专长，与所发生事故没有直接利害关系。

（10）事故调查组的职责：查明事故发生的原因、过程和人员伤亡、经济损失情况；

确定事故责任人；提出事故处理意见和防范措施的建议。

（11）写出事故调查报告。事故调查组有权向发生事故的企业和有关单位、有关人员了解有关情况和索取有关资料，任何单位和个人不得拒绝。

（12）事故调查组在查明事故情况以后。如果对事故的分析和事故责任者的处理不能取得一致意见，劳动部门有权提出结论性意见；如果仍有不同意见，应当报上级劳动部门及有关部门处理；仍不能达成一致意见的，报同级人民政府裁决，但不得超过事故处理工作的时限。

（13）任何单位和个人不得阻碍、干涉事故调查组的正常工作。

3. 安全事故处理：

事故调查组提出的事故处理意见和防范措施建议，由发生事故的企业及其主管部门负责处理。因忽视安全生产、违章指挥，违章作业、玩忽职守或者发现事故隐患、危害情况而不采取有效措施以致导致伤亡事故的，由企业主管部门或者企业按照国家有关规定，对企业负责人和直接责任人员给予行政处分；构成犯罪的，由司法机关依法追究刑事责任。

在伤亡事故发生后隐瞒不报、谎报、故意迟延不报、故意破坏事故现场，或者无正当理由，拒绝接受调查以及拒绝提供有关情况和资料的，由有关部门按照国家规定，对有关单位负责人和直接责任人员给予行政处分；构成犯罪的，由司法机关依法追究刑事责任。

在调查、处理伤亡事故中玩忽职守、徇私舞弊或者打击报复的，由其所在单位按照国家有关规定给予行政处分；构成犯罪的，由司法机关依法追究刑事责任。

伤亡事故处理工作应当在 90 日内结案，特殊情况不得超过 180 日。伤亡事故处理结案后，应当公开宣布处理结果。

4. 安全事故统计规定

《中华人民共和国安全生产法》和应急管理部制定的《生产安全事故统计报表制度》有如下规定。

（1）企业职工伤亡事故统计实行以地区考核为主的制度。各级隶属关系的企业和企业主管单位应按当地安全生产行政主管部门规定的时间报送报表。

（2）安全生产行政主管部门对各部门的企业职工伤亡事故情况实行分级考核。企业报送主管部门的数字要与报送当地安全生产行政主管部门的数字一致，各级主管部门应如实向同级安全生产行政主管部门报送。

（3）省级安全生产行政主管部门和国务院各有关部门及计划单列的企业集团的职工伤亡事故统计月报表、年报表应按时上报至国家安全生产行政主管部门。

第二节　建筑工程安全生产管理

一、建筑工程安全生产管理概述

（一）安全与安全生产的概念

1. 安全

安全即没有危险、不出事故，是指人的身体健康不受伤害，财产不受损伤，保持完整无损的状态。安全可分为人身安全和财产安全两种情形。

2. 安全生产

狭义的安全生产，是指生产过程处于避免人身伤害、物的损坏及其他不可接受的损害风险（危险）的状态。不可接受的损害风险（危险）通常是指超出了法律、法规和规章的要求，超出了安全生产的方针、目标和企业的其他要求，超出了人们普遍接受的（通常是隐含的）要求。

广义的安全生产除了直接对生产过程的控制外，还应包括劳动保护和职业卫生健康。

安全是相对危险的接受程度来判定的，是一个相对的概念。世上没有绝对的安全，任何事物都存在不安全的因素，即都具有一定的危险性，当危险降低到人们普遍接受的程度时，就认为是安全的。

（二）安全生产管理

1. 管理的概念

管理，简单的理解是"管辖""处理"的意思，是管理者在特定的环境下，为了实现一定的目标，对其所能支配的各种资源进行有效的计划、组织、领导和控制等一系列活动的过程。

2. 安全生产管理的概念

在企业管理系统中，含有多个具有某种特定功能的子系统，安全管理就是其中的一个。这个子系统是由企业中有关部门的相应人员组成的。该子系统的主要目的就是通过管理的手段，实现控制事故、消除隐患、减少损失的目的，使整个企业达到最佳的安全水平，为劳动者创造一个安全舒适的工作环境。因而安全管理的定义为：以安全为目的，进行有关决策、计划、组织和控制方面的活动。

控制事故，可以说是安全管理工作的核心，而控制事故最好的方式就是实施事故预防，即通过管理和技术手段的结合，消除事故隐患，控制不安全行为，保障劳动者的安全，这也是"预防为主"的本质所在。

但根据事故的特性可知，由于受技术水平、经济条件等各方面的限制，有些事故是难以完全避免的。因此，控制事故的第二种手段就是应急措施，即通过抢救、疏散抑制等手段，在事故发生后控制事故的蔓延，把事故的损失降至最小。

事故总会带来损失。对于一个企业来说，一个重大事故在经济上的打击是相当沉重的，有时甚至是致命的。因而在实施事故预防和应急措施的基础上，通过购买财产、工伤、责任等保险，以保险补偿的方式，保证企业的经济平衡和在发生事故后恢复生产的基本能力，也是控制事故的手段之一。

所以，安全管理就是利用管理的活动，将事故预防、应急措施与保险补偿三种手段有机地结合在一起，以达到保障安全的目的。

在企业安全管理系统中，专业安全工作者起着非常重要的作用。他们既是企业内部上下沟通的纽带，更是企业领导者在安全方面的得力助手。在充分掌握资料的基础上，他们为企业安全生产者实施日常监管工作，并向有关部门或领导提出安全改造、管理方面的建议。归纳起来，专业安全工作者的工作可分为以下四个部分。

（1）分析。对事故与损失产生的条件进行判断和估计，并对事故的可能性和严重性进行评价，即进行危险分析与安全评价，这是事故预防的基础。

（2）决策。确定事故预防和损失控制的方法、程序和规划，在分析的基础上制订合理可行的事故预防、应急措施及保险补偿的总体方案，并向有关部门或领导提出建议。

（3）信息管理。收集、管理并交流与事故和损失控制有关的资料、情报信息，并及时反馈给有关部门和领导，保证信息的及时交流和更新，为分析与决策提供依据。

（4）测定。对事故和损失控制系统的效能进行测定和评价，并为取得最佳效果做出必要的改进。

（三）建筑工程安全生产管理的含义

所谓建筑工程安全生产管理，是指为保证建筑生产安全所进行的计划、组织、指挥、协调和控制等一系列管理活动，目的在于保护职工在生产过程中的安全与健康，保证国家和人民的财产不受损失，保证建筑生产任务的顺利完成。建筑工程安全生产管理包括：建设行政主管部门对建筑活动过程中安全生产的行业管理，安全生产行政主管部门对建筑活动过程中安全生产的综合性监督管理，从事建筑活动的主体（包括建筑施工企业、建筑勘察单位、设计单位和工程监理单位）为保证建筑生产活动的安全生产所进行的自我管理等。

（四）安全生产的基本方针

"安全第一、预防为主、综合治理"是我国安全生产管理的基本方针。

《中华人民共和国建筑法》规定："建筑工程安全生产管理必须坚持安全第一，预防为主的方针。"《中华人民共和国安全生产法》（以下简称《安全生产法》）在总结我国安全生产管理经验的基础上，再一次将"安全第一，预防为主"规定为我国安全生产的基本方针。

我国安全生产方针经历了从"安全生产"到"安全生产、预防为主"以及"安全生产、预防为主、综合治理"的产生和发展过程，且强调在生产中要做好预防工作，尽可能将事故消灭在萌芽状态之中。因此，对于我国安全生产方针的含义，应从这一方针的产生和发展去理解，归纳起来主要有以下几个方面内容。

1.安全与生产的辩证关系。在生产建设中，必须用辩证统一的观点处理好安全与生产的关系。这就是说，项目领导者必须善于安排好安全工作与生产工作，特别是在生产任务繁忙的情况下，安全工作与生产工作发生矛盾时，更应处理好两者的关系，不要把安全工作挤掉。越是生产任务忙，越要重视安全，把安全工作搞好，否则，导致工伤事故，既妨碍生产，又影响企业信誉，这是多年来生产实践得出的一条重要经验。

2.安全生产工作必须强调"预防为主"。安全生产工作的"预防为主"是现代生产发展的需要。现代科学技术日新月异，而且往往又是多学科综合运用，安全问题十分复杂，稍有疏忽就会酿成事故。"预防为主"就是要在事故前做好安全工作，"防患于未然"。依靠科技进步，加强安全科学管理，搞好科学预测与分析工作，把工伤事故和职业危害消灭在萌芽状态中。"安全第一、预防为主"两者是相辅相成、相互促进的。"预防为主"是实现"安全第一"的基础。要做到"安全第一"，首先要搞好预防措施，预防工作做好了，就可以保证安全生产，实现"安全第一"，否则"安全第一"就是一句空话，这也是在实践中得出的一条重要经验。

3.安全生产工作必须强调"综合治理"。由于现阶段我国安全生产工作出现严峻形势的原因是多方面的，既有安全监管体制和制度方面的原因，也有法律制度不健全的原因，也有科技发展落后的原因，还与整个民族安全文化素质有密切的关系等，因此要做好安全生产工作就要在完善安全生产管理的体制机制、加强安全生产法制建设、推动安全科学技术创新、弘扬安全文化等方面进行综合治理，才能真正做好安全生产工作。

（五）建筑施工安全管理中的不安全因素

1.人的不安全因素

人的不安全因素，是指对安全产生影响的人的方面的因素，即能够使系统发生故障或发生性能不良的事件的人员、个人的不安全因素以及违背设计和安全要求的人的错误行为。人的不安全因素可分为个人的不安全因素和人的不安全行为两个大类。

（1）个人的不安全因素

个人的不安全因素，是指人员的心理、生理、能力中所具有不能适应工作、作业岗位要求的影响安全的因素。个人的不安全因素主要包括以下几点。

1）心理上的不安全因素。指人在心理上具有影响安全的性格、气质和情绪，如急躁、懒散、粗心等。

2）生理上的不安全因素。包括视觉、听觉等感觉器官，体能，年龄，疾病等不适合工作或作业岗位要求的影响因素。

3）能力上的不安全因素。包括知识技能、应变能力、资格等不能适应工作和作业岗位要求的影响因素。

（2）人的不安全行为

人的不安全行为，是指造成事故的人为错误，是人为地使系统发生故障或发生性能不良事件的行为，是违背设计和操作规程的错误行为。

人的不安全行为在施工现场的类型，可分为 13 大类。

1）操作失误，忽视安全，忽视警告。

2）造成安全装置失效。

3）使用不安全设备。

4）手代替工具操作。

5）物体存放不当。

6）冒险进入危险场所。

7）攀坐不安全位置。

8）在起吊物下作业、停留。

9）在机器运转时进行检查、维修、保养等工作。

10）有分散注意力行为。

11）没有正确使用个人防护用品、用具。

12）不安全装束。

13）对易燃易爆等危险物品处理错误。

人的不安全行为产生的主要原因是：系统、组织的原因；思想责任心的原因；工作的原因等。诸多事故分析表明，绝大多数事故不是因技术解决不了造成的，多是违规、违章所致。由于安全上降低标准、减少投入，安全组织措施不落实，不建立安全生产责任制，缺乏安全技术措施，没有安全教育安全检查制度，不做安全技术交底，违章指挥、违章作业、违反劳动纪律等人为的原因，因此必须重视和防止产生人的不安全因素。

2. 施工现场物的不安全状态

物的不安全状态，是指能导致事故发生的物质条件，包括机械设备等物质或环境所存在的不安全因素。

（1）物的不安全状态的内容包括以下几点。

1）物（包括机器、设备、工具、物质等）本身存在的缺陷。

2）防护保险方面的缺陷。

3）物的放置方法的缺陷。

4）作业环境场所的缺陷。

5）外部和自然界的不安全状态。

6）作业方法导致的物的不安全状态。

7）保护器具信号、标志和个体防护用品的缺陷。

（2）物的不安全状态的类型包括如下。

1）防护等装置缺乏或有缺陷。

2）设备、设施、工具、附件有缺陷。

3）个人防护用品用具缺少或有缺陷。

4）施工生产场地环境不良。

3. 管理上的不安全因素

管理上的不安全因素，通常又称为管理上的缺陷，也是事故潜在的不安全因素，作为间接的原因共有以下方面。

1）技术上的缺陷。

2）教育上的缺陷。

3）生理上的缺陷。

4）心理上的缺陷。

5）管理工作上的缺陷。

6）教育和社会、历史上的原因造成的缺陷。

4. 建设工程安全生产管理的特点

（1）安全生产管理涉及面广、涉及单位多

由于建设工程规模大，生产周期长，生产工艺复杂、工序多，在施工过程中流动作业多，高处作业多，作业位置多变及多工种的交叉作业等，遇到不确定因素多，因此安全管理工作涉及范围大，控制面广。建筑施工企业是安全管理的主体，但安全管理不仅仅是施工单位的责任，材料供应单位、建设单位、勘察设计单位、监理单位以及建设行政主管部门等，也要为安全管理承担相应的责任与义务。

（2）安全生产管理动态性

1）建设工程项目的单件性及建筑施工的流动性。建设工程项目的单件性，使得每项工程所处的条件不同，所面临的危险因素和防范措施也会有所改变，员工在转移工地后，熟悉一个新的工作环境需要一定的时间，有些制度和安全技术措施会有所调整，员工同样需要一个熟悉的过程。

2）工程项目施工的分散性。因为现场施工是分散于施工现场的各个部位，尽管有各种规章制度和安全技术交底的环节，但是面对具体的生产环境时，仍然需要自己的判断和处理，有经验的人员还必须适应不断变化的情况。

3）产品多样性，施工工艺多变性。建设产品具有多样性，施工生产工艺具有复杂多变性，如一栋建筑物从基础、主体至竣工验收，各道施工工序均有其不同的特性，其不安全因素各不相同。同时，随着工程建设进度，施工现场的不安全因素也在随时变化，要求施工单位必须针对工程进度和施工现场实际情况，及时采取安全技术措施和安全管理措施予以保证。

（3）产品的固定性导致作业环境的局限性

建筑产品坐落在一个固定的位置上，导致了必须在有限的场地和空间上集中大量的人力、物资、机具来进行交叉作业，导致作业环境的局限性，因而容易产生物体打击等伤亡事故。

（4）露天作业导致作业条件恶劣性

建设工程施工大多是在露天空旷的场地上完成的，导致工作环境相当艰苦，容易发生伤亡事故。

（5）体积庞大带来了施工作业高空性

建设产品的体积十分庞大，操作工人大多在十几米甚至几百米进行高空作业，因而容易产生高空坠落的伤亡事故。

（6）手工操作多、体力消耗大、强度高导致个体劳动保护任务艰巨

在恶劣的作业环境下，施工工人的手工操作多，体能耗费大，劳动时间和劳动强度都比其他行业要大，其职业危害严重，带来了个人劳动保护的艰巨性。

（7）多工种立体交叉作业导致安全管理的复杂性

近年来，建筑由低向高发展，劳动密集型的施工作业只能在极其有限空间展开，致使施工作业的空间要求与施工条件的供给的矛盾日益突出，这种多工种的立体交叉作业将导致机械伤害、物体打击等事故增多。

（8）安全生产管理的交叉性

建设工程项目是开放系统，受自然环境和社会环境影响很大，安全生产管理需要将工程系统、环境系统及社会系统相结合。

（9）安全生产管理的严谨性

安全状态具有触发性，安全管理措施必须严谨，一旦失控，就会造成损失和伤害。

（六）施工现场安全管理的范围与原则

1.施工现场安全管理的范围

安全管理的中心问题，是保护生产活动中人的健康与安全以及财产不受损伤，保证生产顺利进行。

宏观的安全管理概括地讲，包括劳动保护、施工安全技术和职业健康安全，它们是既相互联系又相互独立的三个方面。

（1）劳动保护偏重于以法律、法规、规程、条例、制度等形式规范管理或操作行为，从而使劳动者的劳动安全与身体健康得到应有的法律保障。

（2）施工安全技术侧重于对"劳动手段与劳动对象"的管理，包括预防伤亡事故的工程技术和安全技术规范、规程、技术规定、标准条例等，以规范物的状态，减轻对人或物的威胁。

（3）职业健康安全着重于施工生产中粉尘、振动、噪声、毒物的管理。通过防护、医疗、保健等措施，保护劳动者的安全与健康，保护劳动者不受有害因素的危害。

2.施工现场安全管理的基本原则

（1）管生产的同时管安全

安全寓于生产之中，并对生产发挥促进与保证作用，安全管理是生产管理的重要组成部分，安全与生产在实施过程中，两者存在着密切联系，没有安全就绝不会有高效益的生产。事实证明，只抓生产忽视安全管理的观念和做法是极其危险和有害的。所以，各级管理人员必须负责管理安全工作，在管理生产的同时管安全。

（2）明确安全生产管理的目标

安全管理的内容是对生产中人、物、环境因素状态的管理，有效控制人的不安全行为和物的不安全状态，消除或避免事故，达到保护劳动者安全与健康和财物不受损伤的目标。

有了明确的安全生产目标，安全管理就有了清晰的方向。安全管理的一系列工作才可能朝着这一目标有序展开。没有明确的安全生产目标，安全管理就成了一种盲目的行为。盲目的安全管理，人的不安全行为和物的不安全状态就不会得到有效的控制，危险因素依然存在，事故最终不可避免。

（3）必须贯彻"预防为主"的方针

安全生产的方针是"安全第一、预防为主、综合治理"。"安全第一"是把人身和财产安全放在首位，安全为了生产，生产必须保证人身和财产安全，充分体现"以人为本"的理念。

"预防为主"是实现安全第一的重要手段，采取正确的措施和方法进行安全控制，使安全生产形势向安全生产目标的方向发展。进行安全管理不是处理事故，而是在生产活动中，针对生产的特点，对各生产因素进行管理，有效控制不安全因素的发生、发展与扩大，把事故隐患消灭在萌芽状态。

（4）坚持"四全"动态管理

安全管理涉及生产活动中的方方面面，涉及参与安全生产活动的各个部门和每一个人，涉及从开工到竣工交付的全部生产过程，涉及全部的生产时间，涉及一切变化着的生产因素。因此，生产活动中必须坚持全员、全过程、全方位、全天候的动态安全管理。

（5）安全管理重在控制

进行安全管理的目的是预防、消灭事故，防止或消除事故伤害，保护劳动者的安全与健康及财产安全。在安全管理的前四项内容中，虽然都是为了达到安全管理的目标，但是对安全生产因素状态的控制与安全管理的关系更直接，显得更为突出。所以，对生产中的人的不安全行为和物的不安全状态的控制，必须看作动态安全管理的重点。事故的发生，是由于人的不安全行为运动轨迹与物的不安全状态运动轨迹的交叉。事故发生的原理也说明了对生产因素状态的控制应该当作安全管理重点，因为约束缺乏带有强制性的手段把约束当作安全管理重点是不正确的。

（6）在管理中发展、提高

既然安全管理是在变化着的生产活动中的管理，是一种动态的过程，其管理就意味着是不断发展的、不断变化的，以适应变化的生产活动。然而更为重要的是，要不间断地摸索新的规律，总结管理、控制的办法与经验，掌握新的变化后的管理方法，从而使安全管理不断地上升到新的高度。

二、建筑工程安全生产相关法规

（一）安全生产法规与技术规范

1. 安全生产法规

安全生产法规，是指国家关于改善劳动条件，实现安全生产，为保护劳动者在生产过程中的安全和健康而制定的各种法律、法规、规章和规范性文件的总和，是必须执行的法律规范。

2. 安全技术规范

安全技术规范，是指人们关于合理利用自然力、生产工具、交通工具和劳动对象的行为准则。安全技术规范是强制性的标准。违反规范、规程造成事故，往往会给个人和社会带来严重危害。为了有利于维护社会秩序和工作秩序，把遵守安全技术规范确定为法律义务，有时把它直接规定在法律文件中，使之具有法律规范的性质。

（二）安全生产相关法规与行业标准

作为国民经济的重要支柱产业之一，建筑业的发展对于推动国民经济发展，促进社会进步，提高人民生活水平具有重要意义。建设工程安全是建筑施工的核心内容之一。建设工程安全既包括建筑产品自身安全，也包括其毗邻建筑物的安全，还包括施工人员的人身安全。而建设工程质量最终是通过建筑物的安全和使用情况来体现的。因此，建筑活动的各个阶段、各个环节都必须紧扣建设工程的质量和安全加以规范。

（三）建筑施工企业安全生产许可证制度

《建筑施工企业安全生产许可证管理规定》于 2004 年 6 月 29 日经第 37 次住房和城乡建设部常务会议讨论通过，并自 2004 年 7 月 5 日起施行，2015 年 1 月 22 日住房和城乡建设部令 23 号修订。

1. 安全生产许可证的申请与颁发

（1）建筑施工企业从事建筑施工活动前，应当依照规定向省级以上的建设主管部门申请领取安全生产许可证。中央管理的建筑施工企业（集团公司、总公司）应当向国务院建设主管部门申请领取安全生产许可证。

（2）建筑施工企业申请安全生产许可证时，应当向建设主管部门提供下列材料。

1）建筑施工企业安全生产许可证申请表。

2）企业法人营业执照。

3）具备取得生产许可证规定的相关文件、材料。

建筑施工企业申请安全生产许可证，应当对申请材料实质内容的真实性负责，不得隐瞒有关情况或者提供虚假材料。

（3）建设主管部门应当自受理建筑施工企业的申请之日起45日内审查完毕；经审查符合安全生产条件的，颁发安全生产许可证；不符合安全生产条件的，不予颁发安全生产许可证，书面通知企业并说明理由。企业自接到通知之日起应当进行整改，整改合格后方可再次提出申请。

（4）安全生产许可证的有效期为3年。安全生产许可证有效期满需要延期的，企业应当于期满前3个月向原安全生产许可证颁发管理机关申请办理延期手续。

企业在安全生产许可证有效期内，严格遵守有关安全生产的法律、法规，未发生死亡事故的，安全生产许可证有效期届满时，经原安全生产许可证颁发管理机关同意，不再审查，安全生产许可证有效期延期3年。

（5）建筑施工企业变更名称、地址、法定代表人等，应当在变更后10日内，到原安全生产许可证颁发管理机关办理安全生产许可证变更手续。

（6）建筑施工企业破产、倒闭、撤销的，应当将安全生产许可证交回原安全生产许可证颁发管理机关予以注销。

（7）建筑施工企业遗失安全生产许可证，应当立即向原安全生产许可证颁发管理机关报告，并在公众媒体上声明作废后，方可申请补办。

（8）安全生产许可证申请表采用中华人民共和国住房和城乡建设部规定的统一式样。

2.监督管理

（1）县级以上人民政府建设主管部门应当加强对建筑施工企业安全生产许可证的监督管理。建设主管部门在审核发放施工许可证时，应当对已经确定的建筑施工企业是否有安全生产许可证进行审查，对没有取得安全生产许可证的，不得颁发施工许可证。

（2）跨省从事建筑施工活动的建筑施工企业有违反《建筑施工企业安全生产许可证管理规定》行为的，由工程所在地的省级人民政府建设主管部门将建筑施工企业在本地区的违法事实、处理结果和处理建议报告安全生产许可证颁发管理机关。

（3）建筑施工企业取得安全生产许可证后，不得降低安全生产条件，并应当加强日常安全生产管理，接受建设主管部门的监督检查。安全生产许可证颁发管理机关发现企业不再具备安全生产条件的，应当暂扣或者吊销安全生产许可证。

（4）安全生产许可证颁发管理机关或者其上级行政机关发现有下列情形之一的，可以撤销已经颁发的安全生产许可证。

1）安全生产许可证颁发管理机关工作人员滥用职权、玩忽职守颁发安全生产许可证的。

2）超越法定职权颁发安全生产许可证的。

3）违反法定程序颁发安全生产许可证的。

4）对不具备安全生产条件的建筑施工企业颁发安全生产许可证的。

5）依法可以撤销已经颁发的安全生产许可证的其他情形。

依照规定撤销安全生产许可证，建筑施工企业的合法权益受到损害的，建设主管部门应当依法给予赔偿。

（5）安全生产许可证颁发管理机关应当建立、健全安全生产许可证档案管理制度，并定期向社会公布企业取得安全生产许可证的情况，每年向同级安全生产监督管理部门通报建筑施工企业安全生产许可证颁发和管理情况。

（6）建筑施工企业不得转让、冒用安全生产许可证或者使用伪造的安全生产许可证。

（7）建设主管部门工作人员在安全生产许可证颁发、管理和监督检查工作中，不得索取或者接受建筑施工企业的财物，不得谋取其他利益。

（8）任何单位或者个人对违反《建筑施工企业安全生产许可证管理规定》的行为，有权向安全生产许可证颁发管理机关或者监察机关等有关部门举报。

3. 对违反规定的处罚

（1）建设主管部门工作人员有下列行为之一的，给予降级或撤职的行政处分；构成犯罪的，依法追究刑事责任。

1）向不符合安全生产条件的建筑施工企业颁发安全生产许可证的。

2）发现建筑施工企业未依法取得安全生产许可证擅自从事建筑施工活动，不依法处理的。

3）发现取得安全生产许可证的建筑施工企业不再具备安全生产条件，不依法处理的。

4）接到对违反《建筑施工企业安全生产许可证管理规定》行为的举报后，不及时处理的。

5）在安全生产许可证颁发、管理和监督检查工作中，索取或者接受建筑施工企业的财物，或者谋取其他利益的。

（2）取得安全生产许可证的建筑施工企业，发生重大安全事故的，暂扣安全生产许可证并限期整改。

（3）建筑施工企业不再具备安全生产条件的，暂扣安全生产许可证并限期整改；情节严重的，吊销安全生产许可证。

（4）违反《建筑施工企业安全生产许可证管理规定》，建筑施工企业未取得安全生产许可证擅自从事建筑施工活动的，责令其在建项目停止施工，没收违法所得，并处10万元以上50万元以下的罚款；造成重大安全事故或者其他严重后果、构成犯罪的，依法追究刑事责任。

（5）违反《建筑施工企业安全生产许可证管理规定》，安全生产许可证有效期满未办理延期手续、继续从事建筑施工活动的，责令其在建项目停止施工，限期补办延期手续，没收违法所得，并处5万元以上10万元以下的罚款；逾期仍不办理延期手续、继续从事建筑施工活动的，依照上一条的规定处罚。

（6）违反《建筑施工企业安全生产许可证管理规定》，建筑施工企业转让安全生产许可证的，没收违法所得，处 10 万元以上 50 万元以下的罚款，并吊销安全生产许可证；构成犯罪的，依法追究刑事责任；接受转让的，依照《建筑施工企业安全生产许可证管理规定》第二十四条的规定处罚。

（7）违反《建筑施工企业安全生产许可证管理规定》，建筑施工企业隐瞒有关情况或者提供虚假材料申请安全生产许可证的，不予受理或者不予颁发安全生产许可证，并给予警告，1 年内不得申请安全生产许可证。建筑施工企业以欺骗、贿赂等不正当手段取得安全生产许可证的，撤销安全生产许可证，3 年内不得再次申请安全生产许可证；构成犯罪的，依法追究刑事责任。

（8）《建筑施工企业安全生产许可证管理规定》的暂扣、吊销安全生产许可证的行政处罚，由安全生产许可证的颁发管理机关决定；其他行政处罚，由县级以上地方人民政府建设主管部门决定。

第三节　建筑工程安全隐患的防范

一、安全隐患

安全隐患是在安全检查及数据分析时发现的，应利用"安全隐患通知单"通知责任人制定纠正和预防措施，限期改正，安全员跟踪验证。

1. 安全隐患的控制

（1）项目经理部应对存在隐患的安全设施、施工过程、人员行为进行控制、确保不合格设施不使用、不合格物资不放行、不合格过程不通过。安全设施完工后应进行检查验收。

（2）项目经理部应确定对安全隐患进行处理的人员，规定其职责和权限。

（3）安全隐患处理的方式有以下几种。

1）停止使用、封存存在安全隐患的设施。

2）指定专人进行整改，消除安全隐患，达到规定要求。

3）进行返工，以达到规定要求。

4）对有不安全行为的人进行教育或处罚。

5）对不安全的生产过程重新组织。

（4）验证。

1）项目经理部安监部门在认为必要时对存在隐患的安全设施、安全防护用品整改效果进行验证。

2）对上级部门提出的重大安全隐患，应由项目部组织实施整改，由企业主管部门进行验证，并报上级检查部门备案。

2. 安全隐患处理规定

（1）项目经理部应区别不同类型职业健康安全的隐患，制订和完善相应的整改措施。

（2）项目经理部应对检查出的隐患立即发出安全隐患整改通知单。受检单位应对安全隐患原因进行分析，制订纠正和预防措施。纠正和预防措施应经检查单位负责人批准后实施。

（3）安全检查人员对检查出的违章指挥和违章作业行为向责任人当场指出，限期纠正。

（4）安全员对纠正和预防措施的实施过程和实施效果应进行跟踪检查，保存验证记录。

二、安全事故处理

1. 重大安全事故

重大安全事故，系指在施工过程中由于责任过失造成工程倒塌或废弃，机械设备破坏和安全设施失当造成人身伤亡或者重大经济损失的事故。重大事故分为四个等级。

（1）具备下列条件之一者为一级重大事故。

1）死亡 30 人以上。

2）直接经济损失 300 万元以上。

（2）具备下列条件之一者为二级重大事故。

1）死亡 10 人以上，29 人以下。

2）直接经济损失 100 万元以上，不满 300 万元。

（3）具备下列条件之一者为三级重大事故。

1）死亡 3 人以上，9 人以下。

2）重伤 20 人以上。

3）直接经济损失 30 万元以上，不满 100 万元。

（4）具备下列条件之一者为四级重大事故。

1）死亡 2 人以下。

2）重伤 3 人以上，19 人以下。

3）直接经济损失 10 万元以上，不满 30 万元。

2. 安全事故分类

安全事故分为两大类型，即职业伤害事故和职业病。

（1）职业伤害事故

职业伤害事故，是指因生产过程及工作原因或与其相关的其他原因造成的伤亡事故。

1）按照事故发生的原因分类

根据我国《企业伤亡事故分类》（GB 6441-1986）标准规定，职业伤害事故分为 20 类。

①物体打击。指落物、滚石、锤击、碎裂、崩块、砸伤等造成的人身伤害，不包括因爆炸而引起的物体打击。

②车辆伤害。指被车辆挤、压、撞和车辆倾覆等造成的人身伤害。

③机械伤害。指被机械设备或工具绞、碾、碰、戳等造成的人身伤害，不包括车辆起重设备引起的伤害。

④起重伤害。指从事各种起重作业时发生的机械伤害事故，不包括上下驾驶室时发生的坠落伤害，起重设备引起的触电及检修时制动失灵造成的伤害。

⑤触电。由于电流经过人体导致的生理伤害，包括雷击伤害。

⑥淹溺。由于水或液体大量从口、鼻进入肺内，导致呼吸道阻塞，发生急性缺氧而窒息死亡。

⑦灼烫。指火焰引起的烧伤、高温物体引起的烫伤、强酸或强碱引起的灼伤、放射线引起的皮肤损伤，不包括电烧伤及火灾事故中引起的烧伤。

⑧火灾。在火灾时造成的人体烧伤、窒息中毒等。

⑨高处坠落。由于危险势能差引起的伤害，包括从架子、屋顶上坠落以及平地坠入坑内等。

⑩崩塌。指建筑物、堆置物倒塌以及土石塌方等引起的事故伤害。

⑪冒顶片帮。指矿井作业面、巷道侧壁由于支护不当、压力过大造成的崩塌（片帮）以及顶板垮落（冒顶）事故。

⑫透水。指在矿山、地下开采或其他坑道作业时，有压地下水意外大量涌入而造成的伤亡事故。

⑬放炮。指由于爆破作业引起的伤亡事故。

⑭火药爆炸。指在火药的生产、运输、储藏过程中发生的爆炸事故。

⑮瓦斯爆炸。指可燃气体、瓦斯、煤粉与空气混合，接触火源时引起的化学性爆炸事故。

⑯锅炉爆炸。指锅炉由于内部压力超出炉壁的承受能力而引起的物理性爆炸事故。

⑰容器爆炸。指压力容器内部压力超出容器壁所能承受的压力而引起的物理爆炸，或容器内部可燃气体泄漏与周围空气混合遇火源而发生的化学爆炸。

⑱其他爆炸。化学爆炸、炉膛、钢水包爆炸等。

⑲中毒和窒息。指煤气、油气、沥青、化学、一氧化碳中毒等。

⑳其他伤害。包括扭伤、跌伤、冻伤、野兽咬伤等。

2）按照事故后果严重程度分类

①轻伤事故。造成职工肢体或某些器官功能性或器质性轻度损伤，表示为劳动能力轻度或暂时丧失的伤害，一般每个受伤人员休息一个工作日以上，105个工作日以下。

②重伤事故。一般指受伤人员肢体残缺或视觉、听觉等器官受到严重损伤，能引起人体长期存在功能障碍或劳动能力有重大损失的伤害，或者造成每个受伤人员损失105个工作8以上的失能伤害。

③死亡事故。一次事故中死亡职工1~2人的事故。

④重大伤亡事故。一次事故中死亡3人以上（含3人）的事故。

⑤特大伤亡事故。一次事故中死亡 10 人以上（含 10 人）的事故。

⑥急性中毒事故。指生产毒物一次或短期内通过人的呼吸道、皮肤或消化道大量进入体内，使人体在短时间内发生病变，导致职工立即中断工作，并需进行急救或死亡的事故；急性中毒的特点是发病快，一般不超过一个工作日，有的毒物因毒性有一定的潜伏期，可在下班后数小时发病。

（2）职业病

经诊断因从事接触有毒有害物质或不良环境的工作而造成急慢性疾病，属职业病。2002 年卫计委会同劳动和社会保障部发布的《职业病目录》列出的法定职业病为 10 大类共 115 种。该目录中所列的 10 大类职业病如下。

1）尘肺。矽肺、石棉肺、滑石尘肺、水泥尘肺、陶瓷尘肺、电焊尘肺及其他尘肺等。

2）职业性放射性疾病。外照射放射病、内照射放射病、放射性皮肤疾病、放射性肿瘤、放射性骨损伤等。

3）职业中毒。铅、汞、锰、镉及其化合物、苯、一氧化碳、二氧化碳等。

4）物理因素所致职业病。中暑、减压病、高原病、手臂振动等。

5）生物因素所致职业病。炭疽、森林肺炎、布氏杆菌病。

6）职业性皮肤病。接触性皮炎、光敏性皮炎、电光性皮炎、黑变病、痤疮、溃疡、化学灼伤、职业性角化过度、皲裂、职业性痒疹等。

7）职业性眼病。化学性眼部灼伤、电光性眼炎、职业性白内障。

8）职业性耳鼻喉口腔疾病。噪声聋、铬鼻病、牙酸蚀病。

9）职业性肿瘤。石棉所致肺癌、间皮瘤、苯所致白血病、砷所致肺癌、皮肤癌、氯乙烯所致肝血管肉瘤、铬酸盐制造业工人肺癌等。

10）其他职业病。金属烟热、职业性哮喘、职业性变态反应性肺泡炎、棉尘病、煤矿井下工人滑囊炎等。

3.安全事故的处理

（1）安全事故处理的原则（"四不放过"原则）

1）事故原因不清楚不放过。

2）事故责任者和员工没有受到教育不放过。

3）事故责任者没有处理不放过。

4）没有制定防范措施不放过。

（2）事故处理程序

1）报告安全事故。安全事故发生后，受伤者或最先发现事故的人员应立即用最快的传递手段，将发生事故的时间、地点、伤亡人数、事故原因等情况，上报至企业安全主管部门。企业安全主管部门视事故造成的伤亡人数或直接经济损失情况，按规定向政府主管部门报告。

2）事故处理。抢救伤员、排除险情、防止事故蔓延扩大，做好标识，保护好现场。

3）事故调查。项目经理应指定技术、安全、质量等部门的人员，会同企业工会代表组成调查组，开展调查。

4）对事故责任者进行处理。

5）调查报告。调查组应把事故发生的经过、原因、性质、损失责任、处理意见、纠正和预防措施撰写成调查报告，并经调查组全体人员签字确认后报企业安全主管部门。

（3）安全事故统计规定

1）企业职工伤亡事故统计实行以地区考核为主的制度。各级隶属关系的企业和企业主管单位要按当地安全生产行政主管部门规定的时间报送报表。

2）安全生产行政主管部门对各部门的企业职工伤亡事故情况实行分级考核。企业报送主管部门的数字要与报送当地安全生产行政主管部门的数字一致，各级主管部门应如实向同级安全生产行政主管部门报送。

3）省级安全生产行政主管部门和国务院各有关部门及计划单列的企业集团的职工伤亡事故统计月报表、年报表应按时报到国家安全生产行政主管部门。

（4）死亡事故处理规定

1）事故调查组提出的事故处理意见和防范措施建议，由发生事故的企业及其主管部门负责处理。

2）因忽视安全生产、违章指挥、违章作业、玩忽职守或者发现事故隐患、危害情况而不采取有效措施以致造成伤亡事故的，由企业主管部门或者企业按照国家有关规定，对企业负责人和直接负责人员给予行政处分；构成犯罪的，由司法机关依法追究刑事责任。

3）在伤亡事故发生后隐瞒不报、谎报、故意迟延不报、故意破坏事故现场，或者以不正当理由，拒绝接受调查以及拒绝提供有关情况和资料的，由有关部门按照国家有关规定，对有关单位负责人和直接负责人员给予行政处分；构成犯罪的，由司法机关依法追究刑事责任。

4）伤亡事故处理工作应当在90日内结案，特殊情况不得超过180日。伤亡事故处理结案后，应当公开宣布处理结果。

（5）工伤认定

1）职工有下列情形之一的，应当认定为工伤：

①在工作时间和工作场所内，因工作原因受到事故伤害的。

②工作时间前后在工作场所内，从事与工作有关的预备性或者收尾性工作受到事故伤害的。

③在工作时间和工作场所内，因履行工作职责受到暴力等意外伤害的。

④患职业病的。

⑤因公外出期间，由于工作原因受到伤害或者发生事故下落不明的。

⑥在上下班途中，受到机动车事故伤害的。

⑦法律、行政法规规定应当认定工伤的其他情形。

2）职工有下列情形之一的，视同工伤：

①在工作时间和工作岗位，突发疾病死亡或者在 48 小时内经抢救无效死亡的。

②在抢险救灾等维护国家利益、公共利益活动中受到伤害的。

③职工原在军队服役，因战争、因公负伤残疾，已取得革命残疾军人证，到用人单位后旧伤复发的。

3）职工有下列情形之一的，不得认定为工伤或者视同工伤：

①因犯罪或者违反治安管理条例伤亡的。

②醉酒导致死亡的。

③自残或者自杀的。

（6）职业病的处理

1）职业病报告的要求：

①地方各级卫生行政部门指定相应的职业病防治机构或卫生机构负责职业病统计和报告工作。职业病报告实行以地方为主，逐级上报的办法。

②一切企事业单位发生的职业病，都应按规定要求向当地卫生监督机构报告，由卫生监督机构统一汇总上报。

2）职业病处理的要求：

①职工被确诊患有职业病后，其所在单位应根据职业病诊断机构的意见，安排其医疗或疗养。

②在医治或疗养后被确认不宜继续从事原有害作业或工作的，应自确认之日起的两个月内将其调离原工作岗位，另行安排工作；对于因工作需要暂不能调离的生产、工作的技术骨干，调离期限最长不得超过半年。

③患有职业病的职工变动工作单位时，其职业病待遇应由原单位负责或两个单位协调处理，双方商妥后方可办理调转手续。并将其健康档案、职业病诊断证明及职业病处理情况等材料全部移交新单位。调出、调人单位都应将情况报告所在地的劳动卫生职业病预防机构备案。

④职工到新单位后，新发生的职业病不论与现工作有无关系，其职业病待遇由新单位负责。劳动合同制工人，临时工终止或解除劳动合同后，在待业期间新发现的职业病，与上一个劳动合同期工作有关时，其职业病待遇由原终止或解除劳动合同的单位负责。如原单位已与其他单位合并，由合并后的单位负责；如原单位已撤销，应由原单位的上级主管机关负责。

第四节　建筑工程项目环境管理

一、工程环境保护的要求

1. 开发利用自然资源的项目，必须采取措施保护生态环境。

2. 建设工程项目选址、选线、布局应当符合区域、流域规划和城市总体规划。

3. 应满足项目所在区域环境质量、相应环境功能区划和生态功能区划标准或要求。

4. 应采取生态保护措施，有效预防和控制生态破坏。

5. 对环境可能造成重大影响.应当编制环境影响报告书的建设工程项目，可能严重影响项目所在地居民生活环境质量的建设工程项目，以及存在重大意见分歧的建设工程项目，环保总局可以举行听证会.听取有关单位、专家和公众的意见，并公开听证结果，说明对有关意见采纳或不采纳的理由。

6. 建设工程项目中防治污染地设施，必须与主体工程同时设计，同时施工.同时投产使用。防治污染地设施必须经原审批环境影响报告书的环境保护行政主管部门验收合格后，该建设工程项目方可投入生产或者使用。

二、工程环境保护的措施

1. 大气污染

大气污染物通常以气体状态和粒子状态存在于空气中。

（1）粒子状态污染物又称固体颗粒污染物，粒径在 0.01~100 pm 之间。通常根据粒子状态污染物在重力作用下的沉降特性又可分为降尘和飘尘。

1）降尘。其粒径大于 $10\mu m$.

2）飘尘。其粒径小于 10 pm.飘尘具有胶体的性质，故又称为气溶胶，它容易随呼吸进入人体肺脏，危害人体健康，故称为可吸入颗粒。

（2）废水处理可分为化学法、物理方法、物理化学法及生物法等。

1）物理法。利用筛滤、沉淀、气浮等方法。

2）化学法。利用化学反应来分离、分解污染物，或使其转化为无害物质的处理方法。

3）物理化学法。主要有吸附法、反渗透法、电渗析法等。

4）生物法。

2. 噪声污染

噪声控制技术可从声源、传播途径、接收者防护等方面来考虑。噪声传播途径的控制包括吸声、隔声，消声、减振降噪。

凡在人口稠密区进行强噪声作业时，须严格控制作业时间，一般当日晚 10 点到次日早 6 点之间停止强噪声作业。

三、污染的防治

1. 建设项目环境噪声污染的防治

《中华人民共和国环境噪声污染防治法》规定，新建、改建、扩建的建设项目，必须遵守国家有关建设项目环境保护管理的规定。

建设项目可能产生环境噪声污染的，建设单位必须提出环境影响报告书，规定环境噪声污染的防治措施，并按照国家规定的程序报环境保护行政主管部门批准。环境影响报告书中，应当有该建设项目所在地单位和居民的意见。

建设项目的环境噪声污染防治设施必须与主体工程同时设计，同时施工．同时投产使用。

建设项目在投入生产或者使用之前，其环境噪声污染防治设施必须经原审批环境影响报告书的环境保护行政主管部门验收；达不到国家规定要求的，该建设项目不得投入生产或者使用。

2. 施工现场环境噪声污染的防治

（1）使用机械设备可能产生环境噪声污染的申报。

《中华人民共和国环境噪声污染防治法》规定，在城市市区范围内建筑施工过程中使用机械设备，可能产生环境噪声污染的，施工单位必须在工程开工 15 日之前向工程所在地县级以上地方人民政府环境保护行政主管部门申报该工程的项目名称、施工场所和期限、可能产生的环境噪声值以及所采取的环境噪声污染防治措施的情况。

（2）禁止在夜间进行产生环境噪声污染施工作业的规定。

《中华人民共和国环境噪声污染防治法》规定，在城市市区噪声敏感建筑物集中区域内，禁止夜间进行产生环境噪声污染的建筑施工作业，但抢修、抢险作业和因生产工艺上要求或者特殊需要必须连续作业的除外。因特殊需要必须连续作业的，必须有县级以上人民政府或者其有关主管部门的证明。以上规定的夜间作业，必须公告附近居民。

所谓噪声敏感建筑物集中区域，是指医疗区、文教科研区和以机关或者居民住宅为主的区域。所谓噪声敏感建筑物，是指医院、学校、机关、科研单位、住宅等需要保持安静的建筑物。

（3）政府监管部门的现场检查。

《中华人民共和国环境噪声污染防治法》规定，县级以上人民政府环境保护行政主管部门和其他环境噪声污染防治工作的监督管理部门、机构，有权依据各自的职责对管辖范围内排放环境噪声的单位进行现场检查。

3. 交通运输噪声污染的防治

《中华人民共和国环境噪声污染防治法》规定，在城市市区范围内行驶的机动车辆的消声器和喇叭必须符合国家规定的要求。机动车辆必须加强维修和保养，保持技术性能良好，防治环境噪声污染。

警车、消防车、工程抢险车、救护车等机动车辆安装、使用警报器，必须符合国务院公安部门的规定；在执行非紧急任务时，禁止使用警报器。

4. 对产生环境噪声污染企业事业单位的规定

《中华人民共和国环境噪声污染防治法》规定，产生环境噪声污染的企事业单位，必须保持防治环境噪声污染的设施的正常使用；拆除或者闲置环境噪声污染防治设施的，必须事先报经所在地的县级以上地方人民政府环境保护行政主管部门批准。

产生环境噪声污染的单位，应当采取措施进行治理，并按照国家规定缴纳超标准排污费。征收的超标准排污费必须用于污染的防治，不得挪作他用。

5. 大气污染的防治

（1）建设项目大气污染的防治

《中华人民共和国大气污染防治法》规定，新建、扩建、改建向大气排放污染物的项目，必须遵守国家有关建设项目环境保护管理的规定。

建设项目的环境影响报告书，必须对建设项目可能产生的大气污染和对生态环境的影响进行评价，规定防治措施，并按照规定的程序报环境保护行政主管部门审查批准。

建设项目投入生产或者使用之前，其大气污染防治设施必须经过环境保护行政主管部门验收，达不到国家有关建设项目环境保护管理规定的要求的建设项目，不得投入生产或者使用。

（2）施工现场大气污染的防治

《中华人民共和国大气污染防治法）规定，城市人民政府应当采取绿化责任制，加强建设施工管理、扩大地面铺装面积，控制渣土堆放和清洁运输等措施，提高人均占有绿地面积，减少市区裸露地面和地面尘土，防治城市扬尘污染。

在人口集中地区存放煤炭、煤矸石、煤渣、煤灰、砂石、灰土等物料，必须采取防燃、防尘措施，防止污染大气。严格限制向大气排放含有毒物质的废气和粉尘；确需排放的，必须经过净化处理，不超过规定的排放标准。

施工现场大气污染的防治，重点是防治扬尘污染。对于扬尘控制，建设部《绿色施工导则》中有以下规定。

1）运送土方、垃圾、设备及建筑材料等，不能污损场外道路。运输容易散落、飞扬、流漏物料的车辆，必须采取措施封闭严密，保证车辆清洁。施工现场出口应设置洗车槽。

2）土方作业阶段。采取洒水、覆盖等措施，达到作业区目测扬尘高度小于 1.5 m，不扩散到场区外。

3）结构施工、安装装饰装修阶段。作业区目测扬尘高度应小于 0.5 m。对易产生扬尘的堆放材料应采取覆盖措施；对粉末状材料应封闭存放；场区内可能引起扬尘的材料及建筑垃圾搬运应有降尘措施，如覆盖、洒水等；浇筑混凝土前清理灰尘和垃圾时尽量使用吸尘器，避免使用吹风器等易产生扬尘的设备；机械剔凿作业时可用局部遮挡．掩盖．水淋等防护措施；高层或多层建筑清理垃圾应搭设封闭性临时专用道或采用容器吊运。

4）施工现场非作业区达到目测无扬尘的要求。对现场易飞扬物质采取有效措施，如洒水、地面硬化、围挡、密网覆盖、封闭等，防止扬尘产生。

5）构筑物机械拆除前，做好扬尘控制计划。可采取清理积尘，拆除体洒水、设置隔挡等措施。

6）构筑物爆破拆除前，做好扬尘控制计划。可采用清理积尘、淋湿地面、预湿墙体、屋面敷水袋、楼面蓄水、建筑外设高压喷雾状水系统、搭设防尘排栅和直升机投水弹等综合降尘。并且应选择风力小的天气进行爆破作业。

7）在场界四周隔挡高度位置测得的大气总悬浮颗粒物（TSP）月平均浓度与城市背景值的差值不能大于 0.08 mg。

（3）对向大气排放污染物单位的监管

《中华人民共和国大气污染防治法》规定，向大气排放污染物的单位，必须按照国务院环境保护行政主管部门的规定向所在地的环境保护行政主管部门申报拥有的污染物排放设施、处理设施和在正常作业条件下排放污染物的种类、数量、浓度，并提供防治大气污染方面的有关技术资料。排污单位排放大气污染物的种类、数量，浓度有重大改变的，应当及时申报；其大气污染物处理设施必须保持正常使用，拆除或者闲置大气污染物处理设施的。必须事先报经所在地的县级以上地方人民政府环境保护行政主管部门批准。

向大气排放污染物的，其污染物排放浓度不得超过国家和地方规定的排放标准。在人口集中地区和其他依法需要特殊保护的区域内，禁止焚烧沥青、油毡、橡胶、塑料、皮革，垃圾以及其他产生有毒有害烟尘和恶臭气体的物质。

6. 水污染的防治

《中华人民共和国水污染防治法》规定，水污染防治应当坚持预防为主、防治结合、综合治理的原则，优先保护饮用水水源，严格控制工业污染，城镇生活污染，防治农业面源污染，积极推进生态治理工程建设，预防、控制和减少水环境污染和生态破坏。

（1）建设项目水污染的防治

《中华人民共和国水污染防治法》规定，新建、改建、扩建直接或者间接向水体排放污染物的建设项目和其他水上设施，应当依法进行环境影响评价。

建设单位在江河、湖泊等地新建、改建、扩建排污口的，应当取得水行政主管部门或者流域管理机构同意；涉及通航、渔业水域的，环境保护主管部门在审批环境影响评价文件时，应当征求交通、渔业主管部门的意见。

建设项目的水污染防治设施，应当与主体工程同时设计、同时施工、同时投入使用。水污染防治设施应当经过环境保护主管部门验收。验收不合格的，该建设项目不得投入生产或者使用。

禁止在饮用水水源一级保护区内新建、改建、扩建与供水设施和保护水源无关的建设项目。已建成的与供水设施和保护水源无关的建设项目,由县级以上人民政府责令拆除或者关闭。禁止在饮用水水源二级保护区内新建、改建、扩建排放污染物的建设项目;已建成的排放污染物的建设项目,由县级以上人民政府责令拆除或者关闭。

禁止在饮用水水源准保护区内新建、扩建对水体污染严重的建设项目;改建建设项目,不得增加排污量。

（2）施工现场水污染的防治

《中华人民共和国水污染防治法》规定,排放水污染物,不得超过国家或者地方规定的水污染物排放标准和重点水污染物排放总量控制指标。

直接或者间接向水体排放污染物的企业.事业单位和个体工商户,应当按照国务院环境保护主管部门的规定,向县级以上地方人民政府环境保护主管部门申报登记拥有的水污染物排放设施、处理设施和在正常作业条件下排放水污染物的种类、数量和浓度,并提供防治水污染方面的有关技术资料。

禁止向水体排放油类、酸液、碱液或者剧毒废液。禁止向水体排放,倾倒工业废渣、城镇垃圾和其他废弃物。

在饮用水水源保护区内,禁止设置排污口。在风景名胜区水体.重要渔业水体和其他具有特殊经济文化价值的水体的保护区内,不得新建排污口。在保护区附近新建排污口。应当保证保护区水体不受污染。

禁止利用渗井、渗坑、裂隙和溶洞排放、倾倒含有毒污染物的废水、含病原体的污水和其他废弃物。禁止利用无防渗漏措施的沟渠、坑塘等输送或者存储含有毒污染物的废水、含病原体的污水和其他废弃物。兴建地下工程设施或者进行地下勘探、采矿等活动,应当采取防护性措施,防止地下水污染。人工回灌补给地下水,不得恶化地下水质。

住房和城乡建设部发布的《绿色施工导则》进一步规定了水污染控制措施:1）施工现场污水排放应达到国家标准《污水综合排放标准》（GB8978-1996）的要求;2）在施工现场应针对不同的污水,设置相应的处理设施,如沉淀池、隔油池、化粪池等;3）污水排放应委托有资质的单位进行废水水质检测,提供相应的污水检测报告;4）保护地下水环境;5）对于化学品等有毒材料、油料的储存地,应有严格的隔水层设计,做好渗漏液收集和处理。

（3）发生事故或者其他突发性事件的规定

《中华人民共和国水污染防治法》规定,企事业单位发生事故或者其他突发性事件,造成或者可能造成水污染事故的,应当立即启动本单位的应急方案,采取应急措施。并向事故发生地的县级以上地方人民政府或者环境保护主管部门报告。

7.建设项目固体废物污染环境的防治

《中华人民共和国固体废物污染环境防治法》规定,建设产生固体废物的项目以及建设储存、利用、处置固体废物的项目，必须依法进行环境影响评价，并遵守国家有关建设项目环境保护管理的规定。

建设项目的环境影响评价文件需要确定配套建设的固体废物污染环境防治设施，必须与主体工程同时设计、同时施工、同时投入使用。固体废物污染环境防治设施必须经原审批环境影响评价文件的环境保护行政主管部门验收合格后，该建设项目方可投入生产或者使用。

对固体废物污染环境防治设施的验收应当与对主体工程的验收同时进行。

在国务院和国务院有关主管部门及省、自治区、直辖市人民政府划定的自然保护区、风景名胜区、饮用水水源保护区.基本农田保护区和其他需要特别保护的区域内，禁止建设工业固体废物集中储存、处置的设施、场所和生活垃圾填埋场。

8.施工现场固体废物污染环境的防治

（1）一般固体废物污染环境的防治

《中华人民共和国固体废物污染环境防治法》规定，产生固体废物的单位和个人，应当采取措施，防止或者减少固体废物对环境的污染。

收集、储存、运输、利用、处置固体废物的单位和个人，必须采取防扬散、防流失、防渗漏或者其他防止污染环境的措施；不得擅自倾倒、堆放、丢弃、遗撒固体废物。禁止任何单位或者个人向江河、湖泊、运河渠道、水库及其最高水位线以下的滩地和岸坡等法律、法规规定禁止倾倒、堆放废弃物的地点倾倒、堆放固体废物。

转移固体废物出省、自治区、直辖市行政区域储存、处置的，应当向固体废物移出地的省、自治区、直辖市人民政府环境保护行政主管部门提出申请。移出地的省、自治区、直辖市人民政府环境保护行政主管部门应当经接受地的省、自治区、直辖市人民政府环境保护行政主管部门同意后方可批准转移该固体废物出省、自治区、直辖市行政区域。未经批准的，不得转移。

（2）危险废物污染环境防治的特别规定

对危险废物的容器和包装物以及收集、储存、运输、处置危险废物的设施.场所，必须设置危险废物识别标志。以填埋方式处置危险废物不符合国务院环境保护行政主管部门规定的，应当缴纳危险废物排污费。危险废物排污费用于污染环境的防治，不得挪作他用。

收集、储存、运输、处置危险废物的场所、设施、设备和容器、包装物及其他物品转作他用时，必须经过消除污染的处理，方可使用。

产生、收集、储存、运输、利用、处置危险废物的单位，应当制定意外事故的防范措施和应急预案，并向所在地县级以上地方人民政府环境保护行政主管部门备案；环境保护行政主管部门应当进行检查。因发生事故或者其他突发性事件，造成危险废物严重污染环境的单位，必须立即采取措施消除或者减轻对环境地污染危害，及时通报可能受到污染危害的单位和居民，并向所在地县级以上地方人民政府环境保护行政主管部门和有关部门报告，接受调查处理。

（3）施工现场固体废物的减量化和回收再利用

《绿色施工导则》规定，制定建筑垃圾减量化计划，如住宅建筑每万平方米的建筑垃圾不宜超过 400 t。

加强建筑垃圾的回收再利用，力争建筑垃圾的再利用和回收率达到 30%，建筑物拆除产生的废弃物的再利用和回收率大于 40%。对于碎石类、土石方类建筑垃圾，可采用地基填埋、铺路等方式提高再利用率，力争再利用率大于 50%。

施工现场生活区设置封闭式垃圾容器，施工场地生活垃圾实行袋装化，及时清运。对建筑垃圾进行分类，并收集到现场封闭式垃圾站，集中运出。

第九章 其他项目管理

第一节 建设工程项目成本管理

一、建筑工程成本管理概述

（一）施工项目成本的概念

1.施工项目成本

施工项目成本，是指建筑业企业以施工项目作为成本核算对象的施工过程中，所耗费的生产资料转移价值和劳动者的必要劳动所创造的价值的货币形式。也就是某施工项目在施工中所发生的全部生产费用的总和，包括所消耗的主、辅材料，构配件，周转材料的摊销费或租赁费，支付给生产工人的工资、奖金以及项目经理部（或分公司、工程处）一级组织和管理工程施工所发生的全部费用。施工项目成本不包括劳动者为社会所创造的价值，如税金和计划利润，也不应包括不构成项目价值的一切非生产性支出。明确这些，对研究施工项目成本的构成和进行施工项目成本管理是非常重要的。

施工项目成本是建筑业企业的产品成本，亦称工程成本，一般以项目的单位工程作为成本核算对象，通过各单位工程成本核算的综合来反映施工项目成本。

在施工项目管理中，最终是要使项目达到质量高、工期短、消耗低、安全好等目标，而成本是这四项目标经济效果的综合反映。因此，施工项目成本是施工项目管理的核心。

研究施工项目成本，既要看到施工生产中的耗费形成的成本，又要重视成本的补偿，这才是对施工项目成本的完整理解。施工项目成本是否准确客观，对企业财务成果和投资者的效益影响很大。成本多算，则利润少计，可分配利润就会减少；反之，成本少算，则利润多计，可分配的利润就会虚增而实亏。所以，要正确计算施工项目成本，就要进一步改革成本核算制度。

2.施工项目成本的形成

（1）按成本控制需要，从成本发生时间来划分，施工项目成本可分为承包成本、计划成本和实际成本。

①承包成本（预算成本）。工程承包成本（预算成本）是反映企业竞争水平的成本。

它根据施工图由全国统一的工程量计算规则计算出来的工程量，全国统一的建筑、安装工程基础定额和由各地区的市场劳务价格、材料价格信息及价差系数，并按有关取费的指导性费率进行计算。

全国统一的建筑、安装工程基础定额是为了适应市场竞争、增大企业的个别成本报价，按量价分离以及将工程实体消耗量和周转性材料、机具等施工手段相分离的原则来制定的，作为编制全国统一、专业统一和地区统一概算的依据，也可作为企业编制投标报价的参考。

市场劳务价格和材料价格信息及价差系数和施工机械台班费由各地区建筑工程造价管理部门按月（或按季度）发布，进行动态调整。

有关取费率由各地区、各部门按不同的工程类型、规模大小、技术难易、施工场地情况、工期长短、企业资质等级等条件分别制定具有上下限幅度的指导性费率。承包成本是确定工程造价的基础，也是编制计划成本的依据和评价实际成本的依据。

②计划成本。施工项目计划成本是措施工项目经理部根据计划期内的有关资料（如工程的具体条件和企业为实施该项目的各项技术组织措施），在实际成本发生前预先计算的成本。也就是建筑企业考虑降低成本措施后的成本计划数，反映了企业在计划期内应达到的成本水平。它对于加强企业和项目经理部的经济核算，建立和健全施工项目成本管理责任制，控制施工过程中生产费用，降低施工项目成本具有十分重要的作用。

③实际成本。实际成本是施工项目在报告期内实际发生的各项生产费用的总和。把实际成本与计划成本比较，可以显现成本的节约和超支情况，考核企业施工技术水平及技术组织措施的贯彻执行情况和企业的经营效果。实际成本与承包成本比较，可以反映工程盈亏情况。因此，计划成本和实际成本都是反映施工企业成本水平的，它受企业本身的生产技术、施工条件及生产经营管理水平所制约。

（2）按生产费用计入成本的方法来划分，施工项目成本可分为直接成本和间接成本两种形式。

①直接成本。直接成本是指直接消耗于工程，并能直接计入工程对象的费用。

②间接成本。间接成本是指非直接用于也无法直接计入工程对象，但为进行工程施工所必须发生的费用，通常是按照直接成本的比例来计算。

按上述分类方法，能正确反映工程成本的构成，考核各项生产费用的使用是否合理，便于找出降低成本的途径。

（3）按生产费用与工程量关系来划分，施工项目成本可分为固定成本和变动成本。

①固定成本。固定成本是指在一定期限和一定的工程量范围内，其发生的成本额不受工程量增减变动的影响而相对固定的成本。如折旧费、大修理费、管理人员工资、办公费、照明费等。这一成本是为了保持企业具有一定的生产经营条件而发生的。一般来说，对于企业的固定成本，每年基本相同，但是当工程量超过一定范围则需要增添机械设备和管理人员，此时固定成本将会发生变动。此外，所谓固定是指其总额而言，关于分配到每个项目单位工程量上的固定费用则是变动的。

②变动成本。变动成本是指发生总额随着工程量的增减变动而成正比例变动的费用，如直接用于工程上的材料费、实行计划工资制的人工费用等。所谓变动，也是就其总额而言，对于单位分项工程上的变动费用往往是不变的。

将施工过程中发生的全部费用划分为固定成本和变动成本，对于成本管理和成本决策具有重要作用。因固定成本是维持生产能力所必需的费用，要降低单位工程量的固定费用，只有从提高劳动生产率，增加企业总工程量数额并降低固定成本的绝对值入手。降低变动成本只能是从降低单位分项工程的消耗定额入手。

3. 施工项目成本的构成

建筑业企业在工程项目施工中为提供劳务、作业等过程中所发生的各项费用支出，按照国家规定计入成本费用。按国家有关规定，施工企业工程成本由直接成本和间接成本组成。

直接成本，是措施工过程中直接耗费的构成工程实体或有助于工程形成的各项支出，包括人工费、材料费、机械使用费和其他直接费。所谓其他直接费是指直接费以外施工过程中发生的其他费用。

间接成本，是指企业的各项目经理部为施工准备、组织和管理施工生产所发生的全部施工间接费。施工项目间接成本应包括：现场管理人员的人工费（基本工资、工资性补贴、职工福利费）、资产使用费、工具用具使用费、保险费、检验试验费、工程保修费、工程排污费以及其他费用等。

（二）施工项目成本管理的内容

施工项目成本管理是建筑业企业项目管理系统中的一个子系统，这一系统的具体工作内容包括：成本预测、成本决策、成本计划、成本控制、成本核算、成本检查和成本分析等。

施工项目经理部在项目施工过程中对所发生的各种成本信息，通过有组织、有系统地进行测、计划、控制、核算和分析等工作，促使施工项目系统内各种要素按照一定的目标运行，使施工项目的实际成本能够控制在预定的计划成本范围内。

1. 施工项目的成本预测

施工项目的成本预测是通过成本信息和施工项目的具体情况，并运用一定的专门方法，对未来的成本水平及其可能发展趋势做出科学的估计，其实质就是在施工以前对成本进行预测及核算。通过成本预测，可以使项目经理部在满足建设单位和企业要求的前提下，选择成本低、效益好的最佳成本方案，并能够在施工项目成本形成过程中，针对薄弱环节，加强成本控制，克服盲目性，提高预见性。因此，施工项目的成本预测是施工项目成本决策与计划的依据。

2. 施工项目的成本计划

施工项目的成本计划是项目经理部对项目施工成本进行计划管理的工具。它是以货币形式编制施工项目在计划期内的生产费用、成本水平、成本降低率以及为降低成本所采取的主要措施和规划的书面方案，它是建立施工项目成本管理责任制、开展成本控制和核算的基础。

一般来说，一个施工项目的成本计划应包括从开工到竣工所必需的施工成本，它是该施工项目降低成本的指导文件，是设立目标成本的依据。

3. 施工项目的成本管理

施工项目的成本管理是指在施工过程中，对影响施工项目成本的各种因素加强管理，并采取各种有效措施，将施工中实际发生的各种消耗和支出严格控制在成本计划范围内，随时提示并及时反馈，严格审查各项费用是否符合标准，计算实际成本和计划成本之间的差异并进行分析，消除施工中的损失浪费现象，发现和总结先进经验。通过成本管理，使之最终实现甚至超过预期的成本节约目标。

施工项目的成本管理应贯穿在施工项目从招投标阶段开始直到项目竣工验收的全过程，它是企业全面成本管理的重要环节。

4. 施工项目的成本核算

施工项目的成本核算，是指项目施工过程中所发生的各种费用和形成施工项目成本的核算。施工项目的成本核算所提供的各种成本信息，是成本预测、成本计划、成本控制、成本分析和成本考核等各个环节的依据。因此，加强施工项目成本核算工作，对降低施工项目成本、提高企业的经济效益有积极的作用。

5. 施工项目的成本分析

施工项目的成本分析是在成本形成过程中，对施工项目成本进行的对比评价和剖析总结工作，它贯穿于施工项目成本管理的全过程，也就是说施工项目成本分析主要利用施工项目的成本核算资料，与目标成本、预算成本以及类似的施工项目的实际成本等进行比较，了解成本的变动情况，同时也要分析主要技术经济指标对成本的影响。

6. 施工项目的成本考核

所谓成本考核，就是施工项目完成后，对施工项目成本形成中的各责任者，按施工项目成本目标责任制的有关规定，将成本的实际指标与计划、定额、预算进行对比和考核，评定施工项目成本计划的完成情况和各责任者的业绩，并以此给以相应的奖励和处罚。

（三）施工项目成本管理的原则

1. 成本最低原则

施工项目成本管理的根本目的，在于通过成本管理的各种手段，促进不断降低施工项目成本，以期能实现最低的目标成本的要求。然而，在实行成本最低化原则时，应注意研究降低成本的可能性和合理的成本最低化。一方面挖掘各种降低成本的潜力，使可能性变为现实；另一方面要从实际出发，制定通过主观努力可能达到合理的最低成本水平。

2. 全面成本管理原则

在施工项目成本管理中，普遍存在"三重三轻"问题，即重实际成本的计算和分析，轻全过程的成本管理和对其影响因素的管理；重施工成本的计算分析，轻采购成本、工艺成本和质量成本；重财会人员的管理，轻群众性日常管理。因此，为了确保不断降低施工项目成本，达到成本最低化的目的，必须实行全面成本管理。全面成本管理是全企业、全员和全过程的管理，亦称"三全"管理。

3. 成本责任制原则

为了实行全面成本管理，必须对施工项目成本进行层层分解，以分级、分工、分人的成本责任制为保证。施工项目经理部应对企业下达的成本指标负责，班组和个人对项目经理部的成本目标负责，以做到层层保证，定期考核评定。成本责任制的关键是划清责任，并要与奖惩制度挂钩，使各部门、各班组和个人都来关心施工项目成本。

4. 成本管理有效化原则

所谓成本管理有效化，主要有两层意思。一是促使施工项目经理部以最少的投入，获得最大的产出；二是以最少的人力和财力，完成较多的管理工作，提高工作效率。

5. 成本管理科学化原则

成本管理是企业管理学中一个重要内容，企业管理要实行科学化，必须把有关自然科学和社会科学中的理论、技术和方法运用于成本管理。在施工项目成本管理中，可以运用预测与决策方法、目标管理方法、量本利分析方法和价值方法等。

二、建筑工程成本管理方法

（一）材料物资采购管理

1. 材料采购供应

一般工程中，材料的价值约占工程造价的 70%，材料控制的重要性显而易见。材料供应分为业主供应和承包商采购。

（1）建设单位（业主）供料管理。建设单位供料的供应范围和供应方式应在工程承包合同中事先加以明确，由于设计变更原因，施工中大都会发生实物工程量和工程造价的增减变化，因此，项目的材料数量必须以最终的工程结算为依据进行调整，对于业主（甲方）未交足的材料，需按市场价列入工程结算，向业主收取。

（2）承包企业材料采购供应管理。工程所需材料除部分由建设单位（业主）供应，其余全部由承包企业（乙方）从市场采购，许多工程甚至全部材料都由施工企业采购。在选择材料供应商的时候，应坚持"质优、价低、运距近、信誉好"的原则，否则就会给工程质量、工程成本和正常施工带来无穷的后患。要结合材料进场入库的计量验收情况，对材料采购工作中各个环节进行检查和管理。

2. 材料价格的管理

由于材料价格是由买价、运杂费、运输中的损耗等组成，因而材料价格主要应从以下三个方面加以管理。

（1）买价管理。买价的变动主要是由市场因素引起的，但在内部管理方面还有许多工作可做。应事先对供应商进行考察，建立合格供应商名册。采购材料时，必须在合格供应商名册中选定供应商，实行货比三家，在保质保量的前提下，选择最低买价。同时实现项目监理、项目经理部对企业材料部门采购的物资有权过问与询价，对买价过高的物资，可以根据双方签订的合同处理。

（2）运费管理。就近购买材料，选用最经济的运输方式都可以降低材料成本。材料采购通常要求供应商在指定的地点按合同约定交货，若供应单位变更指定地点而引起费用增加，供应商应予支付。

（3）损耗管理。严格管理材料的损耗可节约成本，损耗可分为运输损耗、仓库管理损耗、现场损耗。

3. 材料用量的管理

在保证符合设计要求的前提下，合理使用材料和节约材料，通过定额管理、计量管理以及施工质量管理等手段，有效控制材料物资的消耗。

（1）定额与指标管理。对于有消耗定额的材料，项目以消耗定额为依据，实行限额发料制度，施工项目各工长只能依据限额分期分批领用，如需超限领用材料，应办理有关手续后再领用。对于没有消耗定额的材料，按企业计划管理办法进行指导管理。

（2）计量管理。为准确核算项目实际材料成本，保证材料消耗准确，在采购和班组领料过程中，要严格计量，防止出现差错造成损失。

（3）以钱代物，包干控制。在材料使用过程中，可以考虑对不易管理且使用量小的零星材料（如铁钉、铁丝等）采用以钱代物、包干管理的方法。根据工程量算出所需材料数量并将其折算成现金，发给施工班组，一次包死。班组用料时，再向项目材料员购买，出现超支由班组自责，若有节约则归班组所得。

（二）现场设施管理

施工现场临时设施费用是工程直接成本的组成部分之一。施工现场各类临时设施配置规模直接影响工程成本。

1. 现场生产及办公、生活临时设施和临时房屋的搭建数量、形式的确定，在满足施工基本需要的前提下，尽可能做到简洁适用，节约施工费用。

2. 材料堆场、仓库类型、面积的确定，尽可能在满足合理储备和施工需要的前提下合理配置。

3. 临时供水、供电管网的铺设长度及容量确定，要尽可能合理。

4. 施工临时道路的修筑，材料工器具放置场地的硬化等，在满足施工需要的前提下，数量尽可能最小，尽可能利用永久性道路路基，不足时再修筑施工临时道路。

（三）施工机械的管理

合理使用施工机械设备对工程项目的顺利施工及其成本管理具有十分重要的意义，尤其是高层建筑施工。据统计，高层建筑地面以上部分的总费用中，垂直运输机械费用约占 6%~10%。正确拟定施工方法和选择施工机械是合理地组织施工的关键。因为它直接影响着施工速度、工程质量、施工安全和工程的成本，故在组织工程项目施工时，首先应予以解决。

各个施工过程可以采用多种不同的施工方法和多种不同类型的建筑机械进行施工，而每一种方法都有其优缺点，应从若干个可以实现的施工方案中，选择适合于本工程，较先进合理而又最经济的施工方案，以达到成本低、劳动效率高的目的。

施工方法的选择必然要涉及施工机械的选择。特别是现代工程项目中，机械化施工作为实现建筑工业化的重要因素，施工机械的选择，就成为施工方法选择的中心环节。

选择施工机械时，应首先选择主导工程的机械，结合工程特点和其他条件确定其最合适的类型。例如，装配式单层工业厂房结构安装用起重机类型的选择，当工程量较大而又集中时，可以采用生产效率较高的塔式起重机；当工程量较小或工程量虽大却又相当分散时，可采用自行式起重机，选用的起重机型号应满足起重量、起重高度和起重半径的要求。

选择与主导机械配套的各种辅助机械或运输工具时，应使它们的生产能力互相协调一致，使主导机械的生产能力得到充分发挥。例如在土方工程中，若采用汽车运土，汽车容量一般是挖土机斗容量的整倍数，汽车数量应保证挖土机连续工作；又如在结构安装施工中，运输机械的数量及每次运输量，应保证起重机连续工作。

在一个建筑工地上，如果机械的类型很多，会使机械修理工作复杂化。为此，在工程量较大时，适宜专业化生产的情况下，应该采用专业机械；工程量小而分散的情况下，尽量采用多用途的机械，使一种机械能适应不同分部分项工程的需要。例如挖土机既可用于挖土，又可用于装卸、起重和打桩。这样既便于工地上的管理，又可以减少机械转移时的工时消耗。同时还应考虑充分发挥施工单位现有机械的能力，并争取实现综合配套。

所选机械设备必须技术上应是先进的，在经济上则是合理有效的，而且符合施工现场的实际情况。

（四）分包价格的管理

现在专业分工越来越细，对工程质量的要求越来越高，对施工进度的要求越来越快。因此工程项目的某些分项就能分包给某些专业公司。分包工程价格的高低，对施工成本影响较大，项目经理部应充分做好分包工作。当然，由于总承包人对分包人选择不当而发生的施工失误的责任由总承包人承担，所以，要对分包人进行二次招标，总承包人对分包的企业进行全面认真地分析，综合判定选择分包企业，但分包应征得业主同意。项目经理部确定施工方案的初期就需要对分包予以考虑，并定出分包的工程范围，而决定这一范围的控制因素主要是考虑工程的专业性和项目规模。

三、建筑工程成本计划和控制

（一）施工项目成本计划的作用

施工项目成本计划，是以货币形式预先规定施工项目进行中的施工生产耗费的目标总水平，通过施工过程中实际成本的发生与其对比，可以确定目标的完成情况，并且按成本管理层次、有关成本项目以及项目进展的各个阶段对目标成本加以分解，以便于各级成本方案的实施。

施工项目成本计划是施工项目管理的一个重要环节，是施工项目实际成本支出的指导性文件。

1. 对生产耗费进行控制、分析和考核的重要依据

成本计划既体现了社会主义市场经济体制下对成本核算单位降低成本的客观要求，也反映了核算单位降低成本的目标。成本计划可作为生产耗费进行事前预计、事中检查控制和事后考核评价的重要依据。许多施工单位仅单纯重视项目成本管理的事中控制及事后考核，却忽视甚至省略了至关重要的事前计划，使得成本管理从一开始就缺乏目标，无法考核控制、对比，产生很大的盲目性。施工项目目标成本一经确定，就要层层落实到部门、班组，并应经常将实际生产耗费与成本计划进行对比分析，揭露执行过程中存在的问题，及时采取措施，改进和完善成本管理工作，以保证施工项目的目标成本指标得以实现。

2. 成本计划与其他各方面的计划有着密切的联系，是编制其他有关生产经营计划的基础每一个施工项目都有着自己的项目目标，这是一个完整的体系。在这个体系中，成本计划与其他各方面的计划有着密切的联系。它们既相互独立，又起着相互依存和相互制约的作用。如编制项目流动资金计划、企业利润计划等都需要目标成本编制的资料，同时，成本计划是综合平衡项目的生产经营的重要保证。

3. 可以动员全体职工深入开展增产节约、降低产品成本的活动为了保证成本计划的实现，企业必须加强成本管理责任制，把目标成本的各项指标进行分解，落实到各部门、班组乃至个人，实行归口管理并做到责、权、利相结合，增产节约、降低产品成本。

（二）施工项目成本计划的预测

1. 施工投标阶段的成本估算

投标报价是施工企业采取投标方式承揽施工项目时，以发包人招标文件中的合同条件、技术规范、设计图纸与工程量表、工程的性质和范围、价格条件说明和投标须知等为基础，结合调研和现场考察所得的情况，根据企业自己的定额、市场价格信息和有关规定，计算和确定承包该项工程的报价。

施工投标报价的基础是成本估算。企业首先应依据反映本企业技术水平和管理水平的企业定额，计算确定完成拟投标工程所需支出的全部生产费用，即估算该施工项目施工生产的直接成本和间接成本，包括人工费、材料费、机械使用费、现场管理费用等。

2. 项目经理部的责任目标成本

在实施项目管理之前，应先由企业与项目经理协商，将合同预算的全部造价收入，分为现场施工费用（制造成本）和企业管理费用两部分。其中，以现场施工费用核定的总额，作为项目成本核算的界定范围和确定项目经理部责任成本目标的依据。将正常情况下的制造成本确定为项目经理的可控成本，形成项目经理的责任目标成本。

由于按制造成本法计算出来的施工项目成本，实际上是项目的施工现场成本，反映了项目经理部的成本管理水平，因此用制造成本法既便于对项目经理部成本管理责任的考核，也为项目经理部节约开支、降低消耗提供可靠的基础。

责任目标成本是企业对项目经理部提出的指令成本目标，是以施工图预算为依据，也是对项目经理进行施工项目管理规划、优化施工方案、制定降低成本的对策和管理措施提出的要求。

3. 项目经理部的计划目标成本

项目经理部在接受企业法定代表人委托之后，应通过主持编制项目管理实施规划寻求降低成本的途径，组织编制施工预算，确定项目的计划目标成本。

施工预算是项目经理部根据企业下达的责任成本目标，在编制详细的施工项目管理规划中不断优化施工技术方案和合理配置生产要素的基础上，通过工料消耗分析和制定节约成本措施之后确定的计划成本，也称现场目标成本。一般情况下，施工预算总额控制在责任成本目标的范围内，并留有一定余地。在特殊情况下，若项目经理部经过反复挖潜，仍不能把施工预算总额控制在责任成本目标范围内时，则应与企业进一步协商修正责任成本目标或共同探索进一步降低成本的措施，以使施工预算建立在切实可行的基础上。

4. 计划目标成本的分解与责任体系的建立

目标责任成本总的控制过程为：划分责任——确定成本费用的可控范围——编制责任预算——进行内部验工计价——责任成本核算——责任成本分析——成本考核（即信息反馈），如图 9-1 所示。

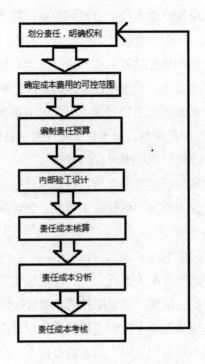

划分责任，明确权利

确定成本费用的可控范围

编制责任预算

内部验工设计

责任成本核算

责任成本分析

责任成本考核

图 9-1 目标责任成本控制系统图

（1）确定责任成本单位，明确责、权、利和经济效益。施工企业的责任成本控制应以工人、班组的制造成本为基础，以项目经理部为基本责任主体。要根据职能简化、责任单一的原则，合理划分所要控制的成本范围，赋予项目经理部相应的责、权、利，实行责任成本一次包干。公司既是本级的责任中心，又是项目经理部责任成本的汇，总部门和管理部门。形成三级责任中心，即班组责任中心、项目经理部责任中心、公司责任中心。这三级责任中心的核算范围为其该级所控制的各项工程的成本、费用及其差异。

（2）确定成本费用的可控范围。要按照责任单位的责权范围大小，确定可以衡量的责任目标和考核范围，形成各级责任成本中心。

班组主要控制制造成本，即工费、料费、机械费三项费用。

项目经理部主要控制责任成本，即工费、料费、机械费、其他直接费、间接费等五项费用。公司主要控制目标责任成本，即工费、料费、机械费、公司管理费、公司其他间接费、公司不可控成本费用、上交公司费用等。

（3）编制责任成本预算。根据以上两条作为依据，编制责任成本预算。注意责任成本预算中既要有人工、材料、机械台班等数量指标，也要有按照人工、材料、机械台班等的固定价格计算的价值指标，以便于基层具体操作。

（4）内部验工计价。验工即为工程队当月的目标责任成本，计价即为项目经理部当月的制造成本。各项目经理部把当月验工资料以报表的形式上报，供公司审批。计价细分为大小临时工程计价、桥隧路工程计价（其中又分班组计价、民工计价）、大堆料计价、运杂费计价、机械队机械费计价、公司材料费计价。其中，机械队机械费公司材料费一般采取转账方式。细分计价方式比较有利于成本核算和实际成本费用的归集。

（5）责任成本核算。通过成本核算，可以反映施工耗费和计算工程实际成本，为企业管理提供信息。通过对各项支出的严格控制，力求以最少的施工耗费取得最大的施工成果，并以此计算所属施工单位的经济效益，为分析考核、预测和计划工程成本提供科学依据。核算体系分班组、项目经理部、公司三级，主要核算人工费、材料费、机械使用费、其他直接费和施工管理费五个责任成本项目。

（6）责任成本分析。成本分析主要是利用成本核算资料及其他相关资料，全面分析了解成本变动情况，系统研究影响成本升降的各种因素及其形成的原因，挖掘降低成本的潜力，正确认识和掌握成本变动的规律性。通过成本分析，可以对成本计划的执行过程进行有效的控制，及时发现和制止各种损失和浪费，为预测成本、编制下期成本计划和经营决策提供重要依据。分析的方法有4种：

①比较分析法。

②比率分析法。

③因素分析法。

④差额分析法。

所采取的主要方式是项目经理部相关部门与公司指挥部相关部门每月共同审核分析，再据此进行季度、年度成本分析。

（7）成本考核。每月要对工程预算成本、计划成本及相关指标的完成情况进行考核、评比。其目的在于充分调动职工的自觉性和主动性，挖掘内部潜力，达到以最少的耗费，取得最大的经济效益。成本考核的方法有4个方面：第一，对降低成本任务的考核，主要是对成本降低率的考核；第二，对项目经理部的考核，主要是对成本计划的完成进行考核；第三，对班组成本的考核，主要是考核材料、机械、工时等消耗定额的完成情况；第四，对施工管理费的考核，公司与项目经理部分别考核。

（三）施工成本控制的依据

施工成本控制的主要依据有以下几个方面。

1. 工程承包合同

施工成本控制要以工程承包合同为依据，围绕降低工程成本这个目标，从预算收入和实际成本两方面，努力挖掘增收节支潜力，以求获得最大的经济效益。

2. 施工成本计划

施工成本计划是根据工程项目的具体情况制订的施工成本控制方案，既包括预定的具体成本控制目标，又包括实现控制目标的措施和规划，是施工成本控制的指导性文件。

3. 进度报告

进度报告提供了每一时刻的工程实际完成量、工程施工成本实际支付情况等重要信息。施工成本控制工作正是通过实际情况与施工成本计划的比较，找出二者之间的差别，分析偏差产生的原因，从而采取措施进行改进的工作。此外，进度报告还有助于管理者及时发现工程实施中存在的问题，并在事态还未造成重大损失之前采取有效措施，尽量避免损失。

4. 工程变更

在项目的实施过程中，由于各方面的原因，工程变更是难以避免的。工程变更一般包括设计变更、进度计划变更、施工条件变更、技术规范与标准变更、施工次序变更、工程数量变更等。一旦出现变更，工程量、工期，成本都必将发生变化，从而使得施工成本控制工作变得更加复杂和困难。因此，施工成本管理人员应当通过对变更要求中的各类数据的计算、分析，随时掌握变更情况，包括已发生工程量、将要发生工程量、工期是否拖延、支付情况等重要信息，判断变更以及变更可能带来的索赔额度等。

除了上述几种施工成本控制工作的主要依据以外，施工组织设计、分包合同等也都是施工成本控制的依据。

（四）施工成本控制的步骤

施工成本控制的步骤如下。

1. 比较

按照某种确定的方式将施工成本的计划值和实际值逐项进行比较，以便发现施工成本是否已经超支。

2. 分析

在比较的基础上，对比较的结果进行分析，以确定偏差的严重性及偏差产生的原因。这一步是施工成本控制工作的核心，其主要目的在于找出产生偏差的原因，从而采取有针对性的措施，避免或减少相同原因的再次发生或减少由此造成的损失。

3. 预测

根据项目实施情况估算整个项目完成时的施工成本。预测的目的在于为决策提供支持。

4. 纠偏

当工程项目的实际施工成本出现了偏差，应当根据工程的具体情况偏差分析和预测的结果，采用适当的措施，以期达到使施工成本偏差尽可能小的目的。纠偏是施工成本控制中最具实质性的一步。只有通过纠偏，才能最终达到有效控制施工成本的目的。

5. 检查

检查是指对工程的进展进行跟踪和检查，及时了解工程进展状况以及纠偏措施的执行情况和效果，为今后的工作积累经验。

（五）施工成本控制的方法

1. 施工成本的过程控制方法

施工阶段是控制建设工程项目成本发生的主要阶段，它通过确定成本目标并按计划成本进行施工、资源配置，对施工现场发生的各种成本费用进行有效控制，其具体的控制方法如下。

（1）人工费的控制。人工费的控制实行"量价分离"的方法，将作业用工及零星用工按定额工日的一定比例综合确定用工数量与单价，通过劳务合同进行控制。

（2）材料费的控制。材料费的控制同样按照"量价分离"原则，控制材料用量和材料价格。材料用量的控制是指通过定额管理、计量管理等手段有效控制材料物资的消耗，具体方法包括定额控制、指标控制，计量控制和包干控制。材料价格的控制是指通过掌握市场信息，应用招标和询价等方式控制材料、设备的采购价格。

（3）施工机械使用费的控制。合理选择施工机械设备及合理使用施工机械设备对成本控制具有十分重要的意义，尤其是高层建筑施工。施工机械使用费主要由台班数量和台班单价两方面决定。

（4）施工分包费用的控制。分包工程价格的高低，必然对项目经理部的施工成本产生一定的影响。因此，施工成本控制的重要工作之一是对分包价格的控制。项目经理部应在确定施工方案的初期就确定出需要分包的工程范围。决定分包范围的因素主要是工程项目的专业性和项目规模。对分包费用的控制，主要是要做好分包工程的询价、订立平等互利的分包合同、建立稳定的分包关系网络、加强施工验收和分包结算等工作。

2. 挣值法

挣值法（EVM）是20世纪70年代美国最先开始研究的，它首先在国防工业中应用并获得成功，然后推广到其他工业领域的项目管理中。20世纪80年代，世界上主要的工程公司均已采用挣值法作为项目管理和控制的准则，并做了大量基础性工作，完善了挣值法在项目管理和控制中的应用。

挣值法是通过分析项目实际完成情况与计划完成情况的差异，从而判断项目费用、进度是否存在偏差的一种方法。挣值法主要用三个费用值和四个评价指标进行分析，分别是已完工作预算费用（BCWP），已完工作实际费用（ACWP）、计划完成工作预算费用（BCWS）和费用偏差（CV）、进度偏差（SV）、费用绩效指数（CPD）、进度绩效指数（SPI）。

3. 偏差分析的表达方法

偏差分析可以采用不同的表达方法，常用的有横道图法、表格法和曲线法等

（1）横道图法

用横道图法进行费用偏差分析，是用不同的横道标识已完工作预算费用（BCWP）、计划完成工作预算费用（BCWS）和已完工作实际费用（ACWP），横道的长度与其金额成正比。横道图法具有形象、直观、一目了然等优点，它能够准确表达出费用的绝对偏差，

并且能一眼感受到偏差的严重性。但这种方法反映的信息量少，一般在项目的较高管理层中应用。

（2）表格法

表格法是进行偏差分析最常用的一种方法，它将项目编号、名称、各费用参数以及费用偏差数综合归纳到一张表格，并且直接在表格中进行比较。由于各偏差参数都在表中列出，使得费用管理者能够综合地了解并处理这些数据。用表格法进行偏差分析具有如下优点。

①灵活、适用性强。可根据实际需要设计表格，进行增减项。

②信息量大。可以反映偏差分析所需的资料，有利于费用控制人员及时采取针对性措施，加强控制。

③表格处理可借助于计算机，节约大量数据处理所需的人力，并大大提高速度。

（3）曲线法

在项目实施过程中，以上三个参数可以形成三条曲线，即计划完成工作预算费用（BCWS）、已完工作预算费用（BCWP）已完工作实际费用（ACWP）。CV=BCWP-ACWP，由于两项参数均以已完工作为计算基准，所以两项参数之差，反映项目进展的费用偏差。SV=BCWP-BCWS，因两项参数均以预算值（计划值）作为计算基准，所以两者之差，反映项目进展的进度偏差。

四、建筑工程成本核算与分析

（一）施工项目成本分析的内容

施工企业成本分析的内容就是对施工项目成本变动因素的分析。影响施工项目成本变动的因素有两个方面，一是外部的属于市场经济的因素；二是内部属于企业经营管理的因素。

这两方面的因素在一定条件下，又是相互制约和相互促进的。项目经理应将施工项目成本分析的重点放在影响施工项目成本升降的内部因素上。影响施工项目成本升降的内部因素包括以下几个方面。

1. 材料、能源利用

在其他条件不变的情况下，材料、能源消耗定额的高低，直接影响材料、能源成本的升降。材料、能源价格的变动，也直接影响产品成本的升降。可见，材料、能源利用其价格水平是影响产品成本升降的一项重要因素。

2. 机械设备的利用

施工企业的机械设备有自有和租用两种。自有机械停用，仍要负担固定费用。租用不用，也要支付停班费。因此，在机械设备的使用过程中，必须以满足施工需要为前提，加强机械设备的平衡调度，充分发挥机械的效用；同时，还要加强平时的机械设备的维修保养工作，提高机械的完好率，保证机械的正常运转。

3.施工质量水平的高低

对施工企业来说，提高施工项目质量水平就可以降低施工中的故障成本，减少未达到质量标准而发生的一切损失费用，施工质量水平的高低也是影响施工项目成本的主要因素之一。

4.用工费用水平的合理性

在实行管理层和作业层两层分离的情况下，项目施工需要的用工和人工费，由项目经理部与施工队签订劳务承包合同，明确承包范围、承包金额和双方的权利、义务。人工费用合理性是指人工费既不过高，也不过低。如果人工费过高，就会增加施工项目的成本，而人工费过低，工人的积极性不高，施工项目的质量就有可能得不到保证。

5.其他影响施工项目成本变动的因素

其他影响施工项目成本变动的因素，包括除上述四项以外的其他直接费用以及为施工准备、组织施工和管理所需要的费用。

（二）施工项目成本分析的方法

1.因果分析图法

因果分析图也叫特性因素图，因其形状像树枝，又称为树枝图，它是以成本偏差为主干用来寻找成本偏差原因的，是一种有效的定性分析法。因果分析图就是从某成本偏差这个结果出发，分析原因，步步深入，直到找出具体根源。首先是找出大的方面原因，然后进一步找出原因背后的原因，即中原因，再从中原因找出小原因或更小原因，并逐步查明并确定主要原因，通常对主要原因做出标记（★），以引起重视。

2.因素替换法

因素替换法可用来测算和检验有关影响因素对项目成本作用的大小，从而找到产生成本偏差的根源。因素替换法是一种常用的定量分析方法，其具体做法是：当一项成本受几个因素影响时，先假定一个因素变动，其他因素不变，计算出该因素的影响效应；然后再依次替换第二、第三个因素，进而确定每一个因素对成本的影响额。

3.差额计算法

差额计算法是因素替换法的一种简化形式，它是利用指数的各个因素的计划数与实际数的差额，按照一定的顺序，直接计算出各个因素变动时对计划指标完成的影响程度的一种方法。

4.比率法

比率法是指用两个以上的指标的比例进行分析的方法。它的基本特点是先把对比分析的数值变成相对数，再观察其相互之间的关系。

(1)相关比率。由于项目经济活动的各个方面是互相联系、互相依存，又互相影响的，因而将两个性质不同而又相关的指标加以对比，求出比率，并以此来考察经营成果的好坏。

(2)构成比率，又称比重分析法或结构对比分析法。通过构成比率，可以考察成本总量的构成情况以及各成本项目占成本总量的比重，同时也可看出量、本、利的比例关系。

（三）施工项目成本考核的内容

施工项目成本考核就是贯彻落实责权利，促进成本管理工作健康发展，更好地完成施工项目的成本目标。

如果对成本考核工作抓得不紧，或者不按正常的工作要求进行考核，前面的成本预测、成本控制、成本核算、成本分析都将得不到及时正确的评价。

施工项目的成本考核特别要强调施工过程中的中间考核。因为通过中间考核发现问题，还能"亡羊补牢"。而竣工后的成本考核，虽然也很重要，但对成本管理的不足和由此造成的损失已经无法弥补。

施工项目的成本考核可以分为两个层次：一是企业对项目经理的考核；二是项目经理对所属部门、施工队和班组的考核。

1. 对项目经理考核的内容

（1）项目成本目标和阶段成本目标的完成情况。

（2）以项目经理为核心的成本管理责任制的落实情况。

（3）成本计划的编制和落实情况。

（4）对各部门、各作业队和班组责任成本的检查和考核情况。

（5）在成本管理中贯彻责权利相结合原则的执行情况。

2. 项目经理对所属各部门、各作业队和班组考核的内容

（1）对各部门的考核内容

①本部门、本岗位责任成本的完成情况。

②本部门、本岗位成本管理责任的执行情况。

（2）对各作业队的考核内容

①劳务合同规定的承包范围和承包内容的执行情况。

②劳务合同以外的补充收费情况。

③班组施工任务单的管理情况，以及班组完成施工任务后的考核情况。

④对生产班组的考核内容（平时由作业队考核）。

（四）施工项目成本考核

1. 施工项目的成本考核采取评分制

具体方法为：先按考核内容评分，然后按七与三的比例加权平均，即责任成本完成情况的评分为七，成本管理工作业绩的评分为三。这是一个假设的比例，施工项目可以根据自己的具体情况进行调整。

2. 施工项目的成本考核要与相关指标的完成情况相结合

具体方法为：成本考核的评分是奖罚的依据，相关指标的完成情况为奖罚的条件。也

就是在根据评分计奖的同时，还要参考相关指标的完成情况加奖或扣罚。与成本考核相结合的相关指标，一般有进度、质量、安全和现场标准化管理。

3. 强调项目成本的中间考核

项目成本的中间考核，可从两方面考虑。

（1）月度成本考核。一般是在月度成本报表编制以后，根据月度成本报表的内容进行考核。

在进行月度成本考核的时候，不能单凭报表数据，还要结合成本分析资料和施工生产、成本管理的实际情况，然后才能做出正确的评价，带动今后的成本管理工作，保证项目成本目标的实现。

（2）阶段成本考核。项目的施工阶段，一般可分为基础、结构、装饰、总体等四个阶段。

如果是高层建筑，可对结构阶段的成本进行分层考核。

阶段成本考核的优点，在于能对施工暂告一段落后的成本进行考核，可与施工阶段其他指标（如进度、质量等）的考核结合得更好，也更能反映施工项目的管理水平。

4. 施工项目的竣工成本考核

施工项目的竣工成本是在工程竣工和工程款结算的基础上编制的，它是竣工成本考核的依据。

工程竣工表示项目建设已经全部完成，并已具备交付使用的条件（即已具有使用价值）。

而月度完成的分部分项工程，只是建筑产品的局部，并不具有使用价值，也不可能用来进行商品交换，只能作为分期结算工程进度款的依据。因此，真正能够反映全貌而又正确的项目成本，是在工程竣工和工程款结算的基础上编制的。

施工项目的竣工成本是项目经济效益的最终反映。它既是上缴利税的依据，又是进行职工分配的依据。因施工项目的竣工成本关系到国家、企业、职工的利益，故必须做到核算正确，考核正确。

5. 施工项目成本的奖罚

施工项目的成本考核应对成本完成情况进行经济奖罚，不能只考核不奖罚，或者考核后拖了很久才奖罚。

由于月度成本和阶段成本都是假设性的，正确程度有高有低。因此，在进行月度成本和阶段成本奖罚的时候不妨留有余地，然后再按照竣工成本结算的奖金总额进行调整（多退少补）。施工项目成本奖罚的标准，应通过合同的形式明确规定。这就是说，合同规定的奖罚标准具有法律效力，任何人都无权中途变更，或者拒不执行。另一方面，通过合同明确奖罚标准以后，职工群众就有目标，有积极性。具体的奖罚标准，应该经过认真测算再行确定。

企业领导和项目经理还可对完成项目成本目标有突出贡献的部门、作业队、班组和个人进行奖励。这是项目成本奖励的另一种形式，不属于上述成本奖罚范围。而这种奖励形式，往往能起到立竿见影的效用。

第二节　建设工程项目合同管理

一、建筑工程项目合同管理的概述

（一）建筑工程项目合同管理的基础知识

1. 合同

所谓合同，又称契约，是指具有平等民事主体资格的当事人，包括自然人和法人，为了达到一定目的，经过自愿、平等，设立变更、终止民事权利义务关系而达成的协议。从合同的定义来看，合同具有下列法律上的特征。

（1）合同是一种法律行为。这种法律行为使签订合同的双方当事人产生一种权利和义务关系，受到国家强制力即法律上的保护，任何一方不履行或者不完全履行合同，都要承担经济上或者法律上的责任。

（2）合同是当事人双方的法律行为。合同的订立必须是合同双方当事人意思的表示，只有双方的意思表示一致时，合同方能成立。

（3）双方当事人在合同中具有平等的地位。即双方当事人应当以平等的民事主体地位来协商制定合同，任何一方不得把自己的意志强加于另一方，任何单位机构不得非法干预，这是当事人自由表达其意志的前提，也是合同双方权利、义务相互对等的基础。

（4）合同应是一种合法的法律行为，合同是国家规定的一种法律制度，双方当事人按照法律规范的要求达成协议，从而产生双方所预期的法律后果。合同必须遵循国家法律、行政法规的规定，并为国家所承认和保护。

（5）合同关系是一种法律关系，这种法律关系不是一般的道德关系。合同制度是一项重要的民事法律制度，它具有强制的性质。不履行合同要受到国家法律的制裁。综上所述，合同是双方当事人依照法律的规定而达成的协议。合同一旦成立，即具有法律约束力，在合同双方当事人之间产生权利和义务的法律关系。也正是通过这种权利和义务的约束，促使签订合同的双方当事人认真全面地履行合同。

2. 建筑工程项目合同

建筑工程项目合同，是指建筑工程项目业主与承包商为完成一定的工程建设任务，而明确双方权利义务的协议，是承包商进行工程建设、业主支付价款的合同。建筑工程项目合同是一种诺成合同，合同订立生效后双方应当严格履行。建筑工程项目合同也是一种双务、有偿合同，当事人双方在合同中都有各自的权利和义务，在享有权利的同时必须履行义务。

根据《中华人民共和国合同法》，勘察合同、设计合同、施工承包合同属于建设工程合同；工程监理合同、咨询合同则属于委托合同。

3. 建筑工程项目合同管理

建筑工程项目合同管理，是指对建筑工程项目建设有关的各类合同，从合同条件的拟定、协商，合同的订立、履行和合同纠纷处理情况的检查和分析等环节的科学管理工作，以期通过合同管理实现建筑工程项目的"三控制"目标，维护合同当事人双方的合法权益。建筑工程项目合同管理的过程是一个动态过程，是随着建筑工程项目合同管理的实施而实施的，因此建筑工程项目合同管理，是一个全过程的动态管理。

（二）建筑工程合同的谈判与订立

1. 合同订立的程序

与其他合同的订立程序相同，工程合同的订立也要采取要约和承诺的方式。根据《中华人民共和国招标投标法》对招标、投标的规定，招标、投标、中标的过程实质就是要约承诺的一种具体方式。招标人通过媒体发布招标公告，或向符合条件的投标人发出招标文件，为要约邀请；投标人根据招标文件内容在约定的期限内向招标人提交投标文件，为要约；招标人通过评标确定中标人，发出中标通知书；招标人和中标人按照中标通知书、招标文件和中标人的投标文件等订立书面合同时，合同成立并生效。

建筑工程施工合同的订立往往要经历一个较长的过程。在明确中标人并发出中标通知书后，双方即可就建设工程施工合同的具体内容和有关条款展开谈判，直到最终签订合同。

2. 建筑工程施工承包合同谈判的主要内容

（1）关于建筑工程内容和范围的确认

招标人和中标人可就招标文件中的某些具体工作内容进行讨论、修改、明确或细化，从而确定工程承包的具体内容和范围。在谈判中双方达成一致的内容，包括在谈判讨论中经双方确认的工程内容和范围方面的修改或调整，应以文字方式确定下来，并以"合同补遗"或"会议纪要"的方式作为合同附件，并明确它是构成合同的一部分。

对于为监理工程师提供的建筑物、家具、车辆以及各项服务，也应逐项详细地予以明确。

（2）关于技术要求、技术规范和施工技术方案

双方尚可对技术要求，技术规范和施工技术方案等进行进一步讨论和确认，必要的情况下甚至可以变更技术要求和施工方案。

（3）关于合同价格条款

一般在招标文件中就会明确规定合同将采用什么计价方式，在合同谈判阶段往往没有讨论的余地。但在可能的情况下，中标人在谈判过程中仍然可以提出降低风险的改进方案。依据计价方式的不同，建筑工程施工合同可以分为总价合同、单价合同和成本加酬金合同。

（4）关于价格调整条款

对于工期较长的建设工程，容易遭受货币贬值或通货膨胀等因素的影响，可能给承包人造成较大损失。价格调整条款可以比较公正地解决这一承包人无法控制的风险损失。无论是单价合同还是总价合同，都可以确定价格调整条款，即是否调整以及如何调整等。可以说，合同计价方式以及价格调整方式共同确定了工程承包合同的实际价格，直接影响着承包人的经济利益。在建设工程实践中，由于各种原因导致费用增加的概率远远大于费用减少的概率，有时最终的合同价格调整金额会远远超过原定的合同总价故承包人在投标过程中，尤其是在合同谈判阶段务必对合同的价格调整条款予以充分的重视。

（5）关于合同款支付方式的条款

建设工程施工合同的付款分四个阶段进行，即预付款、工程进度款、最终付款和退还保留金等。关于支付时间、支付方式、支付条件和支付审批程序等有很多种可能的选择，并且可能对承包人的成本、进度等产生比较大的影响。因此，合同支付方式的有关条款是谈判的重要方面。

（6）关于工期和维修期

中标人与招标人可根据招标文件中要求的工期，或者根据投标人在投标文件中承诺的工期，考虑工程范围和工程量的变动而产生的影响来商定一个确定的工期。同时，还要明确开工日期，竣工日期等。双方可根据各自的项目准备情况、季节和施工环境因素等条件洽商适当的开工时间。

对于具有较多的单项工程的建设工程项目，可在合同中明确允许分部位或分批提交业主验收（例如，成批的房屋建筑工程应允许分栋验收；分多段的公路维修工程应允许分段验收；分多片的大型灌溉工程应允许分片验收等）。并从该批验收时起开始计算该部分的维修期，以缩短承包人的责任期限，最大限度保障自己的利益。

双方应通过谈判明确，由于工程变更（如业主在工程实施中增减工程或改变设计等）恶劣的气候影响以及种种"作为一个有经验的承包人无法预料的工程施工条件的变化"等原因对工期产生不利影响时的解决办法，通常在上述情况下应该给予承包人要求合理延长工期的权利。

合同文本中应当对维修工程的范围、维修责任及维修期的开始和结束时间有明确的规定，承包人应该只承担由于材料和施工方法及操作工艺等不符合合同规定而产生的缺陷。承包人应力争以维修保函来代替业主扣留的保留金。与保留金相比，维修保函对承包人有利，主要是因为可提前取回被扣留的现金，而且保留是有时效的，期满将自动作废。同时，它对业主并无风险，真正发生维修费用，业主可凭保函向银行索回款项。因此，这一做法是比较公平的。维修期满后，承包人应及时从业主处撤回保函。

（7）合同条件中其他特殊条款的完善

合同条件中其他特殊条款的完善主要包括：关于合同图纸；关于违约罚金和工期提前奖金；工程量验收以及衔接工序和隐蔽工程施工的验收程序；关于施工占地；关于向承包人移交施工现场和基础资料；关于工程交付；预付款保函的自动减额条款等。

3. 建筑工程施工承包合同最后文本的确定和合同签订

（1）合同风险评估

在签订合同之前，承包人应对合同的合法性、完备性、合同双方的责任、权益以及合同风险进行评审、认定和评价。

（2）合同文件内容

建设工程施工承包合同文件的构成：合同协议书；工程量及价格；合同条件，包括合同一般条件和合同特殊条件；投标文件；合同技术条件（含图纸）；中标通知书；双方代表共同签署的合同补遗（有时也采用合同谈判会议纪要形式）；招标文件；其他双方认为应该作为合同组成部分的文件。

对所有在招标投标及谈判前后各方发出的文件、文字说明解释性资料进行清理。对凡是与上述合同构成内容有矛盾的文件，应宣布作废。可以在双方签署的合同补遗中，对此做出排除性质的声明。

（3）关于合同协议的补遗

在合同谈判阶段双方谈判的结果一般以《合同补遗》的形式，有时也可以以《合同谈判纪要》形式，形成书面文件。

同时应该注意的是，建设工程施工承包合同必须遵守法律。对于违反法律的条款，即使由合同双方达成协议并最终签字确定，也不受法律保障。

（4）签订合同

对方在合同谈判结束后，应按上述内容和形式形成一个完整的合同文本草案，经双方代表认可后形成正式文件。双方核对无误后，由双方代表草签，至此合同谈判阶段即告结束。此时，承包人应及时准备和递交履约保函，准备正式签署建设工程施工承包合同。

（三）工程担保

1. 投标担保

投标担保或投标保证金，是指投标人保证投标接收后对其投标书中规定的责任不得撤销或者反悔，否则招标人将对投标保证金予以没收。投标保证金的数额一般为投标价的2%左右，但最高不得超过80万元人民币，投标保证金有效期应当超出投标有效期30天。

投标保证金的形式包括：交付现金；支票；银行汇票；不可撤销信用证；银行保函；由保险公司或者担保公司出具投标保证书等。

投标保证金的作用：主要用于保护招标人不因中标人不签约而蒙受经济损失和筛选投标人。

2. 履约担保

履约担保，是指发包人在招标文件中规定的要求，承包人提交的保证履约合同的义务和责任的担保。履约担保的形式有：银行保函、履约担保书、保留金等。

银行履约保函是由商业银行开具的担保证明，通常为合同金额的10%左右，银行保函分为有条件的银行保函和无条件的银行保函。

3. 保证金

工程采购项目保证金提供担保形式的，其金额一般为合同价的 30%~50%。

4. 保留金

保留金一般为每次工程进度款的 10%，但总额一般限制在合同总价款的 5%（通常最高不超过 10%），一般在工程移交时发包人将保留金的，一半支付给承包人，保修期满 1 年后（一般最高不超过 2 年），14 天内将剩下的一半支付给承包人。

5. 预付款担保

预付款担保一般为合同金额的 10%，但需由承包人的开户银行向发包人出具预付担保。预付款担保的形式一般为银行保函，也可由担保公司担保，或采取抵押等担保形式。预付担保的作用在于保证承包人能够按公司规定进行施工，偿还发包人已支付的全部预付款。

6. 支付担保

支付担保是指应承包人的要求，发包人提交的保证应履行合同中约定的工程款支付义务的担保。支付担保的形式有：银行保函、履约保证金、担保公司担保、抵押或质押等。发包人支付担保应是金额担保，实行履约金分段滚动担保。担保额度为工程总额的 20%~25%。本段清算后进入下段。

支付担保的作用是通过对发包人资信状况进行严格审查并落实各项反担保措施，确保工程费用及支付到位。一旦发包人违约，付款担保人将代为履约。

发包人、承包人为了全面履行合同，应互相提供以下担保：承包人向发包人提供履约担保，按合同约定履行自己的各项义务，发包人应当同时向承包人提供工程款支付担保。

（四）建筑工程项目合同管理的内容和程序

建筑合同管理包括合同订立、履行、变更、索赔、解除、终止、争议解决以及控制和综合评价等内容，并应遵守《中华人民共和国合同法》和《中华人民共和国建筑法》的有关规定。

1. 建筑工程合同的内容

（1）建筑工程总承包合同的主要条款。包括：词语含义及合同文件的组成；总承包的内容；双方当事人的权利义务；合同履行期限；合同价款；工程质量与验收；合同的变更；风险责任和保险；工程保修；对设计分包人的规定；索赔与争议的处理；违约责任等。

（2）建筑工程总承包的合同履行。包括：建筑工程总承包合同订立后，双方都应按合同的规定严格履行；总承包单位可以按合同规定对工程项目进行分包，但不得转包；建筑工程总承包单位可以将承包工程中的部分工程发包给具有相应资格条件的分包单位，但是除总承包合同中约定的工程分包外，必须经发包人认可。

（3）施工总承包合同协议书的内容。包括：工程概况；工程承包范围；合同工期；质量标准；合同价款；组成合同的条件；承包人向发包人的承诺；发包人向承包人的承诺；

合同的生效等。

（4）组成合同的文件依据优先顺序分别为：

1）本合同协议书。

2）中标通知书。

3）投标书及附件。

4）专用条款。

5）通用条款。

6）标准规范及有关技术文件。

7）图纸。

8）工程量清单。

9）工程报价单或预算书。

（5）工程分包分为专业工程分包和劳务作业分包。专业工程分包资质设 2~3 个等级，60 个资质类别。劳务分包资质设 1~2 个等级，13 个资质类别。

（6）建筑工程总承包单位按照总承包合同的约定对建设单位负责，具体为：分包单位按照分包合同的约定对总承包单位负责、总承包单位和分包单位就分包工程对建设单位承担连带责任。

施工单位不得转包或违法分包。

（7）劳务分包人须服从工程承包人转发的发包人及工程师的指令，劳务分包人必须为从事危险作业的职工办理意外伤害保险，并为施工场地内自有人员生命财产和施工机械设备办理保险支付保险费用。

劳务分包的劳务报酬，除本合同约定或法律政策变化，导致劳务价格变化，均为一次包死，不再调整。

劳务报酬的支付：全部工程完成后，经工程承包人认可后 14 天内，劳务分包人向工程承包人递交完整的结算资料，按约定的合同计价方式进行劳务报酬的最终支付，结算资料在递交的 14 天内对工程承包人进行核实确认，在承包确认后 4 天内，向劳务分包人支付劳务报酬。

2. 建筑合同管理的具体内容

（1）对合同履行情况进行监督检查。通过检查，发现问题及时协调解决，提高合同履约率。主要包括下面几点。

1）检查合同法及有关法规贯彻执行情况。

2）检查合同管理办法及有关规定的贯彻执行情况。

3）检查合同签订和履行情况，减少和避免合同纠纷的发生。

（2）经常对项目经理及有关人员进行合同法及有关法律知识教育，提高合同管理人员的素质。

（3）建立健全工程项目合同管理制度。包括项目合同归口管理制度；考核制度；合同用章管理制度；合同台账、统计及归档制度。

（4）对合同履行情况进行统计分析。包括工程合同份数、造价、履约率、纠纷次数、违约原因、变更次数及原因等。通过统计分析手段，发现问题，及时协调解决，提高利用合同进行生产经营的能力。

（5）组织和配合有关部门做好有关工程项目合同的鉴证。公证和调解、仲裁及诉讼活动。

3. 建筑工程项目合同管理应遵循的程序

（1）合同评审。

（2）合同订立。

（3）合同实施计划编制。

（4）合同实施控制。

（5）合同综合评价。

（6）有关知识产权的合法使用。

（五）建筑工程项目合同管理机构及人员的设置

1. 合同管理机构的设立

合同管理机构应当与企业总经理室、工程部等机构一样成为施工企业的重要内部机构。施工企业应设立专门的法律顾问室来管理合同的谈判、签署、修改、履约监控、存档和保管等一系列管理活动。合同管理是非常专业化且要求相当高的一种工作，所以，必须要由专门机构和专业人员来完成，而不应兼任或是临时管理。

（1）对于集团型大型施工企业应当设置二级管理制度。由于集团和其下的施工企业都是独立的法人，故二者之间虽有投资管理关系，但在法律上又相互独立。施工企业在经营上有各自的灵活性和独立性。对于这种集团型施工企业的管理，应当设置二级双重合同管理制度，即在集团和其子公司中分别设立各自的合同管理机构，工作相对独立，但又应当及时联络，形成统一灵活的管理模式。

（2）对于中小型建筑工程施工企业也必须设立合同管理机构和合同管理人员，统一管理施工队和挂靠企业的合同，制定合同评审制度，切忌将合同管理权下放到项目部，以强化规范管理。

2. 合同管理专门人员的配备

合同管理工作由合同管理机构统一操作，应当落实到具体人员。对于合同管理工作较繁重的集团型施工企业，应当配以多人，明确分工，做好各自的合同管理工作；对于中小型施工企业，可依具体的合同管理工作量决定合同管理人员的数量。合同管理员的分工可依合同性质种类划分，也可依合同实施阶段划分，具体由施工企业根据自身实际情况和企业经营传统决定。

3. 企业内部合同管理的协作

企业内部机构和人员对于合同管理的协作，是指由企业内部各相关职能部门各司其职，分别参与合同的谈判、起草修改等工作并建立会审和监督机制，实施合同管理的行为和制度。

建筑工程施工企业需签订的合同种类繁多、性质各异。不同种类的合同因其所涉行业专业的不同特点，而具有各自的特殊性。签订不同种类，不同性质的合同，应当由企业中与其相对应的职能部门参加合同谈判和拟定。例如，施工合同的谈判拟定，应由企业工程部负责，而贷款合同的谈判和拟定则应由企业财务部门负责。所有合同文本在各相关部门草拟之后应由企业的总工程师、总经济师、总会计师以及合同管理机构进行会审，从不同的角度提出修改意见，完善合同文本，以供企业的决策者参考，确定合同文本，最终签署合同。

（六）建筑工程项目合同管理制度

为了更好地落实合同管理工作，建筑工程施工企业必须建立完善的项目合同管理制度。建筑工程项目合同管理制度主要包括施工企业内部合同会签制度、合同签订审查批准制度、印章制度、管理目标制度、管理质量责任制度统计考核制度、评估制度、检查和奖励制度等内容。

1. 施工企业内部合同会签制度

由于施工企业的合同涉及施工企业各个部门的管理工作，为了保证合同签订后得以全面履行，在合同未正式签订之前，由办理合同的业务部门会同企业施工、技术、材料、劳动、机械动力和财务等部门共同研究，提出对合同条款的具体意见，进行会签。在施工企业内部实行合同会签制度，有利于调动企业各部门的积极性，发挥各部门管理职能作用，群策群力。集思广益以保证合同履行的可行性，并促使施工企业各部门之间相互衔接和协调。确保合同的全面及实际履行。

2. 合同签订审查批准制度

为了使施工企业的合同签订后合法、有效，必须在签订前履行审查、批准手续。审查是指将准备签订的合同在部门之间会签后，送给企业主管合同的机构或法律顾问进行审查；批准是由企业主管或法定代表人签署意见，同意对外正式签订合同。通过严格的审查批准手续，可以使合同的签订建立在可靠的基础上，尽量防止合同纠纷的发生，以维护企业的合法权益。

3. 管理目标制度

合同管理目标制度是各项合同管理活动应达到的预期结果和最终目的。合同管理的目的是施工企业通过自身在合同的订立和履行过程中进行的计划、组织、指挥、监督和协调等工作，促使企业内部各部门、各环节互相衔接，密切配合，进而使人、财、物各要素得到合理组织和充分利用，保证企业经营管理活动的顺利进行，提高工程管理水平，增强市场竞争能力，从而达到高质量、高效益，满足社会需要，更好地为发展和完善建筑业市场经济服务。

4.印章制度

施工企业合同专用章是代表企业在经营活动中对外行使权力，承担义务，签订合同的凭证。因此，企业对合同专用章的登记、保管、使用等都要有严格的规定。合同专用章应由合同管理员保管、签印，并实行专章专用。合同专用章只能在规定的业务范围内使用，不能超越范围使用；不准为空白合同文本加盖合同印章；不得为未经审查批准的合同文本加盖合同印章；严禁与合同洽谈人员勾结，利用合同专用章谋取个人私利。出现上述情况，要追究合同专用章管理人员的责任。凡外出签订合同时，应由合同专用章管理人员携章陪同负责办理签约的人员一起前往签约。

5.管理质量责任制度

管理质量责任制度是施工企业的一项基本管理制度。它具体规定企业内部具有合同管理任务的部门和合同管理人员的工作范围，履行合同中应负的责任以及拥有的职权。这一制度有利于企业内部合同管理工作分工协作、责任明确、任务落实、逐级负责、人人负责，从而调动企业合同管理人员以及合同履行中涉及的有关人员的积极性，促进施工企业合同管理工作正常开展保证合同圆满完成。

建筑工程施工企业应当建立完善的合同管理质量责任制度、确保人员、部门、制度三落实，一方面把合同管理的质量责任落实到人，让合同管理部门的主管人员和合同管理员的工作质量与奖惩挂钩，以引起具体人员的真正重视；另一方而把合同签约、履约实绩考评落实到人，按类分派不同合同管理员全过程负责不同的合同的签约和股约，以便及时发现问题、解决问题。

6.评估制度

合同管理制度是合同管理活动及其运行过程的行为规范，合同管理制度是否健全是合同管理能否奏效的关键所在。因此，建立一套有效的合同管理评估制度是十分必要的。

合同管理评估制度的主要特点有以下几点。

（1）合法性。指合同管理制度符合国家有关法律、法规的规定。

（2）规范性。指合同管理制度具有规范合同行为的作用，对合同管理行为进行评价、指导、预测，对合法行为进行保护奖励，对违法行为进行预防、警示或制裁等。

（3）实用性。合同管理制度能适应合同管理的需求，以便于操作和实施。

（4）系统性。指各类合同的管理制度是一个有机结合体，互相制约、互相协调，在工程建设合同管理中，能够发挥整体效应的作用。

（5）科学性。指合同管理制度能够正确反映合同管理的客观经济规律，能保证人们利用客观规律进行有效的合同管理。

7.统计考核制度

合同统计考核制度，是施工企业整个统计报表制度的重要组成部分。完善的合同统计考核制度，是运用科学的方法，利用统计数字，反馈合同订立和履行情况，通过对统计数字的分析，总结经验，找出教训，为企业经营决策提供重要依据。施工企业合同考核制度包括统计范围、计算方法、报表格式、填报规定、报送期限和部门等。施工企业一般是对中标率、合同谈判成功率、合同签约率（即实行合同）和合同履约率进行统计考核。

8. 检查和奖励制度

发现和解决合同履行中的问题，协调企业各部门履行合同中的关系，施工企业应建立合同签订、履行的监督检查制度。通过检查及时发现合同履行管理中的薄弱环节和矛盾，以利于提出改进意见，促进企业各部门不断改进合同履行的管理工作，提高企业的经营管理水平。通过定期的检查和考核，对合同履行管理工作完成好的部门和人员给予表扬鼓励；成绩突出，并有重大贡献的人员，给予物质奖励。对于工作差、不负责任的或经常"扯皮"的部门和人员要给以批评教育；对玩忽职守、严重渎职或有违法行为的人员要给予行政处分、经济制裁，情节严重触及刑律的要追究刑事责任。实行奖惩制度有利于增强企业各部门和有关人员履行合同的责任心，是保证全面履行合同的极其有力的措施。

一、建筑工程项目合同评审

合同评审应在合同签订之前进行主要是对招标文件和合同条件进行的审查认定、评价。通过合同评审，可以发现合同中存在的内容含混、概念不清之处或自己未能完全理解的条款，并加以仔细研究，认真分析，采取相应的措施，以减少合同中的风险，减少合同谈判和签订中的失误，有利于合同双方合作愉快，促进建筑工程项目施工的顺利进行。

（一）招标文件分析

1. 招标文件的作用及组成

招标文件是整个建筑工程项目招标过程所遵循的基础性文件，是投标和评标的基础，也是合同的重要组成部分。一般情况下，招标人与投标人之间不进行或进行有限的面对面交流，投标人只能根据招标文件的要求编写投标文件。因此，招标文件是联系、沟通招标人与投标人的桥梁。能否编制出完整、严谨的招标文件，直接影响到招标的质量也是招标成败的关键。

（1）招标文件的作用。招标文件的作用主要表现在以下 3 个方面。

1）招标文件是投标人准备投标文件和参加投标的依据。

2）招标文件是招标投标活动当事人的行为准则和评标的重要依据。

3）招标文件是招标人和投标人签订合同的基础。

（2）招标文件的组成。招标文件的内容大致分为以下 3 类。

1）关于编写和提交投标文件的规定。载入这些内容的目的是尽量减少承包商或供应商由于不明确如何编写投标文件而处于不利地位或其投标遭到拒绝的可能。

2）关于对投标人资格审查的标准及投标文件的评审标准和方法，这是为了提高招标过程的透明度和公平性，所以非常重要，也是不可缺少的。

3）关于合同的主要条款，其中主要是商务性条款，有利于投标人了解中标后签订合同的主要内容，明确双方的权利和义务。其中，技术要求、投标报价要求和主要合同条款等内容是招标文件的关键内容，统称实质性要求。

（3）招标文件一般至少包括以下几项内容。

1）投标人须知。

2）招标项目的性质、数量。

3）技术规格。

4）投标价格的要求及其计算方式。

5）评标的标准和方法。

6）交货、竣工或提供服务的时间。

7）投标人应当提供的有关资格和资信证明。

8）投标保证金的数额或其他有关形式的担保。

9）投标文件的编制要求。

10）提供投标文件的方式、地点和截止时间。

11）开标、评标、定标的日程安排。

12）主要合同条款。

2. 招标文件分析的内容

承包商在建筑工程项目招标过程中，得到招标文件后，通常首先进行总体检查，重点检查招标文件的完备性。一般情况下，承包商要对照招标文件目录检查文件是否齐全，是否有缺页，以及对照图纸目录检查图纸是否齐全。然后分 3 部分进行全面分析。

（1）招标条件分析。分析的对象是投标人，通过分析不仅要掌握招标过程、评标的规则和各项要求，对投标报价工作进行具体安排。而且要了解投标风险，以确定投标策略。

（2）工程技术文件分析。主要是进行图纸会审、工程量复核、图纸和规范中的问题分析，从中了解承包商具体的工程范围、技术要求和质量标准等。在此基础上进行施工组织。确定劳动力的安排，进行材料、设备的分析，制定实施方案，进行报价。

（3）合同文本分析。合同文本分析是一项综合性的、复杂的、技术性很强的工作，分析的对象主要是合同协议书和合同条件。它要求合同管理者必须熟悉与合同相关的法律、法规，精通合同条款，对工程环境有全面的了解，有合同管理的实际工作经验。

合同文本分析主要包括以下 5 个方面的内容。

1）承包合同的合法性分析。

2）承包合同的完备性分析。

3）承包合同双方责任和权益及其关系分析。

4）承包合同条件之间的联系分析。

5）承包合同实施的后果分析。

（二）合同合法性的审查

合同合法性，是指合同依法成立所具有的约束力。对建筑工程项目合同合法性的审查，主要从合同主体、客体、内容等 3 方面来考虑。结合实践情况，在工程项目建设市场上有以下几种合同无效的情况。

1. 没有经营资格而签订的合同。建筑工程施工合同的签订双方是否有专门从事建筑业务的资格，这是合同有效、无效的重要条件之一。

2. 缺少相应资质而签订的合同。建筑工程是"百年大计"的不动产产品，而不是一般的产品，因此工程施工合同的主体除了具备可以支配的财产固定的经营场所和组织机构外。还必须具备与建筑工程项目相适应的资质条件，而且也能在资质证书核定的范围内承接相应的建筑工程任务，不得擅自越级或超越规定的范围。

3. 违反法定程序而订立的合同。在建筑工程施工合同尤其是总承包合同和施工总承包合同的订立中，通常通过招标投标的程序，招标为要约邀请，投标为要约，中标通知书的发出意味着承诺。对通过这一程序缔结的合同，《中华人民共和国招标投标法》有着严格的规定。

首先，《中华人民共和国招标投标法》对必须进行招投标的项目作了限定；其次，招标投标遵循公平、公正的原则，违反这一原则，也可能导致合同无效。

4. 违反关于分包和转包的规定所签订的合同。《中华人民共和国建筑法》允许建筑工程总承包单位将承包工程中的部分发包给具有相应资质条件的分包单位，但是，除总承包合同中约定的分包外，其他分包必须经建设单位认可。而且属于施工总承包的，建筑工程主体结构的施工必须由总承包单位自行完成。也就是说，未经建设单位认可的分包和施工总承包单位将工程主体结构分包出去所订立的分包合同，都是无效的。此外，将建筑工程分包给不具备相应资质条件的单位或分包后将工程再分包，均是法律禁止的。

《中华人民共和国建筑法》及其他法律、法规对转包行为均做了严格禁止。转包包括：承包单位将其承包的全部建筑工程转包；承包单位将其承包的全部建筑工程分解以后，以分包的名义分别转包给他人。属于转包性质的合同也因其违法而无效。

5. 其他违反法律和行政法规所订立的合同。例如，合同内容违反法律和行政法规，也可能导致整个合同的无效或合同的部分无效。又如，发包方指定承包单位购入的用于工程的建筑材料，构配件，或者指定生产厂，供应商等，此类条款均为无效。合同中某一条款的无效，并不必然影响整个合同的有效性。

实践中，构成合同无效的情况众多，需要有一定的法律知识方能判别。所以，建议承发包双方将合同审查落实到合同管理机构和专门人员，每一项目的合同文本均须经过经办人员、部门负责人、法律顾问及总经理几道审查、批注具体意见，必要时还应听取财务人员的意见，以期尽量完善合同，确保在谈判时确定己方利益能够得到最大限度的保护。

（三）合同条款完备性审查

合同条款的内容直接关系到合同双方的权利、义务，在建筑工程项目合同签订之前，应当严格审查各项合同条款内容的完备性，尤其应注意以下内容。

1. 确定合理的工期。工期过长，不利于发包方及时收回投资；工期过短，则不利于承包方对工程质量以及施工过程中建筑半成品的养护。因此，对承包方而言，应当合理计算自己能否在发包方要求的工期内完成承包任务，否则会按照合同约定承担逾期竣工的违约责任。

2. 明确双方代表的权限。在施工承包合同中通常都明确甲方代表和乙方代表的姓名和职务，但对其作为代表的权限则往往规定不明。由于代表的行为代表了合同双方的行为，所以，有必要对其权利范围以及权利限制作一定约定。

3. 明确工程造价或工程造价的计算方法。工程造价条款是工程施工合同的必备和关键条款，但通常会发生约定不明的情况，往往为日后争议与纠纷的发生埋下隐患。面处理这类纠纷，法院或仲裁机构一般委托有权审价的单位鉴定造价，这势必使当事人陷入旷日持久的诉讼，更何况经审价得出的造价也因缺少可靠的计算依据而缺乏准确性，对维护当事人的合法权益极为不利。

4. 明确材料和设备的供应。因材料、设备的采购和供应引发的纠纷非常多，故必须在合同中明确约定相关条款，包括发包方或承包商所供应或采购的材料、设备的名称。型号、规格、数量、单价、质量要求、运送到达工地的时间、验收标准、运输费用的承担、保管责任、违约责任等。

5. 明确工程竣工交付的标准。应当明确约定工程竣工交付的标准。如发包方需要提前竣工，而承包商表示同意的，则应约定由发包方另行支付赶工费用或奖励。这是因为赶工意味着承包商将投入更多的人力、物力、财力。

6. 明确违约责任。违约责任条款订立的目的在于促使合同双方严格履行合同义务，防止违约行为的发生。发包方拖欠工程款、承包方不能保证施工质量或不按期竣工，均会给对方以及第三方带来不可估量的损失。审查违约责任条款时，要注意以下两点。

（1）对违约责任的约定不应笼统化，而应区分情况作相应约定。有的合同不论违约具体情况，笼统地约定一笔违约金，这没有与因违约造成的真正损失金额挂钩，从而会导致违约金过高或过低的情形，是不要当的。应当针对不同的情形作不同的约定，如质量不符合合同约定标准应当承担的责任、因工程返修造成工期延长的责任、逾期支付工程款所应承担的责任等，衡量标准均不同。

（2）对双方违约责任的约定是否全面。在建筑工程施工合同中，双方的义务繁多，有的合同仅对主要的违约情况作了违约责任的约定，而忽视了违反其他非主要义务所应承担的违约责任。但实际上，违反这些义务极可能影响整个合同的履行。

（四）合同风险评价

建筑工程项目承包合同中一般都有风险条款和一些明显的或隐含的对承包商不利的条款，它们会造成承包商的损失，因此是进行合同风险分析的重点。

1. 合同风险的特征

合同风险是指合同中的不确定性，它有以下两个特征。

（1）合同风险事件可能发生也可能不发生，但一经发生就会给承包商带来损失；风险的对立面是机会，它会带来收益。

（2）合同风险是相对的，可以通过合同条款定义风险及其承担者。在工程中，如果风险成为现实，则承担者主要负责风险控制，并承担相应的损失责任。所以，风险属于双方责任划分的问题，不同的表达，有不同的风险和不同的风险承担者。

2. 合同风险的类型

（1）合同中明确规定的承包商应承担的风险。承包商的合同风险首先与所签订的合同的类型有关。如果签订的是固定总价合同，则承包商承担全部物价和工作量变化的风险；而对成本加酬金的合同，承包商则不承担任何风险；对常见的单价合同，风险则由双方共同承担。

此外，在建筑工程承包合同中一般都应有明确规定承包商应承担的风险的条款，常见的有以下几点。

1）工程变更的补偿范围和补偿条件。例如，某合同规定，工程量变更在 5% 的范围内承包商得不到任何补偿。那么，在这个范围内工程量可能的增加就是承包商的风险。

2）合同价格的调整条件。例如，对通货膨胀、汇率变化、税收增加等，合同规定不予调整，则承包商必须承担全部风险；如果在一定范围内可以调整，则承担部分风险。

3）工程范围不确定，特别是固定总价合同。例如，某固定总价合同规定："承包商的工程范围包括工程量表中所列的各个分项，以及在工程量表中没有包括的，但为工程安全经济，高效率运行所必需的附加工程和供应。"由于工程范围不确定、做招标书时设计图纸不完备，承包商无法精确计算工程量的工程，将很容易给承包商造成严重损失。

4）业主和工程师对设计、施工、材料供应的认可权和各种检查权。在国际工程中合同条件常赋予业主和工程师对承包商工程和工作的认可权和各种检查权。

5）其他形式的风险型条款，如索赔有效期限制等。

（2）合同条款不全面，不完整导致承包商损失的风险。合同条款不全面、不完整，没有将合同双方的责权利关系全面表达清楚，没有预计到合同实施过程中可能发生的各种情况，引起合同实施过程中的激烈争执，最终导致承包商的损失。常见的有以下几点。

1）缺少工期拖延违约金最高限额的条款或限额太高；缺少工期提前的奖励条款；缺少业主拖欠工程款的处罚条款等。

2）对工程量变更、通货膨胀、汇率变化等引起的合同价格的调整没有具体规定调整方法、计算公式、计算基础等；对材料价差的调整没有具体说明是否对所有的材料，是否对所有相关费用（包括基价、运输费、税收、采购保管费等）进行调整，以及价差的支付时间等。

3）合同中缺少对承包商权益的保护条款，如在工程受到外界干扰情况下的工期和费用的索赔权等。

4）在某国际工程施工合同中遗漏工程价款的外汇额度条款，结果承包商无法获得已商定的外汇款额。

5）由于没有具体规定，如果发生以上这些情况，业主完全可以以"合同中没有明确规定"为理由，推卸自己的合同责任，使承包商蒙受损失。

（3）合同条款不清楚、不细致、不严密导致承包商蒙受损失的风险。合同条款不清楚、不细致、不严密，承包商不能清楚地理解合同内容，造成的失误。这可能是由招标文件的语言表达方式、表达能力，承包商的外语水平，专业理解能力或工作不细致，以及做招标文件的时间太短等原因所致。常见的有以下几点。

1）在某些工程承包合同中有如下条款："承包商为施工方便而设置的任何设施，均由他自己付款"。这种提法对承包商很不利，在工程过程中业主对承包商在施工中需要使用的某些永久性设施会以"施工方便"为借口而拒绝支付。

2）合同中对一些问题不进行具体规定。

3）业主要求承包商提供业主的现场管理人员（包括监理工程师）的办公和生活设施，但又没有明确列出提供的具体内容和水准，承包商无法准确报价。

4）对业主供应的材料和生产设备，合同中未明确规定详细的送达地点，没有"必须送施工和安装现场"的规定。这样很容易就场内运输，甚至场外运输责任引起争执。

5）某合同中对付款条款规定："工程款根据工程进度和合同价格，按照当月完成的工程量支付。乙方在月底提交当月工程款账单，在经过业主上级主管审批后，业主在15天内支付"。由于没有业主上级主管的审批时间限定，所以在该工程中，业主上级利用拖延审批的办法大量拖欠工程款，而承包商无法对业主进行约束。

（4）发包商提出单方面约束性的、责权利不平衡合同条款的风险。发包商为了转嫁风险提出单方面约束性的、过于苛刻的、责权利不平衡的合同条款。常见的有以下几点。

1）业主对任何潜在的问题，如工期拖延、施工缺陷、付款不及时等所引起的损失不负责。

2）业主对招标文件中所提供的地质资料、试验数据、工程环境资料的准确性不负责。

3）业主对工程实施中发生的不可预见风险不负责。

4）业主对由于第三方干扰造成的工期拖延不负责等。

这样就将许多属于业主责任的风险推给了承包商。这类风险型条款在分包合同中也特别明显。常见的有以下几点。

1）某分包合同规定，总承包商同意在分包商完成工程，经监理工程师签发证书并在业主支付总承包商该项工程款后 X 天内，向分包商付款。如此一来，如果总包其他方面工程出现问题，业主拒绝付款，则分包商尽管按分包合同完成工程，也仍得不到相应的工程款。

2）某分包合同规定："对总承包商因管理失误造成的违约责任，仅当这种违约造成分包商人员和物品的损害时，总承包商才给分包商以赔偿，而其他情况不予赔偿"。这样总承包商管理失误造成分包商成本和费用的增加就不在赔偿范围之内。

（5）其他对承包商要求苛刻条款的风险。其他对承包商苛刻的要求，如要承包商大量垫资承包，工期要求太紧，超过常规，过于苛刻的质量要求等。

3.合同风险分析的影响因素

合同风险分析的准确程度、详细程度和全面性，主要受以下几个方面因素的影响。

（1）承包商对环境状况的了解程度。要精确地分析风险必须作详细的环境调查，拥有大量的第一手资料。

（2）招标文件的完备程度和承包商对招标文件分析的全面程度、详细程度和正确性。

（3）对引起风险的各种因素的合理预测及预测的准确性。

（4）做投标文件时间的长短。

4.合同风险的防范

合同风险的防范应从递交投标文件。合同谈判阶段开始，到工程实施完成合同结束为止。

三、建筑工程项目合同实施计划

（一）建筑工程项目合同实施总体策划，

建筑工程项目合同实施总体策划是指在项目的开始阶段，对那些带根本性和方向性的，对整个项目，整个合同实施有重大影响的问题进行确定。其目标是通过合同保证项目目标和项目实施战略的实现。

在工程项目建设中，承包商必须按照业主的要求投标报价，确定方案并完成工程，所以业主的合同总体策划对整个工程有着很大的影响。

1.工程承包方式和费用的划分

在项目合同实施总体策划过程中，首先需要根据项目的分包策划确定项目的承包方式和每个合同的工程范围，我们将在后面对这部分的内容进行详细讨论。

2.合同种类的选择

不同种类的合同，有不同的应用条件、不同的权利和责任的分配、不同的付款方式，对合同双方有不同的风险。所以，应按具体情况选择合同类型。

（1）单价合同。单价合同是最常见的合同种类，适用范围广。例如，FIDIC 工程施工合同；我国的建筑工程施工合同也主要是这一类合同。

在这种合同中，承包商仅按合同规定承担报价的风险，即对报价（主要为单价）的正确性和适宜性承担责任；而工程量变化的风险由业主承担。由于风险分配比较合理，能够适应大多数工程，能调动承包商和业主双方的管理积极性。单价合同又分为固定单价和可调单价等形式。单价合同的特点是单价优先，业主在招标文件中给出的工程量表中的工程量是参考数字，而实际合同价款应按实际完成的工程量和承包商所报的单价计算。虽然在投标报价，评标以及签订合同中，人们常常注重总价格，但在工程款结算中单价优先，对于投标书中明显的数字计算错误、业主有权先进行修改再评标，当总价和单价的计算结果不一致时，以单价为准调整。在单价合同中应明确编制工程量清单的方法和工程计量方法。

（2）固定总合同。这种合同以一次包死的总价格委托，除了设计有重大变更外，一般不允许调整合同价格。所以在这类合同中，承包商承担了全部的工作量和价格风险。在现代建筑工程中，业主喜欢采用这种合同形式。在正常情况下，可以免除业主由于要追加合同价款、追加投资带来的麻烦。但由于承包商承担了全部风险，报价中不可预见风险费用较高。报价的确定必须考虑施工期间物价变化以及工程量变化。

以前，固定总价合同的应用范围很小，其特点主要表现为以下几点。

1）工程范围必须清楚明确。

2）工程设计较细，图纸完整，详细、清楚。

3）工程量小、工期短，环境因素变化小，条件稳定并合理。

4）工程结构、技术简单，风险小，报价估算方便。

5）工程投标期相对宽裕，承包商可以详细做准备。

6）合同条件完备，双方的权利和义务十分清楚。

但现在固定总价合同的使用范围有扩大的趋势。

（3）成本加酬金合同。建筑工程最终合同价格按承包商的实际成本加一定比率的酬金计算。在合同签订时不能确定一个具体的合同价格，只能确定酬金的比率。成本加酬金合同有多种形式：成本加固定费用合同；成本加固定比例费用合同；成本加奖金合同；最大成本加费用合同等。由于合同价格按承包商的实际成本结算，承包商不承担任何风险，所以他没有成本控制的积极性，相反期望提高成本以提高自己工程的经济效益。这样会损害工程的整体效益。所以这类合同的使用应受到严格限制，通常应用于如下情况。

1）投标阶段依据不准，工程的范围无法界定，无法准确估价，缺少工程的详细说明。

2）工程特别复杂，工程技术、结构方案不能预先确定。它们可能按工程中出现的新的情况确定。

3）时间特别紧急，要求尽快开工。例如，抢救、抢险工程，人们无法详细地计划和商谈。

为了克服成本加酬金合同的缺点，人们对该种合同又做了许多改进，以调动承包商成本控制的积极性。

（4）目标合同。它是固定总价合同和成本加酬金合同的结合和改进形式。在国外，它广泛使用于工业项目研究和开发项目，军事工程项目中。承包商在项目早期（可行性研究阶段）就介入工程，并以全包的形式承包工程。

一般来说，目标合同规定，承包商对工程建成后的生产能力（或使用功能）。工程总成本、工期目标承担责任。常见的有以下几点。

1）如果工程投产后一定时间内达不到预定的生产能力，则按一定比例扣减合同价格。

2）如果工期拖延，则承包商承担工期拖延违约金。

3）如果实际总成本低于预定总成本，则节约的部分按预定的比例给承包商奖励，而超支的部分由承包商按比例承担。

4）如果承包商提出合理化建议被业主认可，该建议方案使实际成本减少，则合同价款总额不予减少，这样成本节约的部分业主与承包商分成。

总的说来，目标合同能够最大限度地发挥承包商工程管理的积极性。

3. 项目招标方式的确定

项目招标方式，通常有公开招标，议标、选择性竞争招标等3种方式，每种方式都有其各自的特点及适用范围。

（1）公开招标。在这个过程中，业主选择范围大，承包商之间充分地平等竞争，有利于降低报价，提高工程质量，缩短工期。但招标期较长、业主有大量的管理工作，如准备许多资格预审文件和招标文件，资格预审、评标、澄清会议等。

但是，不限对象的公开招标会导致许多无效投标和社会资源的浪费。许多承包商竞争一个标，除中标的一家外，其他各家的花费都是徒劳的。这会致使承包商经营费用的提高，最终导致整个市场上工程成本的提高。

（2）议标。在这种招标方式中，业主直接与一个承包商进行合同谈判，由于没有竞争，承包商报价较高，工程合同价格自然很高。议标一般适合在一些特殊情况下采用，具体如下。

1）业主对承包商十分信任，可能是老主顾，承包商资信很好。

2）由于工程的特殊性，如军事工程、保密工程、特殊专业工程和仅由一家承包商控制的专利技术工程等。

3）有些采用成本加酬金合同的情况。

4）在一些国际工程中，承包商帮助业主进行项目前期策划，做可行性研究甚至项目的初步设计。

（3）选择性竞争招标（邀请招标）。业主根据工程的特点，有目标、有条件地选择几个承包商，邀请他们参加工程的投标竞争，这是国内外经常采用的招标方式。采用这种招标方式，业主的事务性管理工作较少，招标所用的时间较短，费用低，同时业主可以获得一个比较合理的价格。

4. 项目合同条件的选择

·合同条件是合同文件中最重要的部分。在实际工程中，业主可以按照需要自己（通常委托咨询公司）起草合同协议书，也可以选择标准的合同条件。可以通过特殊条款对标准文本做修改、限定或补充。合同条件的选择应注意如下问题。

（1）大家从主观上都希望使用严密的、完备的合同条件但合同条件应该与双方的管理水平相配套。如果双方的管理水平很低。而使用十分完备、周密，同时又规定十分严格的合同条件，则这种合同条件没有可执行性。

（2）最好选用双方都熟悉的标准的合同条件，这样能较好地执行。如果双方来自不同的国家，选用合同条件时应更多地考虑承包商的因素，使用承包商熟悉的合同条件。

（3）合同条件的使用应注意到其他方面的制约。例如，我国工程估价有一整套定额和取费标准，这是与我国所采用的施工合同文本相配套的。

5. 重要合同条款的确定

在合同实施总体策划过程中，需要对以下重要的条款进行确定。

（1）适用于合同关系的法律，以及合同争执仲裁的地点、程序等。

（2）付款方式。

（3）合同价格的调整条件、范围、方法。

（4）合同双方风险的分担。

（5）对承包商的激励措施。

（6）设计合同条款，通过合同保证对工程的控制权力，形成一个完整的控制体系。

（7）为了保证双方诚实信用，必须有相应的合同措施，如保函、保险等。

6. 其他问题

在建筑工程项目合同实施总体策划过程中，除了确定上述各项问题外，还需要确定以下问题。

（1）确定资格预审的标准和允许参加投标的单位的数量。

（2）定标的标准。

（3）标后谈判的处理。

在实际建筑工程项目合同实施总体策划过程中，需要对以下问题引起足够的重视。

（1）由于各合同不在同一个时间内签订，容易引起失调。所以它们必须纳入到一个统一的完整的计划体系中统筹安排，做到各合同之间互相兼顾。

（2）在许多企业及工程项目中，不同的合同由不同的职能部门（或人员）管理，在管理程序上应注意各部门之间的协调。

（3）在项目实施中必须顾及各合同之间的联系。

（二）建筑工程项目分包策划

建筑工程项目的所有工作都是由具体的组织（单位或人员）来完成的，业主必须将它们委托出去。建筑工程项目分包策划就是决定将整个项目任务分为多少个包（或标段），以及如何划分这些标段。项目的分包方式，对承包商来说就是承包方式。

1. 分阶段、分专业工程平行承包

这种分包方式是指业主将设计、设备供应、土建、电气安装、机械安装、装饰等工程施工分别委托给不同的承包商。各承包商分别与业主签订合同，向业主负责。这种方式的特点如下。

（1）业主有大量的管理工作，有许多次招标，会进行比较精细的计划及控制，因而项目前期需要比较充裕的时间。

（2）在工程中，业主必须负责各承包商之间的协调，对各承包商之间互相干扰造成的问题承担责任。所以在这类工程中组织争执较多，索赔较多，工期比较长。

（3）对这样的项目，业主管理和控制比较细，需要对出现的各种工程问题做中间决策，必须具备较强的项目管理能力。

（4）在大型工程项目中，业主将面对很多承包商（包括设计单位、供应单位、施工单位等）直接管理承包商的数量太多，管理跨度太大，这就容易造成项目协调的困难、工程中的混乱和项目失控现象。

（5）业主可以分阶段进行招标，可以通过协调和项目管理加强对工程的干预。同时承包商之间存在着一定的制衡，如各专业设计、设备供应、专业工程施工之间存在制约关系。

（6）使用这种方式，项目的计划和设计必须周全、准确、细致否则极容易造成项目实施中的混乱状态。

如果业主不是项目管理专家，或没有聘请得力的咨询（监理）工程师进行全过程的项目管理，则不能将项目分标太多。

2."设计——施工——供应"总承包

这种承包方式又称全包、统包、"设计——建造——交钥匙"工程等，即由一个承包商承包建筑工程项目的全部工作，包括设计、供应、各专业工程的施工以及管理工作，甚至包括项目前期筹划、方案选择、可行性研究。承包商向业主承担全部工程责任。这种分包方式的特点如下。

（1）可以减少业主面对的承包商的数量，这将给业主带来很大的方便。在工程中业主责任较小，主要提出工程的总体要求（如工程的功能要求、设计标准、材料标准的说明等），进行宏观控制，成果验收，一般不干涉承包商的工程实施过程和项目管理工作。

（2）这使得承包商能将整个项目管理形成一个统一的系统，方便协调和控制，减少大量的重复的管理工作与花费，有利于施工现场的管理，减少中间检查、交接环节和手续，避免由此引起的工程拖延，从而使工期（包括招标投标和建设期）大大缩短。

（3）无论是设计与施工，与供应之间的互相干扰，还是不同专业之间的干扰，都由总承包商负责，业主不承担任何责任，故争执较少，索赔较少。

（4）要求业主必须加强对承包商的宏观控制，选择资信好、实力强、适应全方位工作的承包商。

3.将工程委托给几个主要的承包商

这种方式是介于上述两者之间的中间形式，即将工程委托给几个主要的承包商，如设计总承包商、施工总承包商、供应总承包商等。

（三）建筑工程项目合同实施保证体系

建立建筑工程项目合同实施的保证体系，是为了保证合同实施过程中的日常事务性工作有序地进行，使建筑工程项目的全部合同事件处于受控状态，以保证合同目标的实现。建筑工程项目合同实施保证体系的内容主要包括以下几个方面。

1.进行合同交底，分解合同责任，实行目标管理

在总承包合同签订后，具体的执行者是项目部人员。项目部从项目经理、项目班子成员、项目中层到项目各部门管理人员，都应该认真学习合同各条款，对合同进行分析、分解。项目经理、主管经理要向项目各部门负责人进行"合同交底"，对合同的主要内容及存在的风险做出解释和说明。项目各部门负责人要向本部门管理人员进行较详细的"合同交底"实行目标管理。

（1）对项目管理人员和各工程小组负责人进行"合同交底"，组织大家学习合同和合同总体分析结果，对合同的主要内容进行解释和说明，使大家熟悉合同中的主要内容、各种规定、管理程序，了解承包商的合同责任和工程范围，各种行为的法律后果等。

（2）将各种合同事件的责任分解落实到各工程小组或分包商中，使他们对合同事件表（如任务单、分包合同等）、施工图纸、设备安装图纸、详细的施工说明等有十分详细的了解。并对工程实施的技术和法律的问题进行解释和说明，如工程的质量、技术要求和实施中的注意点、工期要求、消耗标准、相关事件之间的搭接关系，各工程小组（分包商）责任界限的划分完不成责任目标的影响和法律后果等。

（3）在合同实施前与其他相关的各方面（如业主、监理工程师、承包商等）沟通，召开协调会议，落实各种安排。

（4）在合同实施过程中还必须进行经常性的检查。监督，对合同做解释。

（5）合同责任的完成必须通过其他经济手段来保证。

2.建立合同管理的工作程序

在建筑工程实施过程中，合同管理的日常事务性工作很多，要协调好各方面关系，使总承包合同的实施工作程序化、规范化，按质量保证体系进行工作。具体来说，应制定如下工作程序。

（1）制定定期或不定期的协商会办制度。在工程过程中，业主、工程师和各承包商之间，承包商和分包商之间以及承包商的项目管理职能人员和各工程小组负责人之间都应有定期的协商会办。通过会办可以解决以下问题。

1）检查合同实施进度和各种计划的落实情况。

2）协调各方面的工作，对后期工作做安排。

3）讨论和解决目前已经发生的和以后可能发生的各种问题，并做出相应的决议。

4）讨论合同变更问题，做出合同变更决议，落实变更措施，决定合同变更的工期和

费用补偿数量等。

对工程中出现的特殊问题可不定期地召开特别会议讨论解决方法，保证合同实施一直得到很好的协调和控制。

（2）建立特殊工作程序。对于一些经常性工作应订立工作程序，使大家有章可循。合同管理人员也不必进行经常性的解释和指导，如图纸批准程序，工程变更程序，分包商的索赔程序，分包商的账单审查程序，材料、设备、隐蔽工程、已完工程的检查验收程序，工程进度付款账单的审查批准程序，工程问题的请示报告程序等。

3. 建立文档系统

项目上要设专职或兼职的合同管理人员。合同管理人员负责各种合同资料和相关的工程资料的收集、整理和保存。这些工作非常烦琐，需要花费大量的时间和精力。工程的原始资料都是在合同实施的过程中产生的，是由业主、分包商及项目的管理人员提供的。

建立文档系统的具体工作应包括以下几个方面。

（1）各种数据，资料的标准化，如各种文件、报表、单据等应有规定的格式和规定的数据结构要求。

（2）将原始资料收集整理的责任落实到人，由其对资料负责。资料的收集工作必须落实到工程现场，必须对工程小组负责人和分包商提出具体要求。

（3）各种资料的提供时间。

（4）准确性要求。

（5）建立工程资料的文档系统等。

4. 建立报告和行文制度

总承包商和业主。监理工程师、分包商之间的沟通都应该以书面形式进行，或以书面形式为最终依据。这既是合同的要求，也是法律的要求，更是工程管理的需要。这些内容包括以下几个方面。

（1）定期的工程实施情况报告，如日报、周报、月报等。应规定报告内容、格式、报告方式．时间以及负责人。

（2）工程过程中发生的特殊情况及其处理的书面文件（如特殊的气候条件、工程环境的变化等）应有书面记录，并由监理工程师签署。

（3）工程中所有涉及双方的工程活动，如材料、设备、各种工程的检查验收，场地图纸的交接，各种文件（如会议纪要、索赔和反索赔报告、账单等）的交接，都应有相应的手续，应有签收证据。对在工程中合同双方的任何协商、意见，请示、指示都应落实在纸上，这样双方的各种工程活动才有根有据。

四、建筑工程项目合同实施控制

（一）项目合同交底

合同实施中，承包人的各职能人员不可能人手一份合同。从另一方面来说，各职能人员所涉及的活动和问题不全是合同文件内容，而仅为合同的部分内容，或超出合同界定的职责为此，建筑工程项目合同管理人员应当进行全面的合同分解，再向各相关人员进行合同交底工作。

合同交底，指承包商的合同管理人员在对合同的主要内容做出解释和说明的基础上，通过组织项目管理人员和各工程小组负责人学习合同条款和合同总体分析结果，使大家熟悉合同中的主要内容、各种规定、管理程序，了解承包商的合同责任和工程范围、各种行为的法律后果等，使大家都树立全局观念，避免在执行中出现违约行为。同时使大家的工作协调一致，保障合同任务得到更好的实施。

建筑工程项目合同交底主要包括如下几方面内容。

1. 工程的质量、技术要求和实施中的注意点。

2. 工期要求。

3. 消耗标准。

4. 相关事件之间的搭接关系。

5. 各工程小组（分包商）责任界限的划分。

6. 完不成责任的影响和法律后果等。

（二）项目合同跟踪与诊断

1. 合同实施跟踪

在建筑工程项目实施过程中，因实际情况千变万化，导致合同实施与预定目标的偏离。如果不采取措施，这种偏差常常逐渐积累，由小到大。这就需要对建筑工程项目合同实施的情况进行跟踪，以便及早发现偏离。

对建筑工程项目合同实施情况进行跟踪时，主要有如下几个方面。

（1）合同和合同分析的结果，如各种计划、方案、合同变更文件等，它们是比较的基础，是合同实施的目标和方向。

（2）各种实际的工程文件，如原始记录、各种工程报表、报告、验收结果、量方结果等。

（3）工程管理人员每天对现场情况的直观了解，如通过施工现场的巡视、与各种人谈话、召集小组会议、检查工程质量，通过报表、报告等。

建筑工程项目合同实施跟踪的对象主要包括以下几点。

（1）具体的合同事件。对照合同事件表的具体内容，分析该事件的实际完成情况。下面以设备安装事件为例进行分析说明。

1）安装质量。如标高、位置、安装精度、材料质量是否符合合同要求，安装过程中设备有无损坏。

2）工程数量。如是否全都安装完毕，有无合同规定以外的设备安装，有无其他附加工程。

3）工期。是否在预定期限内施工，工期有无延长，延长的原因是什么，该工程工期变化的原因可能是：业主未及时交付施工图纸；生产设备未及时运到工地；基础土建施工拖延；业主指令增加附加工程；业主提供了错误的安装图纸，造成工程返工；工程师指令暂停工程施工等。

4）成本的增加和减少。将上述内容在合同事件表上加以注明，这样可以检查每个合同事件的执行情况。对一些有异常情况的特殊事件，即实际和计划存在大的偏离的事件，可以列特殊事件分析表，进行进一步的处理。

（2）工程小组或分包商的工程和工作。一个工程小组或分包商可能承担许多专业相同、工艺相近的分项工程或许多合同事件，所以必须对其实施的总情况进行检查和分析。

作为分包合同的发包商，总承包商必须对分包合同的实施进行有效的控制，这是总承包商合同管理的重要任务之一。分包合同控制的目的如下。

1）控制分包商的工作，严格监督他们按分包合同完成工程责任。分包合同是总承包合同的一部分，如果分包商完不成他的合同责任，则总包就不能顺利完成总包合同责任。

2）为向分包商索赔和对分包商反索赔做准备。总包和分包之间利益是不一致的，双方之间常常有尖锐的利益争执。在合同实施中，双方都在进行合同管理，都在寻求向对方索赔的机会，所以双方都有索赔和反索赔的任务。

3）对分包商的工程和工作，总承包商负有协调和管理的责任，并承担由此造成的损失。所以，分包商的工程和工作必须纳入总承包工程的计划和控制中，防止因分包商工程管理失误而影响全局。

（3）业主和工程师的工作。业主和工程师是承包商的主要工作伙伴，对他们的工作进行监督和跟踪是十分重要的。

1）业主和工程师必须正确。及时地履行合同责任及时提供各种工程实施条件，如及时发布图纸、提供场地，及时下达指令、做出答复，及时支付工程款等。这常常是承包商推卸工程责任的托词，因此要特别重视。在这里合同工程师应寻找合同中以及对方合同执行中的漏洞。

2）在工程中承包商应积极主动地做好工作，如提前催要图纸、材料，对工作事先通知。这样不仅可以让业主和工程师及时准备，建立良好的合作关系，保证工程顺利实施，而且可以推卸自己的责任。

3）有问题及时与工程师沟通，多向他汇报情况，及时听取他的指示（书面的）。

4）及时收集各种工程资料，对各种活动、双方的交流做出记录。

5）对有恶意的业主提前防范，并及时采取措施。

（4）工程总实施状况中存在的问题。对工程总的实施状况的跟踪可以就如下几方而进行。

1）工程整体施工秩序状况。如果出现以下情况，合同实施必然有以下问题。

·现场混乱、拥挤不堪。

·承包商与业主的其他承包商、供应商之间协调困难。

·合同事件之间和工程小组之间协调困难。

·出现事先未考虑到的情况和局面。

·发生较严重的工程事故等。

2）已完工程没通过验收、出现大的工程质量问题、工程试生产不成功或达不到预定的生产能力等。

3）施工进度未达到预定计划，主要的工程活动出现拖期，在工程周报和月报上计划和实际进度出现大的偏差。

4）计划和实际的成本曲线出现大的偏离。在工程项目管理中，工程累计成本曲线对合同实施的跟踪分析起很大作用。计划成本累计曲线通常在网络分析、各工程活动成本计划确定后得到。在国外，它又被称为工程项目的成本模型。而实际成本曲线由实际施工进度安排和实际成本累计得到，两者对比即可分析出实际和计划的差异。

2. 合同实施诊断

合同实施诊断是在合同实施跟踪的基础上进行的，是指对合同实施偏差情况的分析。合同实施偏差的分析，主要是评价合同实施情况及其偏差，预测偏差的影响及发展的趋势，并分析偏差产生的原因，以便对该偏差采取调整措施。

（1）合同实施诊断的内容

1）合同执行差异的原因分析。通过对不同监督和跟踪对象的计划和实际的对比分析，不仅可以得到差异，而且可以探索引起这个差异的原因，原因分析可以采用鱼刺图，因果关系分析图，成本量差、价差分析等方法定性地或定量地进行。

2）合同差异责任分析。即这些原因由谁引起，该由谁承担责任，这常常是索赔的理由。一般只要原因分析详细，有根有据，则责任自然清楚。责任分析必须以合同为依据，按合同规定落实双方的责任。

3）合同实施趋向预测。分别考虑不采取调控措施和采取调控措施以及采取不同的调控措施情况下，合同的最终执行结果。

·最终的工程状况，包括总工期的延误。总成本的超支，质量标准。所能达到的生产能力（或功能要求）等。

·承包商将承担什么样的后果。如被罚款，被清算，甚至被起诉，对承包商资信、企业形象、经营战略造成的影响等。

·最终工程经济效益（利润）水平。

（2）合同实施偏差的处理措施

经过合同诊断之后，根据合同实施偏差分析的结果，承包商应采取相应的调整措施。

调整措施有如下 4 类。

1）组织措施。如增加人员投入，重新计划或调整计划，派遣得力的管理人员。

2）技术措施。如变更技术方案，采用新的更高效率的施工方案。

3）经济措施。如增加投入，对工作人员进行经济激励等。

4）合同措施。如进行合同变更，签订新的附加协议、备忘录，通过索赔解决费用超支问题等。

如果通过合同诊断，承包商已经发现业主有恶意，不支付工程款或自己已经坠入合同陷阱中，或已经发现合同亏损，而且估计亏损会越来越大，则要及早改变合同执行战略，采取措施。例如，及早撕毁合同、降低损失；争取道义索赔，取得部分补偿；采用以守为攻的办法，拖延工程进度，消极怠工等。因为在这种情况下，常常承包商投入资金越多，工程完成得越多，承包商就越被动，损失会越大，等到工程完成，交付使用，则承包商的主动权就没有了。

（三）项目合同变更管理

项目合同变更，是指依法对原来合同进行的修改和补充。即在履行合同项目的过程中，因实施条件或相关因素的变化，而不得不对原合同的某些条款进行修改、订正、删除或补充。合同变更一经成立，原合同中的相应条款就应解除。

1. 合同变更的起因及影响

合同内容频繁变更是工程合同的特点之一。一个工程，合同变更的次数、范围和影响的大小与该工程招标文件（特别是合同条件）的完备性、技术设计的正确性，以及实施方案和实施计划的科学性直接相关。合同变更一般主要有以下几方面的原因。

（1）发包人有新的意图，发包人修改项目总计划，削减预算。

（2）由于设计人员、工程师、承包商事先没能很好地理解发包人的意图，或设计的错误，导致的图纸修改。

（3）工程环境的变化，预定的工程条件不准确，必须改变原设计、实施方案或实施计划，或由于发包人指令及发包人责任的原因造成承包商施工方案的变更。

（4）由于产生新的技术和知识，有必要改变原设计、实施方案或实施计划。

（5）政府部门对工程有新的要求，如国家计划的变化，环境保护的要求、城市规划的变动等。

（6）由于合同实施出现问题，必须调整合同目标，或修改合同条款。

（7）合同双方当事人由于倒闭或其他原因转让合同，造成合同当事人的变化。

合同的变更通常不能免除或改变承包商的合同责任，但对合同实施影响很大，主要表现在如下几方面。

1）导致设计图纸、成本计划和支付计划、工期计划、施工方案、技术说明和适用的规范等定义工程目标和工程实施情况的各种文件作相应的修改和变更。当然，相关的其他计划也应作相应调整，如材料采购计划、劳动力安排、机械使用计划等。它不仅引起与承包合同平行的其他合同的变化，而且会引起所属的各个分合同，如供应合同、租赁合同、分包合同的变更。有些重大的变更会打乱整个施工部署。

2）引起合同双方、承包商的工程小组之间、总承包商和分包商之间合同责任的变化。如工程量增加，则增加了承包商的工程责任，增加了费用开支和延长了工期。

3）有些工程变更还会引起已完工程的返工，现场工程施工的停滞，施工秩序打乱，已购材料的损失等。

2. 合同变更的范围

合同变更的范围很广，一般在合同签订后所有工程范围、进度、工程质量要求、合同条款内容、合同双方责权利关系的变化等都可以被看作合同变更。最常见的变更有以下两种。

（1）涉及合同条款的变更，合同条件和合同协议书所定义的双方责权利关系或一些重大问题的变更。这是狭义的合同变更，以前人们定义合同变更即为这一类。

（2）工程变更，即工程的质量、数量、性质、功能、施工次序和实施方案的变化。

3. 合同变更的程序

（1）合同变更的提出。

1）承包商提出合同变更。承包商在提出合同变更时，一般情况是工程遇到不能预见的地质条件或地下障碍。例如，原设计的某大厦基础为钻孔灌注桩，承包商根据开工后钻探的地质条件和施工经验，认为改成沉井基础较好。另一种情况是承包商为了节约工程成本或加快工程施工进度，提出合同变更。

2）发包人提出变更。发包人一般可通过工程师提出合同变更。但如发包方提出的合同变更内容超出合同限定的范围，则属于新增工程，只能另签合同处理，除非承包方同意作为变更。

3）工程师提出合同变更。工程师往往根据工地现场工程进展的具体情况，认为确有必要时，可提出合同变更。工程承包合同施工中，因设计考虑不周，或施工时环境发生变化，工程师本着节约工程成本和加快工程与保证工程质量的原则，提出合同变更。只要提出的合同变更在原合同规定的范围内，一般是切实可行的。若超出原合同，新增了很多工程内容和项目，则属于不合理的合同变更请求。工程师应和承包商协商后酌情处理。

（2）合同变更的批准。由承包商提出的合同变更，应交与工程师审查并批准。由发包人提出的合同变更，为便于工程的统一管理，一般由工程师代为发出。

而工程师发出合同变更通知的权力，一般由工程施工合同明确约定。当然该权力也可约定为发包人所有，然后发包人通过书面授权的方式使工程师拥有该权力。如果合同对工程师提出合同变更的权力作了具体限制，而约定其余均应由发包人批准，则工程师就超出其权限范围的合同变更发出指令时，应附上发包人的书面批准文件，否则承包商可拒绝执行。但在紧急情况下，不应限制工程师向承包商发布他认为必要的变更指示。

合同变更审批的一般原则如下。

1）考虑合同变更对工程进展是否有利。

2）考虑合同变更可否节约工程成本。

3）考虑合同变更是兼顾发包人、承包商或工程项目之外其他第三方的利益，不能因合同变更而损害任何一方的正当权益。

4）必须保证变更项目符合本工程的技术标准。

5）最后一种情况为工程受阻，如遇到特殊风险、人为阻碍、合同一方当事人违约等不得不变更合同。

（3）合同变更指令的发出及执行。为了避免耽误工作，工程师在和承包商就变更价格达成一致意见之前，有必要先行发布变更指示，即分两个阶段发布变更指示：第一阶段是在没有规定价格和费率的情况下直接指示承包商继续工作；第二阶段是在通过进一步的协商之后，发布确定变更工程费率和价格的指示。

合同变更指示的发出有以下两种形式。

1）书面形式。一般情况要求工程师签发书面变更通知令。当工程师书面通知承包商工程变更，承包商才执行变更的工程。

2）口头形式。当工程师发出口头指令要求合同变更时，要求工程师事后一定要补签一份书面的合同变更指示。如果工程师口头指示后忘了补书面指示，承包商（须7天内）以书面形式证实此项指示，交与工程师签字，工程师若在14天之内没有提出反对意见，应视为认可。

所有合同变更必须用书面或其他方式写明。对于要取消的任何一项分部工程，合同变更应在该部分工程还未施工之前进行，以免造成人力、物力、财力的浪费，避免造成发包人多支付工程款项。

根据通常的工程惯例，除非工程师明显超越合同赋予其的权限，承包商应该无条件地执行其合同变更的指示。如果工程师根据合同约定发布了进行合同变更的书面指令，则不论承包商对此是否有异议，不论合同变更的价款是否已经确定，也不论监理方或发包人答应给予付款的金额是否令承包商满意，承包商都必须无条件地执行此种指令。即使承包商有意见，也只能是一边进行变更工作，一边根据合同规定寻求索赔或仲裁解决。在争议处理期间，承包商有义务继续进行正常的工程施工和有争议的变更工程施工，否则可能会构成承包商违约。

4.合同变更责任分析

在合同变更中，量最大、最频繁的是工程变更。它在工程索赔中所占的份额也最大。工程变更的责任分析是工程变更的起因与工程变更的问题处理，是确定赔偿问题的重要的直接依据。工程变更中有两大类变更，即设计变更和施工方案变更。

（1）设计变更。设计变更会引起工程量的增加、减少，新增或删除工程分项，工程质量和进度的变化、实施方案的变化。一般工程施工合同赋予发包人（工程师）这方面的变更权力，可以直接通过下达指令，重新发布图纸或规范实现变更。

（2）施工方案变更。施工方案变更的责任分析有时比较复杂。

1）在投标文件中，承包商就在施工组织设计中提出比较完备的施工方案，但施工组织设计不作为合同文件的一部分。对此有如下问题应注意。

·施工方案虽不是合同文件，但它也有约束力。发包人向承包商投标就表示对这个方案的认可。当然在授标前，在澄清会议上，发包人也可以要求承包商对施工方案进行说明，甚至可以要求修改方案，以符合发包人的目标、发包人的配合和供应能力（如图纸、场地、资金等）。此时一般承包商会积极迎合发包人的要求，以争取中标。

·施工合同规定，承包商应对所有现场作业和施工方法的完备、安全、稳定负全部责任。这一责任表示，在通常情况下由于承包商自身原因（如失误或风险）修改施工方案所造成的损失，由承包商负责。

·承包商对决定和修改施工方案具有相应的权利，即发包人不能随便干预承包商的施工方案；为了更好地完成合同目标（如缩短工期），或在不影响合同目标的前提下承包商有权采用更为科学和经济合理的施工方案，发包人不得随便干预。当然承包商承担重新选择施工方案的风险和机会收益。

·在工程中承包商采用或修改实施方案都要经过工程师的批准或同意。

2）重大的设计变更常常会导致施工方案的变更。如果设计变更由发包人承担责任，则相应的施工方案的变更也由发包人负责；反之，则由承包商负责。

3）对不利的异常的地质条件所引起的施工方案的变更，一般作为发包人的责任。一方面这是一个有经验的承包商无法预料的现场气候条件除外的障碍或条件；另一方面发包人负责勘察和提供地质报告，应对报告的正确性和完备性承担责任。

4）施工进度的变更。施工进度的变更是十分频繁的，在招标文件中，发包人给出工程的总工期目标；承包商在投标书中有一个总进度计划（一般以横道图形式表示）；中标后承包商还要提出详细的进度计划，由工程师批准（或同意）；在工程开工后，每月都可能有进度的调整。通常只要工程师（或发包人）批准（或同意）承包商的进度计划（或调整后的进度计划），则新进度计划就会产生约束力。如果发包人不能按照新进度计划完成按合同应由发包人完成的责任，如及时提供图纸，施工场地、水电等，则属发包人的违约，应承担责任。

五、建筑工程项目合同的终止和评价

（一）建筑工程项目合同的终止

工程项目合同终止，是指在工程项目建设过程中，承包商按照施工承包合同约定的责任范围完成了施工任务，圆满地通过竣工验收，并与业主办理竣工结算手续，将所施工的工程移交给业主使用和照管，业主按照合同约定完成工程款支付工作后，合同效力及作用的结束。

合同终止的条件，通常有以下几种。

1.满足合同竣工验收条件。竣工交付使用的工程必须符合下列基本条件。

（1）符合建设工程设计和合同约定的各项内容。

（2）有完整的技术档案和施工管理资料。

（3）有建设工程使用的主要建筑材料，建筑构配件和设备的进场试验报告。

（4）有勘察、设计、施工、工程监理等单位分别签署的质量合格文件。

（5）有施工单位签署的工程保修书。

2.已完成竣工结算。

3.工程款全部回收到位。

4.按合同约定签订保修合同并扣留相应工程尾款。

（二）建筑工程竣工结算

建筑工程竣工结算，是指承包商完成合同内工程的施工并通过了交工验收后，所提交的竣工结算书经过业主和监理工程师审查签证，然后由建设银行办理拨付工程价款的手续。

1.竣工结算程序

（1）承包人递交竣工结算报告

工程竣工验收报告经发包人认可后，承、发包双方应当按协议书约定的合同价款及专用条款约定的合同价款调整方式，进行工程竣工结算。

工程竣工验收报告经发包人认可后28天内，承包人向发包人递交竣工结算报告及完整的结算资料。

（2）发包人的核实和支付

发包人自收到竣工结算报告及结算资料后28天内进行核实，给予确认或提出修改意见。发包人认可竣工结算报告后，及时办理竣工结算价款的支付手续。

（3）移交工程

承包人收到竣工结算价款后14天内将竣工工程交付发包人，施工合同即告终止。

2.合同价款的结算

（1）工程款结算方式

合同双方应明确工程款的结算方式是按月结算、按形象进度结算，还是竣工后一次性结算。

1）按月结算。这是国内外常见的一种工程款支付方式，一般在每个月末，承包人提交已完工程量报告，经工程师审查确认，签发月度付款证书后，由发包人按合同约定的时间支付工程款。

2）按形象进度结算。这是国内一种常见的工程款支付方式，实际上是按工程形象进度分段结算。当承包人完成合同约定的工程形象进度时，承包人提出已完工程量报告，经工程师审查确认，签发付款证书后，由发包人按合同约定的时间付款。例如，专用条款中可约定：当承包人完成基础工程施工时，发包人支付合同价款的20%，完成主体结构工程施工时，支付合同价款的50%，完成装饰工程施工时，支付合同价款的15%，工程竣工验收通过后，再支付合同价款的10%，其余5%作为工程保修金，在保修期满后返还给承包人。

3）竣工后一次性结算。当工程项目工期较短、合同价格较低时，可采用工程价款每月月中预支、竣工后一次性结算的方法。

4）其他结算方式。合同双方可在专用条款中约定经开户银行同意的其他结算方式。

（2）工程款的动态结算

我国现行的结算基本上是按照设计预算价值，以预算定额单价和各地方定额站不定期公布的调价文件为依据进行的。在结算中，对通货膨胀等因素考虑不足。

实行动态结算，要按照协议条款约定的合同价款，在结算时考虑工程造价管理部门规定的价格指数，即要考虑资金的时间价值，使结算大体能反映实际的消耗费用。常用的动态结算方法有以下几种。

1）实际价格结算法。对钢材、木材、水泥三大材的价格，有些地区采取按实际价格结算的办法，施工承包单位可凭发票据实报销。此法方便而准确，但不利于施工承包单位降低成本。因此，地方基建主管部门通常要定期公布最高结算限价。

2）调价文件结算法。施工承包单位按当时的预算价格承包，在合同工期内，按照造价管理部门调价文件的规定，进行抽料补差（在同一价格期内，按所完成的材料用量乘以价差）。有的地方定期（通常是半年）发布一次主要材料供应价格和管理价格，对这一时期的工程进行抽料补差。

3）调值公式法。调值公式法又称动态结算公式法。根据国际惯例，对建设项目已完成投资费用的结算，一般采用此法。在一般情况下，承发包双方在签订合同时，就规定了明确的调值公式。

（3）工程款支付的程序和责任

在计量结果确认后14天内，发包人应向承包人支付工程款。同期用于工程的发包人供应的材料设备价款，以及按约定时间发包人应扣回的预付款，与工程款同期结算。合同价款调整、设计变更调整的合同价款及追加的合同价款、发包人或工程师同意确认的工程索赔款等，也应与工程款同期调整支付。

发包人超过约定的支付时间不支付工程款，承包人可向发包人发出要求付款的通知，发包人收到承包人通知后仍不能按要求付款，可与承包人协商签订延期付款协议，经承包人同意后可延期支付。协议应明确延期支付的时间和从计量结果确认后第15天起计算应付款的贷款利息。

发包人不按合同约定支付工程款，双方又未达成延期付款协议，导致施工无法进行，承包人可停止施工，由发包人承担违约责任。

（三）建筑工程项目合同的评价

1. 合同评价的基本概念

合同评价是指在合同实施结束后，将合同签订和执行过程中的利弊得失、经验教训总结出来、提出分析报告，作为以后工程合同管理的借鉴。

由于合同管理工作比较偏重于经验，只有不断总结经验，才能不断提高管理水平，才能通过工程不断培养出高水平的合同管理者。所以合同评价这项工作十分重要。

2. 合同签订情况的评价

项目在正式签订合同前，所进行的工作都属于签约管理，签约管理质量直接制约着合同的执行过程，因此，签约管理是合同管理的重中之重。评价项目合同签订情况时，主要参照以下几个方面。

（1）招标前。对发包人和建设项目是否进行了调查和分析，是否清楚、准确。例如：施工所需的资金是否已经落实，工程的资金状况直接影响后期工程款的回收；施工条件是否已经具备、初步设计及概算，是否已经批准，这些直接影响后期工程施工的进度。

（2）投标时。是否依据公司整体实力及实际市场状况进行报价，对项目的成本控制及利润收益有明确的目标，心中有数，不至于中标后难以控制费用支出，为避免亏本而骑虎难下。

（3）中标后。即使使用标准合同文本，也需逐条与发包人进行谈判，既要通过有效的谈判技巧争取较为宽松的合同条件，又要避免合同条款不明确，造成施工过程中的争议，使索赔工作难以实现。

（4）做好资料管理工作。签约过程中的所有资料都应经过严格的审阅、分类、归档，因为前期资料既是后期施工的依据，也是后期索赔工作的重要依据。

3. 合同执行情况评价

在合同实施过程中，应当严格按照施工合同的规定，履行自己的职责，通过一定有序的施工管理工作对合同进行控制管理，评价控制管理工作的优劣主要是评价施工过程中工期目标、质量目标、成本目标完成的情况和特点。

（1）工期目标评价。主要评价合同工期履约情况和各单位（单项）工程进度计划执行情况；核实单项工程实际开，竣工日期，计算合同建设工期和实际建设工期的变化率；分析施工进度提前或拖后的原因。

（2）质量目标评价。主要评价单位工程的合格率、优良率和综合质量情况。

1）计算实际工程质量的合格品率，实际工程质量的优良品率等指标，将实际工程质量指标与合同文件中规定的、设计规定的，其他同类工程的质量状况进行比较，分析变化的原因。

2）评价设备质量，分析设备及其安装工程质量能否保证投产后正常生产的需要。

3）计算和分析工程质量事故的经济损失，包括计算返工损失率，因质量事故拖延建设工期所造成的实际损失。以及分析无法补救的工程质量事故对项目投产后投资效益的影响程度。

4）工程安全情况评价，分析有无重大安全事故发生，分析其原因和所带来的实际影响。

（3）成本目标评价。主要评价物资消耗、工时定额、设备折旧，管理费等计划与实际支出的情况，评价项目成本控制方法是否科学合理，分析实际成本高于或低于目标成本的原因。

1）主要实物工程量的变化及其范围。

2）主要材料消耗的变化情况，分析造成超耗的原因。

3）各项工时定额和管理费用标准是否符合有关规定。

4. 合同管理工作评价

这是对合同管理本身，如工作职能、程序、工作成果的评价，主要内容包括以下几点。

（1）合同管理工作对工程项目的总体贡献或影响。

（2）合同分析的准确程度。

（3）在投标报价和工程实施中，合同管理子系统与其他职能的协调中的问题，需要改进的地方。

（4）索赔处理和纠纷处理的经验教训等。

5. 合同条款评价

这是对本项目有重大影响的合同条款进行评价，主要内容包括以下几点。

（1）本合同的具体条款，特别对本工程有重大影响的合同条款的表达和执行利弊得失。

（2）本合同签订和执行过程中所遇到的特殊问题的分析结果。

（3）对具体的合同条款如何表达更为有利等。

六、建筑工程索赔管理

（一）施工索赔的概念

从法律的角度讲，索赔是指在工程合同履行过程中，合同当事人一方认为另一方没能履行或妨碍了自己履行合同义务，或是发生合同中规定的风险事件而导致经济损失，受损方根据自己的权力提出的有关某一资格、财产、金钱等方面的要求。

施工索赔是建筑工程项目索赔的一个重要内容。施工索赔是承包商由于自身难以控制的客观原因而导致工程成本增加或工期拖延时，所提出的费用和时间补偿要求的活动。施工索赔对于承包商是一种正当的权利要求，是应该争取得到的合理偿付。由于工程项目投资大，周期长，风险大，在工程施工的过程中，非自身责任的工程损失和索赔是经常发生的事情，比如因不可抗力导致的工期拖延或业主资金没有及时到位导致的工期拖延等现象在施工中经常发生。因此，承包商应该加强索赔管理，注意积累索赔证据和资料，以便在发生损失时，能及时有力地提出索赔申请，获得赔偿。

相应于承包商的施工索赔，业主方也可以进行施工反索赔。反索赔是业主或工程师为维护自身利益，根据合同的有关条款向承包商提出的损害补偿要求。反索赔主要有两方面的主要内容：一是业主或工程师对承包商的索赔要求进行评议，提出其不符合合同条款的地方，或指出计算错误，使其索赔要求被否定，或去掉索赔计算中不合理的地方，降低索赔金额，这是对承包商索赔的一种防卫行为；二是可找出合同条款赋予的权利，对承包商违约的地方提出反索赔要求，维护自身的合法权益，这是一种主动的反索赔行为。

（二）施工索赔发生的原因

引起施工索赔的原因非常繁杂，比较常见的原因大致有以下方面。

1. 合同文件引起的索赔

在施工合同中，由于合同文件本身用词不严谨、前后矛盾或存在漏洞、缺陷而引起的索赔经常会出现。这些矛盾常反映为设计与施工规定相矛盾，技术规范和设计图纸不符合或相矛盾，以及一些商务和法律条款规定有缺陷，甚至引起支付工程款时的纠纷。在这种情况下，承包商应及时将这些矛盾和缺陷反映给监理工程师，由监理工程师做出解释。若承包商执行监理工程师的解释指令后，造成施工工期延长或工程成本增加，则承包商可提出索赔要求，监理工程师应予以证明，业主应给予相应的补偿。因为业主方是工程承包合同的起草者，应该对合同中的缺陷负责，除非其中有非常明显的遗漏或缺陷，依据法律或合同可以推定承包商有义务在投标时发现并及时向业主报告。除此之外，在工程项目的实施过程中，合同的变更也是经常发生的。合同变更包括工程设计变更、施工质量标准变更、施工顺序变更、工程量的增加与减少等。只是这种变更必须是指在原合同工程范围内的变更，若属超出工程范围的变更，承包商有权予以拒绝。特别是当工程量的增加超出招标时工程量清单的15%~20%以上时，可能会导致承包商的施工现场人员不足，需另雇工人，往往要求承包商增加新型号的施工机械设备，或增加机械设备数量等。人工和机械设备的需要增加，则会引起承包商额外的经济支出，扩大了工程成本。反之，若工程项目被取消或工程量大减，又势必会引起承包商原有人工和机械设备的窝工和闲置，造成资源浪费，导致承包商的亏损。因此，在合同变更时，承包商有权提出索赔，以弥补自己不应承担的经济损失。

2. 风险分担不均引起的索赔

不论是业主还是承包商，在工程建设的过程中都承担着合同风险。然而，由于建筑市场的激烈竞争，业主通常处于主导地位，而承包商则被动一些，双方承担的合同风险也并不总是均等的，承包商往往承担了更多的风险。承包商在遇到不可预防和避免的风险时，可以通过索赔的方法来减少风险所造成的损失；业主应该适量地弥补由于各种风险所造成的承包商的经济损失，以求公平合理地分担风险。业主和承包商之间"风险均衡"的原则一直以来在国际上都受到普遍的认可。事实证明，诸如FIDIC（国际咨询工程师联合会）合同条件等采用的风险分配方式可以使业主和承包商都获益。如业主以较低的价格签订合同，仅在最终实际发生特殊的非正常风险情况下，才增加进一步的费用，如果风险不发生，则不需要支付这部分费用；而承包商可以避免对此类难以估计的风险的评估，如果风险确实发生了，再由承包商给予补偿，实际承担的风险也小了。

3.不可抗力和不可预见因素引起的索赔

不可抗力包括自然、政治、经济、社会因等各方面的因素，如地震、暴风雨、战争、内乱等，是业主和承包商都无法控制的。不可预见因素是指事先没有办法预料到的意外情况，如遇到地下水、地质断层、熔岩孔洞、沉陷、地下文物遗址、地下实际隐藏的障碍物等。这些情况可能是承包商在招标前的现场考察中无法发现，业主在资料中又未提供的，而一旦出现这些情况，承包商就需要花费更多的时间和费用去排除这些障碍和干扰。对于这些不可抗力和不可预见因素引起的费用增加或工期延长，承包商可以提出索赔要求。

4.业主方面的原因引起的索赔

施工合同的双方是通过验收与付款而维持彼此之间的合同关系的，如果发生类似业主不在规定时间内付款，干扰阻挠工程师发出支付证书，不按合同规定为承包商提供施工必须的条件，或发生业主提前占有部分永久工程，提供的原始资料和数据有差错，指定的分包商违约等情况而致使承包商遭受损失时，承包商有权得到经济补偿或工期延长。另外，对于业主要求加速施工或进行工程变更而导致的费用增加，承包商也有权提出索赔要求。

5.监理方原因引起的索赔

工程施工过程中，监理工程师受业主委托来进行工程建设，对承包商进行监督管理，严格按合同规定和技术规范控制工程的投资、进度和质量，以保证合同顺利实施。为此，监理工程师可以发布各种必要的书面或口头的现场指令。这些指令常包括令承包商进行一些额外的工作，如额外的工程变更以适应施工现场的实际情况；指令承包商加速施工；指令更换某些材料；指令暂停工程或改变施工方法等。在监理工程师发布了这些指令之后，承包商按指令付诸实施后，有权向业主提出索赔以获得费用补偿。另外，因监理工程师的不当行为引起的损失，如拖延审批图纸，重新检验和检查，工程质量要求过高，提供的测量基准有误，或对承包商的施工进行不合理干预等，承包商也可以进行索赔。

6.调整引起的索赔

建筑市场变化多端，各种建筑材料、机器设备以及劳动力的价格也会时常变化，这些价格的变化势必会引起承包商施工成本的变化，因价格的变化引起的承包商费用的增加，业主应当给予补偿。

（三）施工索赔的类型

索赔产生的原因是多种多样的，索赔的类型也是多种多样的，从不同的角度可以将索赔分类如下。

1.按索赔的目的分类

（1）工期索赔

工期索赔，也称为时间索赔，是指承包商要求业主合理地延长竣工日期。除承包商自身的原因而发生工期拖延，承包商可以向监理工程师提出在合同规定的工期基础上顺延一段时间，但是要有合理的根据，要求顺延的时间要符合实际。

（2）费用索赔

费用索赔，是指承包商向业主要求补偿不应该由承包商自己承担的经济损失或额外费用，取得合理的经济补偿，因此也称经济索赔。

2.按照索赔的处理方式分类

（1）单项索赔

单项索赔，是指在每一索赔事项发生后，及时就该事项单独提交索赔通知单，编报索赔报告书，要求单项解决支付，不与其他的索赔事件混在一起。它避免了多项索赔的相互影响制约，所以较容易解决。

（2）综合索赔

综合索赔，又称为一揽子索赔或总索赔，是将施工中发生的若干索赔事件汇总在一起，在竣工前进行一次性索赔。有时候由于索赔事项相互干扰，相互影响或者承包商无法为索赔保持准确而详细的成本记录资料，在这种情况下，承包商可以采用综合索赔。另外，在施工中可能会发生较多的索赔事件，为简化工作，承包商可能会采取综合索赔的方式。通常，由于索赔原因、索赔额计算比较复杂，难以区分，综合索赔取得成功的把握要比单项索赔小，所以承包商要注意做好各种资料的记录和积累，以便在索赔中增加胜算。

3.按索赔的依据分类

（1）合同规定的索赔

合同规定的索赔，是指所涉及的内容均可以在合同中找到依据的索赔。也就是说，在项目的施工合同中有明确规定的文字依据，承包商可以直接引用到索赔中，为自己的索赔指明合同依据。特别是在应用 FIDIC 合同条件时，各种工程量计算、变更工程时的计量和价格、不同原因引起的拖期、工程师发布工程变更指令、业主方违约等，都属于这种情况。由于依据明确，这类索赔解决起来比较容易。

（2）非合同规定的索赔

非合同规定的索赔是指虽然在工程项目的合同条件中没有专门的条文规定，但可依据普通法律或合同条件的某些条款的含义，推论出承包商的索赔权的索赔。这种索赔的内容和权利虽然难于在合同条件中找到依据，但可以依据普通法律或其他相关的规定来确定。

（3）优惠索赔

有些情况下，承包商在合同中找不到依据，而业主也没有违约或违法，这时承包商对其损失寻求某些优惠性质的付款。在这种情况下，业主可以同意，也可以不同意。但在业主另找承包商，费用会更大时，通常也会同意该项索赔。

（4）道义索赔

道义索赔，又称额外支付，是指承包商对标价估计不足，或遇到了巨大困难，而蒙受重大亏损时，业主超越合同约定，出自善良意愿，给承包商以相应的经济补偿。这种补偿完全出自道义。

（四）施工索赔的程序

索赔程序，是指从索赔事件发生到最终获得处理的全过程所包括的工作内容和工作步骤。

我国的建设法规在索赔工作程序以及时效问题上都做了相应的规定，承包商应把握好时机，按照正确的程序进行索赔，以免因为工作程序上失误而贻误了索赔。在实际工作中，一般可按下列 5 个步骤进行索赔。

1. 提出索赔通知

提出索赔通知是索赔的第一步，标志着索赔的开始。在工程实施过程中，一旦发生索赔事件或承包商意识到存在潜在的索赔机会时，应在规定的时间内及时书面通知监理工程师，也就是发出索赔通知并抄报一份给业主，以免监理工程师和业主之间出现推诿情况。我国建设工程施工合同《示范文本》中规定："承包商应在引起索赔事件第一次发生之后 28 天内，将他的索赔意向通知工程师，并同时抄送业主。"如果承包商没有在规定的期限内提出索赔通知，则会丧失在索赔中的主动和有利地位，业主和工程师也有权拒绝承包商的索赔要求。索赔通知通常包括以下 4 个方面的内容。

（1）事件发生的时间和情况的简单描述。

（2）合同依据的条款和理由。

（3）有关后续资料的提供，包括及时记录和提供事件发展的动态。

（4）对工程成本和工期产生的不利影响的严重程度。

索赔通知书的内容一般应简明扼要地说明上述内容，提出自己正当的索赔要求，通常在赔意向书中不涉及索赔的数额。详细的索赔款项，需延长的工期天数以及其他的索赔证据料可以日后再报。

2. 提交索赔申请报告及索赔证据资料

承包商必须在合同规定的索赔时限内，向业主或工程师提交正式的书面索赔报告，其内容般应包括索赔事件的发生情况与造成损害的情况，索赔的理由和根据、索赔的内容和范索赔额度的计算依据与方法等，并附上必要的记录和证明材料。

我国《建设工程施工合同（示范文本）》中规定："承包商必须在发出索赔意向通知后的天内，向工程师提交一份详细的索赔报告。如果索赔事件对工程的影响持续时间长，则包商还应向工程师每隔一段时期提交中间索赔申请报告，并在索赔事件影响结束后 28 天，向业主或工程师提交最终索赔申请报告。"

在索赔申请报告后，应附有详细的索赔证据资料，主要应包括如下内容。

（1）施工现场日报表。

（2）各种有关的往来文件和信函等。

（3）有关会议纪要。

（4）投标报价时的基础资料。

（5）有关技术规范。

（6）工程报告及工程照片。

（7）工程财务报告。

一项索赔需准备的证据资料是多方面的、大量的，所以承包商应建立健全档案资料管理制度，以便在需要时能迅速准确地找出来，不只因为缺少某些资料而导致索赔失败。

3. 索赔报告的评审

监理工程师（业主）接到承包商的索赔报告后，应该仔细阅读其报告，并对不合理的索赔进行反驳或提出疑问，监理工程师将根据自己掌握的资料和处理索赔的工作经验，就以下问题提出质疑。

（1）赔事件不属于业主和监理工程师的责任，而是第三方的责任。

（2）事实和合同依据不足。

（3）承包商未能遵守意向通知的要求。

（4）合同中的开脱责任条款已经免除了业主补偿的责任。

（5）索赔是由不可抗力而引起的，承包商没有划分和证明双方责任的大小。

（6）承包商没有采取适当措施避免或减少损失。

（7）承包商必须提供进一步的证据。

（8）损失计算夸大。

（9）承包商以前已明示或暗示放弃了此次索赔的要求等。

在评审过程中，承包商应对监理工程师提出的各种质疑做出圆满的答复。监理工程师在与承包商进行了较充分的讨论后，参加业主和承包商之间进行的索赔谈判，通过谈判，最终做出《索赔处理决定》。

4. 争议的解决

在上一步骤结束后，如果业主和承包商均接收最终的索赔处理决定，索赔事件的处理即告结束。否则，无论业主还是承包商，如果认为监理工程师决定不公正，都可以在合同规定的时间内提请监理工程师重新考虑。承包商如果持有异议，可以提供进一步的证明材料，向监理工程师进一步说明为什么其决定是不合理的，必要时可重新提交索赔申请报告，对原报告做一些修正、补充或做进一步让步。

5. 索赔的支付

在监理工程师与业主或承包商适当协商之后，认为根据承包商所提供的足够充分的细节使监理工程师有可能确定出应付的金额时，承包商有权要求将监理工程师可能认为应支付给他的索赔金额纳入监理工程师签署的任何临时付款。如果承包商提供的细节不足以证实全部的索赔，则承包商有权得到已满足监理工程师要求的那部分细节所证明的有关部分的索赔付款。监理工程师应将按本款所作的任何决定通知承包商，并将一份副本呈交业主。

一般情况下，某一项索赔的付款不必要等到全部索赔结案之后才能支付，为防止把问题积成堆再解决，通常是将已确定的索赔放在最近的下一次验工计价证书中支付。

（五）索赔报告的编写

承包商应该在索赔事件对工程产生的影响结束后，尽快（一般合同规定 28 天内）向监理工程师（业主）提交正式的索赔报告。在实际工作中，如果索赔事件影响持续延长，也可能在整个工程施工期间都会有持续影响，就不能在工程结束后才提出索赔报告，应每隔一段时间（由监理工程师或按合同规定）向监理工程师报告。

1.索赔报告的形式和内容

索赔报告的正文通常包括题目、事件、理由（依据）、因果分析、索赔费用（工期）等组成部分。

（1）题目。题目应简洁，应能说明是针对什么提出的索赔，即概括出索赔的中心内容。

（2）事件。事件是对索赔事件发生的原因和经过进行的叙述，包括双方活动和所附的证明材料。

（3）理由。理由是指出针对所陈述的事件，提出的索赔根据。

（4）因果分析。因果分析对上述事件和理由与造成成本增加或工期延长之间的必然关系进行论证。

（5）索赔费用（工期）计算。索赔费用（工期）计算是各项费用及工期的分项计算及汇总结果。

除此之外，承包商还要准备一些与索赔有关的各种细节性的资料，以备对方提出问题时进行说明和解释。如运用图表的形式对实际成本与预算成本、实际进度与计划进度、修订计划与原计划进行比较，通过图表来说明和解释人员工资上涨，材料设备价格上涨，各时期工作任务密集程度的变化，资金流进流出等情况，使之一目了然。

2.编写中应注意的几个问题

（1）索赔的合同依据要明确

承包商提出索赔要求要有理有据，或者依据合同条款规定，或者依据非合同的法律法规规定。总之，要提出依据，要证明索赔事件的实际发生与其造成的损失之间的因果关系，即证明业主违约或合同变更与索赔事件的必然性联系，为索赔的成功提供保障。

（2）责任分析要清楚

在报告中所提出索赔的事件的责任是谁引起的，是业主还是监理工程师，还是不可抗力的原因。在语言上要判断清楚，是谁的责任就是谁的责任，避免出现责任分析不清和自我批评式的语言。另外要写清楚事件发生的不可预见性，以及作为承包商在事件发生后为防止损失的扩大所作的努力。

（3）索赔计算要准确

索赔的计算要准确，索赔值的计算依据要正确，计算结果要准确。计算依据要用文件规定的和公认合理的计算方法，并加以适当的分析。数字计算上不要有差错，一个小的计算错误可能影响到整个计算结果，容易降低索赔的可信度，给人造成不好的印象。

（4）用词要婉转和恰当

由于工程本身的长期性和复杂性，不可预见的事情以及无法避免的失误肯定会大量存在。所以，索赔在工程进行的过程中是经常发生的，也是非常正常的事情。但是，索赔这个词给人的感觉总是不友好的，对立的，所以，在索赔报告中要避免使用强硬的不友好的抗议式的语言，以免伤害了和气和双方的感情，不利于问题的解决。

七、案例

（一）案例一

1. 背景

某公司为总承包一级企业（简称甲方），承包一个综合办公楼工程，该工程地下两层，地下工程支护方案甲方委托给具有设计资质的某设计院承担（简称丙方，经业主同意），地下工程施工给具有施工资质的某施工队完成（简称乙方）。丙方完成支护方案施工图后，直接给予乙方进行施工，在乙方挖土施工时，监理工程师发现基坑边发现裂缝，及时以书面报告通知甲方项目经理，要求立即撤离现场所有人员。甲方项目经理以施工工期要求为由，没有落实监理工程师的要求。当通知接到两个小时后。基坑倒塌，造成 5 人死亡，19人重伤，直接经济损失 60 万元。后经调查，勘察资料不准确，造成设计人员取值错误是这起事故的主要原因，故乙方将丙方告上法院，要求丙方承担所有的经济损失。

2. 问题

（1）该项目的分包是否符合法律程序？

（2）丙方将施工图纸直接给乙方是否正确？

（3）乙方将丙方告上法院是否符合程序？

（4）该事故为几级事故？

（5）乙方应采取哪些法律程序？

3. 分析

（1）该项目甲方将支护方案设计交由丙方承担，丙方具有相应资质，并经业主同意，该分包合法。甲方将地下工程交由乙方承担不合法。因为基坑为主体工程，不能分包，不符合建筑法。

（2）丙方把施工图给乙方不正确。因为丙方是与甲方签订设计合同，且基坑支护方案必须经施工单位技术负责人（总包单位），总监理工程师的签字后实施。

（3）乙方将丙方告上法院不符合程序。因为乙方是与甲方签订施工合同，且甲方项目经理没有执行监理工程师的通知是造成人员伤亡的主要原因。

（4）该事故属重大伤亡事故。因为一次伤亡 5 人（大于 3 人小于 10 人），经济损失大于 10 万元。按工程事故分类属重大事故。

（5）乙方应按法律程序将甲方、丙方、勘察方一并告上法庭。因为伤亡事故因甲方项目经理没执行监理工程师的通知，也没有进行调查分析，深基坑倒塌是设计强度不够造成的，故属丙方责任，但勘察方与丙方应承担相应的责任。

（二）案例二

1. 背景

某工程项目通过招标、投标、评标后确定 A 单位为中标单位。招标人于 4 月 6 日向 A 单位发出了中标通知书，在该项目的后续合同管理中出现了如下事件。

事件 1：通过谈判，双方于 5 月 8 日签订施工合同。

事件 2：合同签订两天后，发包方就所签合同的单价清单中的两个偏差单价，向承包人提出以补充协议的形式对该单价进行调整。

事件 3：在合同履行中，承包方发现合同协议书中单价清单包括的内容与投标书有矛盾，于是要求发包方按投标书的内容调整。

事件 4：由于 A 单位在本项目的合同履行中破产了，确实无法履行施工合同，A 单位提出解除施工合同。

2. 问题

事件 1：签订合同的做法是否合法。为什么？

事件 2：发包方提出再签订补充协议以调整合同单价是否合适，为什么？

事件 3：承包方要求按投标书的内容调整的做法是否合理，结合合同文件的组成说明理由。

事件 4：A 单位提出解除施工合同合法吗，列举四种解除施工合同的情况。

3. 分析

事件 1：签订合同的做法不合法。

按照招标投标法规定，招标人和中标人应当自中标通知书发出之日起 30 天内，按招标文件和中标人的投标文件订立书面合同。而本例超过了 30 天才签订。

事件 2：不合适。

按规定签订合同后，招标人和中标人不得再另行订立背离合同实质性内容的其他协议。而合同单价为合同的实质性内容，因此对合同单价再以补充协议的形式进行调整不合适。

事件 3：不合理。

按照我国《建设工程施工合同（示范文本）》规定，施工合同文件的组成及解释顺序有如下几点。

（1）施工合同协议书。

（2）中标通知书。

（3）投标书及其附件。

（4）施工合同专用条款。

（5）施工合同通用条款。

（6）标准规范及有关技术文件。

（7）图纸。

（8）工程量清单。

（9）工程报价单或预算书。

（10）双方有关工程的洽商、变更等书面协议或文件。上述合同文件应能够互相解释，互相说明。

从上面施工合同文件的组成得知，施工合同协议书优先级最高。当它与投标书有矛盾时，即施工合同协议书与投标书出现不一致时，应以优先级最高的施工合同协议书为主解释。

事件4：由于A单位已破产，按规定和一定的程序，可以解除施工合同。

按照一定的程序，可解除合同的情况还有以下几点。

（1）当事人双方经过协商同意，并且不因此损害国家和公共利益。

（2）订立合同时所依据的国家计划被修改或取消。

（3）当事人一方由于关闭、转产、破产而确定无法履行施工合同。

（4）由于不可抗力或由于一方当事人虽无过失但无法防止的外因，致使施工合同无法履行。

（5）由于一方违约，使施工合同履行成为不必要。

（三）案例三

1. 背景

某施工单位根据领取的某50 000 m²单层厂房工程项目招标文件和全套施工图纸，采用低报价策略编制了投标文件并获得了中标。该施工单位于2003年5月10日与建设单位业主签订了该工程项目的固定价格施工合同。合同工期为12个月。工程招标文件参考资料中提供的使用回填土距工地7 m。但是开工后，检查该土质量不符合要求，施工单位只得从另一距工地21 m处的土源采购。因供土距离的增大，必然引起费用的增加，施工单位经过仔细计算后，在业主指令下达的第三天，向业主提交了每立方米土提高人民币7元的索赔要求。工程进行了一个月后，因业主资金缺。无法如期支付工程款，口头要求施工单位暂停施工一个月。施工单位亦口头答应。恢复施工后不久，在一个关键工作面上又发生了几种原因造成的临时停工：7月20日~7月25日施工单位设备出现了从未有过的故障；8月10日~8月12日施工现场出现罕见的特大暴雨，造成了8月13日~8月14日该地区供电中断。针对上述两次停工，承包商（施工单位）向业主提出要求顺延工期共45天。

2. 问题

（1）该工程用固定价格合同是否合适？

（2）该合同的变更形式是否妥当？为什么？

（3）施工单位的索赔要求成立的条件是什么？

（4）上述条件中施工单位提出的索赔要求是否合理？说明原因？

3. 分析

（1）因为固定价格合同适用于工程量大且能够较准确计算，工期较短，技术不太复杂，风险不太大的项目。该工程符合这些条件。故是采用固定价格合同是合适的。

（2）该合同变更形式是不妥的。根据《中华人民共和国合同法》和《建设工程施工合同（示范文本）》的有关规定，建设合同应当采用适当书面形式，合同变更亦采用适当书面形式。

若在应急情况下，采用口头形式，但事后应以书面形式予以确认。否则，在合同双方，对合同内容有争议时，往往在口头形式难以举证，而以书面约定的内容为准。

（3）施工单位要求索赔成立应具备 4 个以下条件。

1）与合同相比，已造成了实际的额外费用或工期损失。

2）造成费用增加或工期延误不属施工方原因。

3）造成费用增加或工期延误不是由施工单位承担。

4）施工单位在规定时间内提交了增加费用和延期报告。

（4）因购土的地点发生变化提出索赔是不合理的，原因有以下几点。

1）施工单位应对自己报价的准确性与完备性负责。

2）作为有经验的施工单位可以通过现场踏勘确认招标文件参考资料中提供用土的质量是否合格，若施工单位没有做此事，风险应由施工单位承担。

因几种原因造成的停工要求不合理，业主单位批准可延期 4 天。

因业主紧缺资金要求停工 1 个月，而提出的工期索赔是合理的。原因是业主未能及时支付进度款，施工单位可向业主提出工期索赔和经济损失索赔。

故施工单位可以提出的工期索赔为 34 天。

（四）案例四

1. 背景

某公司承揽了一个外商投资和管理的工程项目。合同按 FIDIC 条款签署。由于外商没有按照合同的约定及时提供图纸，给工程承包造成了很大的损失。

2. 问题

（1）工程承包方应如何维护自己的权益？

（2）维护这些权益应做哪些基础工作？

（3）如该合同是总价包干合同，向外商索赔的切入点是什么？

（4）如果外商在工程过程中提出了超出公司规定的技术标准要求，承包方应采取哪些及时有效的措施？

3.分析

（1）根据合同和国际惯例进行索赔。

（2）首先承包方要好现场签证工作。其次对自己的实际损失要进行评估并做出预标，然后向外商提出索赔报告，并进行谈判。

（3）谁违约，谁负责，是国际准则。

（4）选择接受其要求，并提出相应的索赔。如果你贸然拒绝外商的要求，他们又可能会误认为你不愿意为客户提供服务。

第三节　建设工程项目风险管理

一、风险管理概念

（一）风险及风险管理

1.建筑工程项目风险的概念及产生的原因

随着现代商品经济的不断发展，社会内部的政治、经济结构不断发生变化，部门行业及当事人之间的关系错综复杂，各种不确定、不稳定的因素大大增加，这使各类产业的风险都越来越大。

（1）风险的概念

风险就是在给定情况下和特定时间内，可能发生的结果与预期目标之间的差异。风险要具备两个方面的条件：一是不确定性；二是产生损失后果。

与风险有关的概念包括以下内容。

1）风险因素。风险因素是指能产生或增加损失概率和损失程度的条件或因素，可分为自然风险因素、道德风险因素、心理风险因素。

2）风险事件。风险事件是造成损失的偶发事件，是造成损失的外在原因或直接原因。

3）损失。损失是指经济价值的减少，包括直接损失和间接损失。

风险因素、风险事件、损失与风险之间的关系为风险因素→风险事件→损失→风险。

（2）建筑工程项目风险的概念

建筑工程项目的立项、各种分析、研究、设计和计划都是基于对将来情况（政治、经济、社会、自然等各方面）的预测，基于正常的、理想的技术、管理和组织。而在实际实施以及项目的运行过程中，这些因素都有可能发生变化，各个方面都存在着不确定性。这些变化会使原定的计划、方案受到干扰，使原定的目标不能实现。这些事先不能确定的内部和外部的干扰因素，称为建筑工程项目风险。

2.建筑工程项目风险产生的原因

建筑工程项目风险产生的原因包括：项目外部环境难以预料，项目本身具有复杂性，人们的认识和预测能力具有局限性等。

1.对项目定位认识的不准确性。人们由于对组成项目各因素的认识不足，不能清楚地描述和说明项目的目的、内容、范围、组成、性质以及项目同环境之间的关系。风险的未来性使得这一原因成为最主要的原因。

2.对基础数据获取的不准确性。由于缺少必要的信息、尺度或准则，项目变数数值具有不确定性。因此，在确定项目变数数值时，人们有时难以获取有关的准确数据，甚至难以确定采用何种计量尺度或准则。

3.对项目的预测、分析与评价的不确定性，即人们无法确认事件的预期结果及其发生的概率。

4.不可预测的突发事件。项目建设过程中可能会出现一些突发事件，而这些突发事件是人们无法预测的。

（二）建筑工程项目风险管理

风险管理是为了达到一个组织的既定目标，而对组织所承担的各种风险进行管理的系统过程，其采取的方法应符合公众利益、人身安全、环境保护以及有关法规的要求。风险管理包括策划、组织、领导、协调和控制等方面的工作。风险管理者通过对风险的预测、分析、评价、控制等来实现风险管理。

1.风险识别

建筑工程项目是一个复杂系统，故影响它的风险因素很多，影响关系也是错综复杂的，有直接的，有间接的，也有隐含的，或者难以预料的，而且各个风险因素对项目决策产生的影响的严重程度也是不同的。风险预测就是通过调查、分解、讨论等提出这些可能存在的风险因素，对其性质进行鉴别和分类，并在众多的影响因素中抓住主要因素，揭示风险因素的本质。其是建设项目风险分析与评价的基础。

2.风险分析

建筑工程项目风险预测解决了项目有无风险因素的问题。在建筑工程项目风险预测之后，就要对建筑工程项目风险进行分析。风险分析是对预测出来的风险进行测量，给定某一风险对建筑工程项目的影响程度，使风险分析定量化，将风险分析与估计建立在科学的基础之上。风险分析的对象是单个风险，而非项目整体风险。建筑工程项目风险分析是对建筑工程项目风险预测的深化研究，同时又是风险评价的基础。

3.风险评价

风险评价，是指在建筑工程项目风险预测和风险分析的基础上，综合考虑建筑工程项目风险之间得相互影响、相互作用以及其对建筑工程项目的总体影响，针对项目的定量风险分析结果，与风险评价基准进行比较，给出项目具体风险因素对建筑工程项目影响的程度，如投资增加的数额、工期延误的天数等。

4. 风险控制对策的制定

风险控制对策就是对建筑工程项目风险预测、分析与评价的基本结果，在综合权衡的基础上，提出处置风险的意见和办法，以有效消除和控制建筑工程项目风险。

5. 实施效果的检查

在项目实施过程中，要对各项风险控制对策的执行情况进行不断的检查，并评价各项风险控制对策的执行效果。

建筑工程项目风险管理，就是通过采用科学的方法对建筑工程项目风险进行识别、评价并以此为基础采取相应的措施，有效地控制风险，可靠地实现建筑工程项目的总目标。风险管理的目的并不是消灭风险，在建筑工程项目中，大多数风险是不可能由项目管理者消灭或排除的，而是要建立风险管理系统，将风险管理作为建筑工程项目全过程的管理手段之一，在风险状态下，采取有效措施保证建筑工程项目正常实施，保证建筑工程项目的正常状态，减少风险造成的损失。

（三）建筑工程项目风险的特征

1. 风险存在的客观性和普遍性。

风险作为损失发生的不确定性，是不以人的意志为转移并超越人们的主观意识而客观存在的，并且在项目的整个寿命周期内，风险是无处不在、无时不有的。所以，人们只能在有限的空间和时间内改变风险存在和发生的条件，降低其发生的频率，减少损失程度，而不能也不可能完全消除风险。

2. 某一具体风险发生的偶然性和大量风险发生的必然性。

任何一种具体风险的发生都是诸多风险因素和其他因素共同作用的结果，是一种随机现象。个别风险事故的发生是偶然的、杂乱无章的，但通过对大量风险事故资料的观察和统计分析，可发现其呈现明显的运动规律。

3. 风险的可变性。

风险的可变性是指在建筑工程项目的整个过程中，各种风险在质和量上的变化，随着项目的进行，有些风险将得到控制，有些风险会发生并得到处理，同时，在项目的每一阶段都可能产生新的风险。

4. 风险的多样性和多层次性。

建筑工程项目周期长、规模大、涉及范围广、风险因素数量多且种类繁杂，整个寿命周期内面临的风险多种多样。大量风险因素之间错综复杂的关系、各风险因素与外界的影响又使风险显示出多层次性，这是建筑工程项目中风险的主要特点之一。

根据风险的特征，制定不同的风险管理对策，有利于建筑工程项目风险的管理与控制。

（四）建筑工程项目风险的分类

1. 按风险的后果分类

按风险所造成的后果，可将风险分为纯风险和投机风险。纯风险是指只会造成损失而不会带来收益的风险；投机风险则是指既可能造成损失也可能创造额外收益的风险。

2. 按风险产生的原因分类

按风险产生的原因，可将风险分为政治风险、社会风险、经济风险、自然风险、技术风险等。其中，经济风险的界定可能会有一定的差异，例如，有的学者将金融风险作为独立的一类风险来考虑。另外，需要注意的是，除了自然风险和技术风险是相对独立的之外，政治风险、社会风险和经济风险之间存在一定的联系，有时表现为相互影响，有时表现为因果关系，难以截然分开。

（五）建筑工程施工的风险分类

建筑工程施工的风险按构成风险的因素进行分类，可分为组织风险、经济与管理风险、工程环境风险和技术风险等。

1. 组织风险

组织风险具体包括：承包商管理人员和一般技工的知识、经验和能力，施工机械操作人员的知识、经验和能力，损失控制和安全管理人员的知识、经验和能力等。

2. 经济与管理风险

经济与管理风险具体包括：工程资金供应条件、合同风险、现场与公用防火设施的可用性及数量、事故防范措施和计划、人身安全控制计划、信息安全控制计划等。

3. 工程环境风险

工程环境风险具体包括：自然灾害、岩土地质条件和水文地质条件、气象条件、引起火灾和爆炸的因素等。

4. 技术风险

技术风险具体包括：工程设计文件、工程施工方案、工程物资、工程机械等。

建筑工程项目风险管理的主要工作之一就是确定项目的风险类别，即确定有可能发生哪些风险。在不同的阶段，人们对风险的认识程度是不相同的，其经历了一个由浅入深、逐步细化的过程。风险分类可以采用结构化分析方法，即由总体到细节，由宏观到微观，层层分解。

二、施工项目风险识别

（一）建筑工程项目风险因素预测的概念

建筑工程项目风险因素预测就是估计建筑工程项目风险形式，确定风险的来源、风险产生的条件，描述风险特征和确定哪些风险会对拟建项目产生影响。其目的就是识别出可能对建筑工程项目进展产生影响的风险因素、性质以及风险产生的条件。

（二）建筑工程项目风险因素预测的原则

1.多种方法综合预测原则

建筑工程项目在整个寿命周期内可能会遇到各种不同性质的风险因素。因此，采用一种预测方法是不科学的，应该把多种方法结合起来，综合预测结果。

2.社会化原则

风险因素预测必须考虑周围环境及一切与建筑工程项目有关并受其影响的单位、个人等对该建筑工程项目风险影响的要求。同时，风险因素预测还应充分考虑主要有关方面的各种法律、法规，使建筑工程项目风险因素预测具有合法性。

3.适用性原则

风险因素预测是一个比较复杂的工作环节，其研究应该是面向应用的，应与实践经验相联系，应该可以建立一个标准的指标体系来进行预测。

（三）建筑工程项目风险因素预测的方法

1.德尔菲法

德尔菲法又称为专家调查法，它起源于 20 世纪 40 年代末，由美国的兰德公司（Rand-corporation）首先使用，很快就在世界上流行起来。目前，此方法已经在经济、社会、工程技术等领域广泛应用。

（1）德尔菲法的工作程序首先是由建筑工程项目负责人选定和该项目有关领域的专家，并与之建立直接的函询联系，通过函询进行调查，收集意见后加以综合整理，然后将整理后的意见通过匿名的方式返回专家再次征求意见，如此反复多次后，专家的意见将会逐渐趋于一致，可以将之作为最后预测和识别的依据。

（2）德尔菲法的重要环节就是函询调查表的制定。调查表制定的好坏，直接关系到预测结果的质量。在制定调查表时，应该以封闭型的问句为主，将问题的答案列出，由专家根据自己的经验和知识进行选择，在问卷的最后，往往加入几个开放型的问句，让专家发挥其自身的主观能动性，充分表述自己的意见和看法。

2.情景分析法

情景分析法实际上就是一种假设分析方法，它根据项目发展的趋势，预先设计出多种未来情景，对其整个过程做出自始至终的情景描述；与此同时，结合各种技术、经济和社会因素的影响，对项目的风险进行预测和识别。这种方法特别适合提醒决策者注意某种措施和政策可能引起的风险或不确定性的后果，建议进行风险监视的范围，确定某些关键因素对未来进程的影响，提醒人们注意某种技术的发展可能给人们带来的风险。

3.面谈法

建筑工程项目主要负责人员通过和项目相关人员直接进行交流面谈，收集不同人员对项目风险的认识和建议，了解项目进行过程中的各项活动，这将会有助于预测识别出那些在常规计划中容易被忽视的风险因素。

面谈之前项目有关人员应该进行相应的策划，准备一系列未解决的问题，并提前把这些问题送到面谈者手中，使其对面谈的内容有所准备。

4. 流程图法

流程图法是指将一项特定的生产或经营活动按步骤或阶段顺序，以若干个模块形式组成一个流程图系列，在每个模块中都标示出各种潜在的风险因素，从而给风险管理者一个清晰的总体印象。

一般来说，对流程图中各步骤或阶段的划分比较容易，关键在于找出各步骤或阶段不同的风险因素。

三、施工项目风险评估

（一）建筑工程项目风险分析与评价的原则

风险分析与评价是对风险的规律性进行研究和量化分析。风险评价的作用在于区分出不同风险的相对严重程度，以及根据预先确定的可接受的风险水平（风险度）做出相应的决策。建筑工程项目风险分析与评价要坚持以下几个原则。

1. 客观性原则

风险分析与评价应该本着客观、公正的态度，严格按照理论方法进行。

2. 同步性原则

风险分析与评价中应用的某些指标，应该与国家或者行业主管部门的标准保持一致。例如，在投资估算中，由于估算取值标准是由国家或者行业主管部门在某一时期统一制定的，随着社会的进步、经济社会的发展，科学技术生产力的提高，某些规范定额已经不能及时反映建筑工程项目的生产劳动消耗和物资市场供求关系的变化，而在建筑工程项目的实施过程中，物价和汇率等的大幅度变化，会引起项目投资的大幅度变化，使计划投资与实际投资相差很大，产生投资风险。因此，预测应该时刻与国家或者行业主管部门的标准保持一致。

3. 经济性原则

风险分析与评价应以风险最小且经济性最大为总目标，以最合理、最经济的方案为最终评价标准。

4. 满意性原则

不管采用什么方法，投入多少资源，项目的不确定性是绝对的，而确定性是相对的。所以，在风险分析与评价的过程中存在着一定的不确定性，只要能达到既定的满意要求就行。

（二）建筑工程项目风险分析与评价的工作内容

1. 风险分析

风险分析是风险管理系统中的一个不可分割的部分，其实质就是找出所有可能的选择方案，并分析任一决策可能产生的各种结果。其可以使人们深入了解项目没有按照计划实施时会发生何种情况。因而，风险分析必须包括风险产生的可能性和产生后果的大小两个方面。客观条件的变化是风险的重要成因。虽然客观状态不以人的意志为转移，但是人们可以认识和掌握其变化的规律，对相关的因素做出科学的估计和预测，这是风险分析的重要内容。风险分析的目标可分为损失发生前的目标和损失发生后的目标。

（1）损失发生前的目标。节约经营成本、减少忧虑心理、达到应尽的社会责任。

（2）损失发生后的目标。维持组织继续生存、使组织收益稳定、使组织继续发展。合同风险分析主要依靠以下几个方面的因素。

（1）对环境状况的了解程度。要精确地分析风险必须作详细的环境调查，占有第一手资料。

（2）对文件分析的全面程度、详细程度和正确性，当然同时又依赖于文件的完备程度。

（3）对对方意图了解的深度和准确性。

（4）对引起风险的各种因素的合理预测及预测的准确性。

2.风险评价

风险评价的工作包括：利用已有数据资料（主要是类似项目有关风险的历史资料）和相关专业方法分析各种风险因素发生的概率；分析各种风险的损失量，包括可能发生的工期损失、费用损失，以及其对工程的质量、功能和使用效果等方面的影响；根据各种风险发生的概率和损失量，确定各种风险事件的风险量和风险等级。

在分析和评价风险时，最重要的是坚持实事求是的态度，切忌偏颇。遇到风险并不可怕，关键是能否在充分调查研究的基础上做出正确分析和评价，找到避开和转移风险的措施和办法。

风险分析与评价是对风险的规律性进行研究和量化分析。对罗列出来的每一个风险必须进行风险损失量分析。这一工作对风险的预警有很大的作用。

（三）建筑工程项目风险分析与评价的方法

1.风险损失量及风险等级

（1）风险损失量

风险损失量指的是不确定的损失程度和损失发生的概率。若某个可能发生的事件的可能的损失程度和发生的概率都很大，则其风险损失量就很大。

（2）风险等级

在《建设工程项目管理规范》（GB/T 50326-2006）中规定的条文说明中风险等级评估表。

2.敏感性分析法

敏感性分析法是研究建筑工程项目的主要因素（经营成本、投资、建设期等主要变量）发生变化时，导致建筑工程项目主要经济效益指标（内部收益率、净现值、投资回收期等）的预期值发生变动的敏感程度的一种分析方法。

通过敏感性分析，可以找出项目的敏感因素，并确定这些因素变化后，对评价指标的影响程度，了解项目建设过程中可能遇到的风险，从而为风险控制与管理打下基础。另外，还可以筛选出若干最为敏感的因素，有利于对它们集中力量进行研究，重点调查和收集资料，尽量降低因素的不确定性，进而减少项目的风险。

3. 决策树分析法

决策树分析法是常用的风险分析决策方法。该方法是一种用树形图来描述各方案在未来收益的计算、比较以及选择的方法，其决策是以期望值为标准的。未来可能会出现好几种不同的情况，人们目前无法确定最终会出现哪种情况，但是可以根据以前的资料来推断各种自然状态出现的概率。在这样的条件下，人们计算出的各种方案在未来的经济效果只是考虑到各种自然状态出现的概率的期望值，与未来的实际收益不会完全相等。

（1）决策树的绘制方法

1）先画一个方框作为出发点，称为决策点。

2）从决策点引出若干条直线，表示该决策点有若干可供选择的方案，在每条直线上标明方案名称，称为方案分枝。

3）在方案分枝的末端画一圆圈，称为自然状态点或机会点。

4）从状态点再引出若干直线，表示可能发生的各种自然状态，并标明出现的概率，称为状态分枝或概率分枝。

5）在概率分枝的末端画一个小三角形，写上各方案中每种自然状态下的收益值或损失值，称为结果点。

以上各步骤构成的图形称为决策树。它以方框、圆圈为结点，并用直线把它们连接起来构成树枝状图形，把决策方案，自然状态及其概率、损益期望值系统地在图上反映出来，供决策者抉择。

（2）决策树法的解题步骤

1）列出方案。通过对资料的整理和分析，提出决策要解决的问题，针对具体问题列出方案，并绘制成表格。

2）根据方案绘制决策树。画决策树的过程，实质上是拟订各种抉择方案的过程，是对未来可能发生的各种事件进行周密思考、预测和预计的过程，是对决策问题一步一步深入探索的过程。决策树按从左到右的顺序绘制。

3）计算各方案的期望值。其是按事件出现的概率计算出来的可能得到的损益值，并不是肯定能够得到的损益值，所以称为期望值。计算时从决策树最右端的结果点开始。

期望值 $= \sum$（各种自然状态的概率 × 收益值或损失值）

4）方案选择，即抉择。在各决策点上比较各方案的损益期望值，以其中最大者为最佳方案。在被舍弃的方案分枝上画两杠表示剪枝。

四、施工项目风险的响应

（一）建筑工程项目风险控制的概念

在整个建筑工程项目的进展过程中，应收集和分析与风险有关的各种信息，预测可能发生的风险，对其进行监控并提出预警。

风险控制就是通过对风险识别、估计、评价、应对全过程的检测和控制，保证风险管理能达到预期的目标。其目的是核对风险管理措施的实际效果是否与预见的相同，寻找机会改善风险回避计划，获取反馈信息，以使将来的决策更符合实际。在风险监控过程中，及时发现那些新出现的以及随着时间推进而发生变化的风险，然后及时反馈，并根据其对项目的影响程度，重新进行风险规划、识别、估计、评价和应对。

（二）建筑工程项目风险控制对策

1. 实施风险控制对策应遵循的原则

（1）主动性原则

对风险的发生要有预见性与先见性，项目的成败结果不是在结束时出现的，而是在开始时产生的。故要在风险发生之前采取主动措施来防范风险。

（2）"终身服务"原则

从建筑工程项目的立项到结束的全过程，都必须进行风险的研究与预测、过程控制以及风险评价。

（3）理智性原则

回避大的风险，选择相对小的或者适当的风险。对于可能明显导致亏损的拟建项目就应该放弃；而对于某些风险超过其承受能力，且成功率不大的拟建项目应该尽量回避。

2. 常用的风险控制对策

（1）加强项目的竞争力分析。竞争力分析是研究建筑工程项目在国内外市场竞争中获胜的可能性和获利能力。评价人员应站在战略的高度，首先分析建筑工程项目的外部环境，寻求建筑工程项目的生存机会以及存在的威胁；客观认识建筑工程项目的内部条件，了解自身的优势和劣势，提高项目的竞争能力，从而降低项目的风险。

（2）科学筛选关键风险因素。建筑工程项目中的风险有一定的范围和规律性，这些风险必须在项目参加者（例如投资者、业主、项目管理者、承包商、供应商等）之间进行合理的分配、筛选，最大限度地发挥各方风险控制的积极性，提高建筑工程项目的效益。

（3）确保资金运行顺畅。在建设过程中，资金成本、资金结构、利息率、经营成果等资金筹措风险因素是影响项目顺利进行的关键因素，当这些风险因素出现时，会出现资金链断裂、资源损失浪费、产品滞销等情况，造成项目投资时期停建、无法收尾。因此，投资者应该充分考虑社会经济背景及自身经营状况，合理选择资金的构成方式来规避筹资风险，确保资金运行顺畅。

（4）充分了解行业信息，提高风险分析与评价的可靠度。借鉴不同案例中的基础数据和信息，为承担风险的各方提供可供借鉴的决策经验，提高风险分析与评价的可靠度。

（5）采用先进的技术方案。为减少风险产生的可能性，应该选择有弹性、抗风险能力强的技术方案。

（6）组建有效的风险管理团队。风险具有两面性，既是机遇又是挑战。这就要求风险管理人员加强监控，因势利导。一旦发生问题，要及时采取转移或缓解风险的措施。如果发现机遇，要把握时机，利用风险中蕴藏的机会来获得回报。

当然，风险应对策略远不止这些，应该不断提高项目风险管理的应变能力，适时地采取行之有效的应对策略，以保证风险程度最低化。

任何人对自己承担的风险应有准备和对策，应有计划，应充分利用自己的技术、管理、组织的优势和经验，在分析与评价的基础上建立完善的风险应对管理制度，采取主动行动，合理地使用规避、减少、分散或转移等方法和技术对建筑工程项目所涉及的潜在风险因素进行有效的控制，妥善地处理风险因素对建筑工程项目造成的不利后果，以保证建筑工程项目安全、可靠地实现既定目标。

（三）建筑工程项目实施中的风险控制

1. 风险监控和预警

风险监控和预警是项目控制的内容之一。在工程中，不断收集和分析各种信息，捕捉风险前奏的信号，例如天气预测警报，各种市场行情、价格变动，政治形势和外交动态，各投资者企业状况报告等。在工程中，通过工期和进度的跟踪、成本的跟踪分析、合同监督、各种质量监控报告、现场情况报告等手段，了解工程风险。

2. 及时采取措施控制风险的影响

其是指风险因素产生前为了消除或减少可能引起损失的各种因素，采取各种具体措施，也就是设法消除或减少各种风险因素，以降低风险发生的概率。

3. 在风险状态，保证工程顺利实施

不是所有的风险都可以采取措施进行控制，如地震、洪灾、台风等。风险控制只是在特定范围内及特定的角度上才有效，因而避免了某种风险，但又可能产生另一种新的风险。具体措施有控制工程施工，保证完成预定目标，防止工程中断和成本超支；争取获得风险的赔偿，例如业主向保险单位、风险责任者提出索赔等。

（四）建筑工程项目风险管理的措施

1. 建筑工程项目前期阶段的风险管理

在项目的设计筹划时期，必须考虑行业风险、市场风险、政策及法律法规变更风险，在此时期必须对项目的可行性进行技术论证，科学地确定项目目标，以及选择合适的建设场地，同时，认真审核建筑设计图，防止设计图纸不合理或变更而引起风险发生。

2. 建筑工程项目招投标阶段的风险管理

从业主的角度来看，此阶段可采取的风险管理措施有：委托信誉良好的项目咨询企业编制科学的工期及工程量清单；准确计算工程量；合理编制项目计划；清晰描述项目目标及工程内容；选择合适的合同计价方式；标示清楚招标的范围；规范招标过程；选择优质且声誉较好的承包商等。

3. 建筑工程项目施工阶段的风险管理

加强对施工图纸的会审工作，尽量减少施工过程中的工程变更，加强对承包商资质的审查及监督，严格控制工程质量及工程进度，加强合同管理，对施工现场的工程异况进行严密的登记，以确保对现场的实时监控。

4. 建筑工程项目竣工阶段的风险管理

竣工阶段是工程项目的最终阶段，此时必须对项目工程进行验收及鉴定。该阶段风险管理工作的主要内容有：确定竣工资料的真实性及准确性；规范工程验收工作流程；认真核对项目投资及成本开销等。

建立合理和稳定的管理组织，是项目风险管理活动有效进行的重要保证。建筑工程项目风险管理的组织主要指为实现风险管理目标而建立的组织结构，即组织机构、管理体制和人员。项目风险的管理组织具体如何设立、采取何种方式、需要多大的规模，取决于多种因素。其中，决定性的因素是项目风险在时空上的分布特点。建筑工程项目风险存在于项目的每个阶段，因此，建筑工程项目的风险管理可分为项目前期、招标投标阶段、施工阶段及竣工阶段四个方面，即应在建筑工程项目的整个寿命周期内进行全过程的风险管理。

（五）建筑工程项目风险的防范

1. 风险回避。一般情况下，风险回避与签约前的谈判有关，也可应用于项目实施过程中所作的决策。对于现实风险或致命风险多采取这种方式。

2. 风险降低。风险降低又称为风险缓和，常采用 3 种措施：一是通过教育培训提高员工素质；二是对人员和财产提供保护措施；三是使项目实施时保持一致的系统。

3. 风险转移。风险转移就是将风险因素转移给第三方，例如保险转移等。

4. 风险自留。一些损失小、重复性高的风险适合自留，并不是所有风险都可转移，或者说将某些风险转移是不经济的，在某些情况下，自留一部分风险也是合理的。

五、施工项目风险监控

（一）概述

施工项目风险监控就是对风险的监视和控制，即跟踪已识别风险，监视剩余的风险和识别新的风险，对风险和风险因素的发展变化进行观察和把握，并在此基础上，针对风险采取技术作业和管理措施。在某一段时间内，风险监视和控制交替进行，即风险发现后需要马上采取控制措施，在某一风险因素消失后立即调整风险应对实施。因此，需要将风险监视和控制整合起来考虑。

风险监控是建立在项目风险的阶段性、渐进性和可控性基础上的管理工作。

（二）施工项目风险监控时机

在识别和评价风险后，判断其是否对施工项目造成了或将造成不能接受的损失，如果是，判断是否有可行的措施规避或缓解之。在不同阶段，其监控时机不尽相同。

在决策阶段，一般要做两种比较：一是把接受风险得到的直接收益和可能蒙受的直接损失进行比较；二是把接受风险得到的间接收益和可能蒙受的间接损失进行比较。综合两种比较结果，决定是否继续。当项目需要继续，而相对风险又比较大时，则需要对其监控。

在实施阶段，当发现施工项目风险对实现项目目标威胁较大，需采用规避\转移和缓解等应对措施时，一般也需要对其采取监控。采用多大的力度进行监控，取决于项目风险对项目目标的威胁程度，这一般需要适当的风险成本分析，采取合理的监控技术和措施。

（三）施工项目风险监控的内容

施工项目的风险监控不能仅仅停留在关注风险的大小上，还要分析影响风险因素的发展和变化。具体风险监控的内容包括以下几点。

1. 风险应对措施是否按计划正在实施。

2. 风险应对措施是否如预期的有效，效果是否显著，或是否需要重新制订应对方案。

3. 对施工项目环境的预期分析，以及对项目整体的目标事先可能性的预期分析是否仍然成立。

4. 风险的发生情况与预期的状态是否吻合，并继续对风险的发展变化做出分析判断。

5. 识别风险哪些已发生，哪些正在发生，哪些有可能在后面发生。

6. 分析是否出现了新的风险因素和新的风险事件，其发展变化趋势如何。

（四）施工项目风险监控的方法

1. 建立风险监控体系

施工项目风险监控体系的建立，包括制定项目风险监控方针、项目风险监控程序、项目风险监控责任制度、项目风险信息包干制度、项目风险预警制度和项目风险监控的沟通程序等。

2. 施工项目风险审核

项目风险审核是确定项目风险监控活动和有关结果是否符合项目风险应对计划的安排，以及这些安排是否有效的实施并达到预期目标，并且有系统的检查。项目风险审核是开展项目风险监控的有效手段，也是作为改进项目风险监控活动的一种有效机制。

3. 进度、质量，成本和安全监控

在工程中通过对工期和进度的跟踪、成本的跟踪分析，利用合同监督、各种质量监控报告，安全监控报告和现场情况报告等手段，了解工程风险。

4. 附加风险响应计划

项目实施工程中，如果出现了事前未预料的风险，或者该风险对项目目标的影响较大，而且原有风险应对措施又不足以应对时，为了控制风险，有必要编制附加风险应对计划。

5.项目风险评价

风险的监控如何进行，需要通过风险评价来解决。项目风险评价按评价的阶段不同，可分为事前评价，事中评价、事后评价和跟踪评价。按风险管理内容不同，可分为设计风险评价、风险管理有效性评价，设备安全可靠性评价、行为风险可靠性评价、作业环境评价和项目筹资风险评价等。按评价方法不同，可分为定性评价、定量评价和综合评价。

（五）施工过程中的风险控制

施工过程中的风险控制主要贯穿在施工项目的进度控制、成本控制、质量控制、合同控制、安全管理和现场管理等过程中。

1.风险监测和预警。在工程中不断地收集和分析各种信息，捕捉风险前奏信号，例如天气预测警报等。在工程中通过工期和进度的跟踪、成本的跟踪分析、合同监督、各种质量监控报告、安全报告和现场情况等手段，了解工程风险。在工程的实施状况报告中应包括风险状况报告，鼓励人们预测、确定未来的风险等。

2.风险一旦发生就应积极地按风险应对计划采取措施，及时控制风险的影响，降低损失，防止风险的蔓延。

3.在风险发生时，实施风险应对措施，保证工程的顺利实施，包括控制工程施工，保证完成预定目标，防止工程中断或成本超支；迅速恢复生产，按原计划执行；尽可能修改计划、设计，按照工程中出现的新状态进行调整；争取获得风险的赔偿，如向业主，保险单位和风险责任者提出索赔等。

由于风险是不确定的，预先的分析和应对计划常常也不是很适应，所以在工程中风险的应对措施常常要靠即兴发挥，管理者的应变能力，经验、掌握工程和环境状况的信息量和对专业问题的理解程度。

第四节 建设工程项目信息管理

一、建筑工程项目信息管理概述

（一）项目信息管理的任务

项目信息管理的任务主要包括如下几项。

1.编制并实施项目手册中的信息和信息流管理计划。

2.执行针对项目报告及各种资料的有关规定。例如，资料的格式，内容、数据结构要求等。

3.建立项目管理信息系统流程，并严格遵照执行。

4.文档管理工作。

1.项目中的信息

建筑工程项目施工周期长，建设参与方多、分项工程数量多，施工工作量大，施工作业人员多。为便于工程项目施工管理和协调，在参与建设的各单位之间以及各单位内部均会产生大量的信息。其中，施工单位接收、产生和需要及时处理的信息量最大，随着项目施工的进展，其有关的信息量也将极快地增加，作为信息载体的资料就会繁如瀚海、难以计数。

（1）信息的种类

1）项目基本状况的信息。主要是建筑工程项目的勘察、设计文件、项目手册、各种合同、项目管理规划文件和作业计划文件等。

2）现场实际工程信息。如实际工期、成本，质量信息等，主要是各种报告，如日报、月报、专题报告、重大事件报告，以及设备，劳动力，材料使用报告及质量报告等。这里报告还包括问题的分析、计划和实际对比以及趋势预测的信息。

3）各种指令，决策方面的信息。

4）其他信息。外部进入项目的环境信息，如国家和行业的政策及法律、法规、市场情况、气候、外汇波动、政治动态等。

（2）信息的基本要求

信息必须充分，满足项目管理的需要，确保项目系统和管理系统的正常运行；同时，信息不能过多过滥，以免造成信息泛滥和污染。

一般来说，信息必须符合如下基本要求。

1）专业对口。信息要根据专业的需要及时予以提供和流动。

2）反映实际情况。信息必须符合目标，符合实际应用的需要，且实用有效。这是正确、有效地管理的前提。这里有以下两个方面的含义。

①各种工程文件、报表、报告要实事求是，反映客观情况。

②各种计划、指令、决策的做出要以实际情况为基础。

3）及时。只有及时提供信息，才能有及时的反馈，管理者才能及时地控制项目的实施过程；施工作业者才能及时地按照要求执行。

4）简单明了、便于理解。信息应让使用者轻而易举地了解情况，分析问题，故信息的表达形式应符合人们日常接收信息的习惯，而且对于不同的人，应有不同的表达形式。例如，对于不懂专业，不懂项目管理的业主，则应尽量采用比较直观明了的表达形式，如模型、表格、图形、文字描述、视频等。

（3）信息的基本特征

项目管理过程中的信息数量大，形式多样。通常它们具有如下一些基本特征。

1）信息载体

①纸张。如各种图纸、各种说明书、合同、报告、签证、信件、表格等。

②电子邮件、音像资料以及其他电子文件的载体。如磁盘、磁带、光盘、U盘等。

③照片，X光片等。

2）选用信息载体的影响因素

①技术要求的影响。科学技术的发展，不断推出新的信息载体，不同的载体有不同的介质技术和信息存取技术要求。

②成本要求的影响。不同的信息载体有不同的运行成本。在符合管理要求的前提下，尽可能降低信息系统运行成本，是信息系统设计的目标之一。

③信息系统运行速度要求。例如，气象、地震预防，国防、宇航之类的工程项目要求信息系统运行速度快，则必须采取相应的信息载体和处理、传输手段。

④特殊要求。例如合同、备忘录、工程项目变更指令、会谈纪要、报告、签证等必须采用书面形式，由双方或一方签署才有法律证明效力。

3）信息的使用说明

①有效期。暂时有效，整个项目期有效，长时期有效等信息。

②用于决策和证明。决策即各种计划、批准文件，修改指令，运行执行指令等；证明即表示质量、安全、环保、进度、成本实际情况的各种信息。

③信息的权限。对参与工程项目施工的不同职能人员规定不同的信息修改权限和信息使用权限。通常须具体规定综合（全部）信息权限和某一方面（专业）的信息权限，以及修改权、使用权、查询权等。

4）信息的存档方式

①文档组织形式。集中管理和分散管理。

②监督要求。封闭、公开。

③保存期。长期保存，非长期保存。

（二）现代信息科学带来的影响

现代信息技术发展迅猛，给项目信息管理带来了许多新的方便的方法和手段，特别是计算机联网、电子信箱、Internet的使用，使得信息得以高度网络化流通。

现代信息科学的影响主要体现在以下几个方面。

1.加快项目管理系统中信息反馈速度和系统的反应速度。现代信息技术加快了人们获得工程进展情况的信息、发现问题、做出决策的节奏。

2.透明度增加。人们能够快速获得大量的信息，借此了解企业和项目的全貌。

3.总目标容易贯彻。项目经理和企业管理者容易发现偏差，下层管理人员和执行人员也更快、更容易理解和领会上层的意图。

4.信息的可靠性增加。通过直接查询和使用其他部门的信息，既可以减少信息的加工和处理工作，又能保证信息不失真。

5. 更大的信息容量。由于现代信息技术有更大的信息容量，人们使用信息的宽度和广度大大增加。例如，项目管理职能人员可以从互联网上直接查询最新的工程招标信息，原材料市场行情等信息。

6. 使项目风险管理的能力和水平大为提高。由于现代市场经济的特点，工程项目的风险较大。现代信息技术使人们能够迅速获得并及时有效处理大量有关风险的信息，从而对风险进行有效的、迅速的预测、分析、防范和控制。

7. 现代信息技术在项目管理中应用的局限性。现代信息技术虽然加快了工程项目中信息的传输速度，但并不能解决心理和行为问题，甚至有时还可能起反作用。

（1）按照传统的组织原则，许多网络状的信息流通（例如对其他部门信息的查询）不能算作正式的沟通。而这种非正式沟通对项目管理有着非常大的影响，会削弱正式信息沟通方式的效用。

（2）在一些特殊情况下，这种信息沟通容易造成各个部门各行其是，造成总体协调的困难和行为的离散。

8. 容易造成信息污染。

由于现代通信技术的发展，人们可以获得的信息量大大增加，也大为方便。如果不对信息进行必要的筛选、合适的归类和合理的整理等，造成信息超负荷和信息消化不良，导致信息使用者很多时候被无用的、琐碎的信息包围，结果既浪费时间，又不易抓住重点。

如果项目中发现问题、危机或风险，随着信息的传递会蔓延开来，造成恐慌，各个方面可能各自采取措施，导致行为的离散，使项目管理者采取措施解决问题和风险的难度加大。通过非正式的沟通获得信息，会干扰基层对上层指令、方针、政策、意图的正确理解，进而导致执行上的不协调。由于现代通信技术的发展，人们忽视了面对面的沟通，而依赖计算机在办公室获取信息，减少获得软信息的可能性。

二、工程项目报告系统

1. 工程项目中报告的种类

按时间可分为日报、周报、月报、年报。针对项目结构的报告，如工作包、单位工程、单项工程、整个项目报告。专门内容的报告，如质量报告，成本报告、工期报告。特殊情况的报告，如风险分析报告、总结报告，专题报告，特别事件报告等。除上述分类的报告外，还有状态报告、比较报告等。

2. 报告的要求

为了让项目组织间顺利沟通，发挥作用，报告必须符合如下要求。

（1）与目标一致。报告的内容和描述，主要说明目标的完成程度和围绕目标存在的问题。

（2）符合特定的要求。这里包括相应层次的管理人员对项目信息需要了解的程度，以及各个职能人员对专业技术工作和管理工作的需要。

（3）规范化，系统化。即在管理信息系统中应完整地定义报告系统结构和内容，对报告的格式、数据结构进行标准化；确保报告的形式统一。

（4）处理简单化。内容清楚明了，易于理解，不会产生歧义。

（5）侧重点鲜明。报告通常包括概况说明和重大的差异说明，主要的活动和事件的说明。它的内容较多的是考虑实际效用，而较少考虑信息的完整性。

3. 报告系统

项目初期，建立项目的报告系统时，首先要解决以下两个问题。

（1）系统化。罗列项目过程中应有的各种报告，并系统化。

（2）标准化。确定各种报告的形式、结构，内容、数据、采撷和处理方式，并标准化。设计报告时事先应对各层次（包括上层系统组织和环境组织）的人列表提问：需要什么信息？从哪里获得？怎样传递？怎样标识它的内容？最终，建立报告目录表。

在编制工程计划时，就应当考虑需要的各种报告及其性质、范围和频次，可以在合同或项目手册中确定。

原始资料应一次性收集，以保证相同的信息，相同的来源。在将资料纳入报告前，应对相关信息进行可信度检查，并将计划值引入，以便对比。

原则上，报告从最底层开始，它的资料最基础的来源是工程活动，包括工期，质量、安全、人力、材料消耗、费用等情况的记录，以及试验验收检查记录。上层的报告应在此基础上，按照项目结构和组织结构层层归纳、浓缩，做出分析和比较，形成金字塔形的报告系统。

三、建筑工程项目管理信息系统

（一）概述

在项目管理中，信息、信息流和信息处理各方面的总和称为项目管理信息系统。管理信息系统是将各种管理职能和管理组织沟通起来并协调一致的神经系统。建立管理信息系统，并使它顺利地运行，是项目管理者的责任，也是其完成项目管理任务的前提。作为一个信息中心，项目管理者既要与项目的其他参加者有信息交流，自己也要进行复杂的信息处理。不正常的管理信息系统常常会使项目管理者不能及时获得有用的信息，同时也因为处理大量无效信息耗费了大量的时间和精力，使工作出现错误。

项目管理信息系统有一般信息系统所具有的特性。

项目管理信息系统必须经过专门的策划和设计，并在项目实施中控制其运行。

（二）项目管理信息系统的建立过程

信息系统是在项目组织模式，项目管理流程和项目实施流程基础上建立的，它们之间既相互联系又相互影响。

建立项目管理信息系统时要明确以下几个问题。

1. 信息的需要

项目管理者和各职能部门为了决策、计划和控制需要哪些信息？以什么形式，何时、从什么渠道取得相应信息？

上层系统和周边组织在项目过程中需要哪些信息？

这是调查确定信息系统的输出。不同层次的管理者对信息的内容、精度、综合性有不同的要求，报告系统应合理解决这个问题。

管理者的信息需求是按照其在组织系统中的职责、权力、任务、目标策划的，即确定其完成工作、行使权力应需要的信息，以及其向其他方面提供的信息。

2. 信息的收集和加工

（1）信息的收集。在项目施工过程中，每天都会产生大量的原始资料，如记工单、领料单、任务单、图纸、报告、指令、信件等。必须确定获得这些原始数据、资料的渠道，并具体落实到责任人，由责任人收集，整理、提供原始资料，并对其正确性和及时性负责。通常由专业班组的班组长、记工员、核算员、材料管理员、分包商等承担这类任务。

（2）信息的加工。原始资料面广量大，形式多样，必须经过加工才能使信息符合不同层次项目管理的要求。信息加工包括如下几种方法。

①一般的信息处理方法。如排序、分类、合并、插入，删除等。

②数学处理方法。如数学计算、数值分析、数理统计，图表化等。

③逻辑判断方法。包括评价原始资料的置信度、来源的可靠性、数值的准确性，将初始资料加工成项目诊断和风险分析等。

3. 编制索引和存储

为了查询、调用的方便，建立项目文档系统，将所有信息分类、编目。许多信息作为工程项目的历史资料和实施情况的证明，必须妥善保存。按不同的使用和储存要求，数据和资料应储存于一定的信息载体上，确保既安全可靠，又使用方便。

4. 信息的使用和传递渠道

信息的传递（流通）是信息系统灵活性和效率的表现。信息传递的特点是仅传输信息的内容，而保持信息结构不变。在项目管理中，要对信息的传递路径进行策划，按不同的要求选择快速的、误差小的、成本低的传输方式。

四、工程项目文档管理

1. 文档管理的任务和基本要求

在实际工程中，许多信息由文档系统收集和供给。文档管理指的是对作为信息载体的资料进行有序的收集、加工、分解、编目，存档，并为项目的相关人员提供专用和常用信息的过程。文档系统是管理信息系统的基础，是管理信息系统有效运行的前提条件。

文档系统有如下要求。

（1）系统性。即包括项目施工过程中应进入信息系统运行的所有资料，事先要策划以确定各种资料种类并进行系统化。

（2）文档编码。各个文档应有唯一性标志，能够互相区别（通常通过编码实现）。

（3）落实专人负责文档管理的责任。通常文件和资料是集中处理、保存和提供的。在项目过程中文档有3种形式。

①企业保存的关于项目的资料。这类资料置于企业文档系统中，例如项目经理提交给企业的各种报告、报表等。

②项目集中的文档。全项目的相关文件。这类文档必须置于专门的场所并由专门人员负责。

③各部门专用的文档。这类文档仅保存本部门专门的资料。

这些文档在内容上可能有重复。例如一份重要的合同文件可能复制三份，部门保存一份、项目一份、企业一份。

（4）不失真。在文档处理过程中应确保内容清晰、实用、不失真。

2.项目文件资料的特点

资料是数据或信息的载体。在项目实施过程中，资料上的数据有内容性数据和说明性数据两种。

（1）内容性数据。如施工图纸上的图、信件的正文等，它的内容丰富，形式多样，通常有一定的专业意义，其内容在项目过程中可能有变更。

（2）说明性数据。为了方便资料的编目、分解、存档、查询，对各种资料做出的说明和解释，并用一些特征加以区别。它的内容一般在项目管理中不改变，由文档管理者策划。例如图标、各种文件说明、文件的索引目录等。

通常，文档按内容性数据的性质分类，而具体的文档管理，如生成、编目、分解、存档等以说明性数据为基础。

在项目实施过程中，文档资料面广量大，形式多样。为了便于进行文档管理，首先须对其进行分类。通常的分类方法有如下几种。

①重要性。将文档分为"必须建立文档；值得建立文档；不必存档"三档。

②资料的提供者。分为"外部；内部"。

③登记责任。可对文档做出"必须登记、存档"或"不必登记"的规定。

④特征。分为"书信；报告；图纸等"。

⑤产生方式。分为"原件；复制"。

⑥内容范围。分为"单项资料；资料包（综合性资料），例如综合索赔报告、招标文件等"。

3.文档系统的建立

（1）资料特征标识（编码）

有效的文档管理是以与用户友好和较强表达能力的资料特征（编码）为前提的。在项目施工前，就应专门研究，建立该项目的文档编码体系。一般来说，项目编码体系有如下要求。

①统一的、对所有资料适用的编码系统。

②能区分资料的种类和特征。

③能"随便扩展"。

④人工处理和计算机处理均有效。

（2）资料编码分类

一般来说，项目管理中的资料编码应包含如下几个部分。

①有效范围。说明资料的有效／使用范围，如属某子项目、功能或要素。

②资料种类。

A.外部形态不同的资料。如图纸、书信、备忘录等。

B.资料的特点。如技术性资料、商务性资料、行政性资料等。

③内容和对象。

资料的内容和对象是编码的重点。一般情况下，可考虑用项目结构分解的结果作为资料的内容和对象。这种编码方法不是万能的：因为项目结构分解是按功能，要素和活动进行的，有可能与资料说明的对象不一致，此时就要专门设计文档结构。

④日期／序号。

相同有效范围、相同种类，相同对象的资料可通过日期或序号来区别，如对书信可用日期／序号来标识。

（3）索引系统

为了资料使用的方便，必须建立资料的索引系统，它类似于图书馆的书刊索引。

项目相关资料的索引一般可采用表格形式。在项目施工前，它就应被专门策划。表中的栏目应能反映资料的各种特征信息。不同类别的资料可以采用不同的索引表，如果需要查询或调用某种资料，即可按图索骥。

例如信件索引可以包括如下栏目：信件编码、来（回）信人，来（回）信日期、主要内容、文档号、备注等。策划时应考虑到来信和回信之间的对应关系，收到来信或回信后即可在索引表上登记，并将信件存入对应的文档中。

结　语

综上所述，建筑工程施工及管理过程非常复杂，为使建筑企业的经济效益不断提高，有必要完善建设项目的日常管理。因此，严格执行相关系统并在实际施工过程中实施是非常重要的。同时，要充分利用相关管理人员的优秀经验，有效构建建筑工程管理的运行机制和工程建设标准，使施工人员相互监督管理。

首先，健全管理体系，将科学的管理技术、管理理论用于项目实际，例如基于贝叶斯网络对大型建设工程项目进行风险评估，将建设工程项目的主要风险因素，又如合同类风险、设计类风险、施工类风险、管理类风险、资金类风险、采购类风险进行客观评价，并制定对策。

其次，注重施工人员综合素质提升，及时消除各种隐患。近几年随着我们国家在安全防范上的宣传力度不断提升，人们自身的安全理念也实质加强，随之也对建筑工程质量有了比较严格的需要。因此要令建筑工程管理不断提升，首先需要对工作人员自身的整体素质给予保证。要令工程管理人员自身的整体素质以及综合施工技术水平获得有效的提升，就需要努力强化施工队伍的建设。对于获得大中专学校正规教育的建筑专业毕业生，进入工作岗位后在实践的同时，也必须加强继续教育和职业教育，而对于执行层的熟练技术工人，也必须进行理论教育。

再者，重视安全管理。建筑工程安全管理工作会对一线施工人员自身的安全产生影响，严重的还会对施工进度与施工企业本身的竞争实力产生影响。所以，施工单位在实际进行施工的过程中需要高度关注安全管理等相关工作，并参照工程的实际特点，切实的制定可行的安全管理制度，通过这种方式使得全部施工人员能够把安全管理的理念贯穿在工程项目整体的施工里。而针对施工监理单位，还需要令所有施工人员持证上岗给予保证，保障监督管理工作自身的专业性与科学性。另外，建筑工程施工单位还需要设置专业的安全管理队伍，对于施工现场会出现的安全隐患完成有效的排查。

最后，加强工程管理观念的创新。为全部员工能够接受二次教育。教育的核心任务就是令他们能够建立市场竞争以及经济效益上的概念，注重的是目前建筑业的发展趋势以及工程任务的核心作用。目前在员工工作的基础上，对项目管理部门的组织结构以及相关的职能进行了适当的变革，并且按照我们国家国民经济发展体制，对于工程建设管理组织给予了有效的变革。因此需与设置统一协调的一个建设项目管理机制，使得文明建设水平以及企业经济效益得到提升。按照施工单位当前的发展战略，对项目发展模式给予有效的退化，使得项目管理理念得到有效创新的同时，提升施工效率。

参考文献

[1] 刘金华.建筑电气工程施工管理及质量控制 [J].中小企业管理与科技 (上旬刊),2021(06):21-22.

[2] 唐鹏.浅析建筑工程施工安全管理中预警管理应用 [J].建筑与预算 ,2021(05):47-49.

[3] 何东祥.浅析绿色施工技术在建筑工程施工中的应用 [J].绿色环保建材 ,2021(05):33-34.

[4] 童韬.建筑工程施工质量管理问题的分析与对策 [J].绿色环保建材 ,2021(05):147-148.

[5] 李江平.工业与民用建筑工程施工管理探究 [J].房地产世界 ,2021(10):91-93.

[6] 谈敦荣.建筑工程项目的精细化管理探索探究 [J].房地产世界 ,2021(10):103-105.

[7] 张永刚.建筑施工现场临时用电安全管理几点建议 [J].房地产世界 ,2021(10):109-111.

[8] 岳远恒 ,查千.浅谈进度管理模式的改进对建筑工程管理的影响 [J].中国设备工程 ,2021(10):57-58.

[9] 朱晓龙.基于 BIM 的土木建筑工程施工管理方法研究 [J].大众标准化 ,2021(10):249-251.

[10] 李发军.建筑工程施工安全风险管理与防范 [J].科技创新与应用 ,2021,11(14):185-187.

[11] 曾祥.建筑工程施工技术及其现场施工管理探讨 [J].中国建筑金属结构 ,2021(05):14-15.

[12] 范迪禄.装配式建筑施工技术在建筑工程施工管理中的应用 [J].中国建筑金属结构 ,2021(05):22-23.

[13] 宋汝方.建筑工程施工项目管理及成本控制分析 [J].中国建筑金属结构 ,2021(05):26-27.

[14] 郝小琳.装配式建筑工程施工过程中 BIM 技术应用实践探讨 [J].中国建筑金属结构 ,2021(05):94-95.

[15] 孟天赐.绿色施工技术在建筑工程施工中的应用 [J].中国建筑装饰装修 ,2021(05):52-53.

[16] 巩军军.优化施工方案对施工成本的影响 [J].中国建筑装饰装修 ,2021(05):128-129.

[17] 董国灿.基于绿色建筑理念下的建筑工程施工管理探索 [J].智能城市 ,2021,7(09):73-74.

[18] 金文斌 . 谈建筑钢结构施工安全对策与质量控制 [J]. 房地产世界 ,2021(09):97-99.

[19] 徐正新 . 房屋建筑工程施工技术和现场施工管理剖析 [J]. 房地产世界 ,2021(09):105-106+112.

[20] 罗娥樱，白杨 . 建筑工程施工管理存在的问题及解决策略探讨 [J]. 房地产世界 ,2021(09):110-112.

[21] 二级建造师执业资格考试命题研究组编 . 建筑工程施工管理 [M]. 成都：电子科技大学出版社 .2017.

[22] 王建雷，申禧主编 . 建筑工程施工管理与技术 [M]. 石家庄 : 河北人民出版社 .2012.

[23] 全国二级建造师执业资格考试试题分析小组编 .2016 全国二级建造师执业资格考试历年真题 + 押题试卷 建筑工程施工管理 [M]. 北京：机械工业出版社 .2015.

[24] 邓娇娇，郝建新主编 .2009 二级建造师考前 35 天冲刺 建筑工程施工管理 [M]. 天津：天津大学出版社 .2009.

[25] 杨莅滦，郑宇 . 建筑工程施工资料管理 [M]. 北京：北京理工大学出版社 .2019.

[26] 可淑玲，宋文学主编 . 建筑工程施工组织与管理 [M]. 广州：华南理工大学出版社 .2018.

[27] 刘勤主编 . 建筑工程施工组织与管理 [M]. 阳光出版社 .2018.

[28] 李媛主编 . 建筑工程施工资料管理 [M]. 北京：北京理工大学出版社 .2017.

[29] 李志兴著 . 建筑工程施工项目风险管理 [M]. 北京：北京工业大学出版社 .2018.

[30] 王建玉 . 建筑智能化工程 施工组织与管理 [M]. 北京：机械工业出版社 .2018.